도시설계 2

URBAN DESIGN COMPENDIUM 2

도시설계의 기본과정과 사례

HOMES AND COMMUNITIES AGENCY

studio | REAL

잉글리시 파트너십ENGLISH PARTNERSHIPS(EP)

잉글리시 파트너십은 국가 차원의 재생 및 개발사업을 실시하는 단체로, 영국 지역의 지속가능한 경제적 재생 및 개발사업을 통해 새로운 일자리를 창출하고 투자를 유치하는 협약 단체이다.
영국 정부의 재생에 대한 의지와 지역개발청(RDAs) 업무에 힘을 더하는 사업으로서 EP는 국가적 · 범지역적 개발에 동등하게 참여하고 있다. EP의 창업은 RDAs의 경제 정책을 따라 이루어졌으며, RDAs의 프로그램과 법률적 우선권을 지지함을 밝힌다.
EP는 주민들이 생활하고 근무하는 데 있어서 수준 높은 설계와 지속가능성, 환경적 혜택이 이루어지도록 기준을 제시하고 양질의 장소를 창출하는 것을 목표로 한다.

하우징 코퍼레이션THE HOUSING CORPORATION

하우징 코퍼레이션은 영국의 공인 토지소유단체(RSLs)를 규제하고 이들이 제공하는 신규 주택에 대한 투자를 실시한다.
하우징 코퍼레이션의 역할과 정책은 공인 토지소유단체 부문의 빠른 성장을 반영한다. 이것은 신규 혹은 기존의 공인 토지수요단체들의 주택에 대한 직권 이전 문제와 공적 · 사적 투자를 받는 신규 개발 및 재개발사업의 양도 문제로 인한 것이다. RSLs 업무의 모든 방면에서, 하우징 코퍼레이션은 설계 및 서비스 기준의 질적 향상을 유도하고, 지역 주민과 기타 협의 단체들의 적극적인 참여와 협동의 필요성을 강조하고 있다. 이러한 노력들이 지속가능한 지역사회를 형성하는 데에 가장 효율적인 방안이기 때문이다.

도시설계연합Urban Design Alliance – 격려 메시지

도시설계연합The Urban Design Alliance은 이번 《도시설계 2Urban Design Compendium 2》의 출판과 관련해 잉글리시 파트너십과 하우징 코퍼레이션을 후원하게 되어 기쁘게 생각합니다. 도시설계의 높은 기준과 폭넓은 이해를 지향하며, 도시설계를 통한 도시 생활의 질적 향상을 꿈꾸는 주요 단체들의 다양성을 통합하고자 하는 취지로 본 연합이 결성된 지도 3년이 지났습니다.
이 책은 환경 · 교통 · 지역 개발부서에서 발간한 《By Design》과 더불어 본 연합의 설립 목표를 성취하는 데에 큰 도움이 될 것입니다. 아울러 이 책의 내용과 특징을 발전시키는 데에 UDAL이 적극적으로 참여해 왔으며, 원고의 방향 설정과 참고 자료 및 지침 제공에 도움을 주신 각 협회원 여러분께 감사의 뜻을 전합니다.
특히, 이 책은 영국 정부의 도심재생 정책의 실행에 맞추어 중요한 시기에 출간되었으며, 이와 같은 훌륭한 실습 지침서는 많은 개발업자와 기타 관계 종사자의 창조적 사고에 일조하고 수준 높은 설계를 하는 데 도움을 줄 것입니다. 아울러 우리는 이 책이 지속가능한 재생 및 개발사업 등의 혁신적인 해결방안을 모색하는 것에 일종의 촉매 역할을 하길 바랍니다. 끝으로 이 지침서는 계획가 및 건축가, 검사관, 조경 건축가, 기술자, 도시 설계가를 비롯해 건축 환경 개선에 관심 있는 공공 기관의 일원 모두에게 매우 귀중한 자료가 될 것입니다.

감사의 글

이 책을 만드는 과정에 많은 조언과 도움을 주신 여러분들께 깊이 감사드립니다.

2014. 12. 역자일동

목차

young people
abuse
Support from local Councillors
Negative postcode perception
Run a play scheme
Agreed "Yellow Brick Road" vision & action plan
Tenants & residents association set up
Young people get involved
Set up "Community House"
Writing reports
Drug issues awareness increased
Project development & management skills
Developing
Plans for

머리말

목표를 높게 설정하기AIMING HIGHER

우리가 사는 장소의 품질은 삶의 모든 면에 영향을 끼친다. 장소가 얼마나 잘 디자인되어 있는지는 우리가 이용하기에 얼마나 안전한지, 얼마나 편한지, 근처에 상점과 커뮤니티 시설 · 학교가 있는지 그리고 아이들이 안전하게 놀 수 있는 장소가 있는지 등에 따라 알 수 있다. 장소의 품질은 우리의 삶에도 영향을 준다. 거주할 집을 선택할 때도 영향을 미친다. 따라서 우리가 새롭게 만들거나 개선하고자 하는 장소에 우수한 도시설계 원칙들이 반영되어야 한다.

우수한 도시설계는 모든 측면에서 지속가능한 장소를 조성하는 데 반드시 필요하다. 사회적 · 환경적 · 경제적 가치를 창출할 수 있는 장소를 우수하게 디자인하기 위해서는 건조 환경Built Environment을 만들고 관리하는 일련의 과정에 모든 사람이 참여하도록 해야 한다.

001

과거로부터 배우기

호브 브런즈윅 타운Brunswick Town, Hove

호브Hove의 브런즈윅 타운Brunswick Town은 국가적 차원에서 공공적으로 수행한 여러 도시계획 및 설계 중 가장 좋은 사례로 꼽히고 있다. 1824년과 1840년 사이에 개발한 이 작은 마을은 상류 및 중산층 주민의 요구에 부응하기 위해 다양한 주거 유형을 지닌 복합 용도로 개발되었다. 거리의 최고급 주택과 공공 광장, 거리들을 따라 들어서 있는 작은 집들, 그리고 기술공들을 위해 마구간을 개조하여 만든 작은 집들로 명확히 위계를 이루며 구분되어 있다. 이 지역에는 시장, 경찰서, 소방서, 호텔, 공공주거, 세미 오픈스페이스 그리고 새로운 공원이 있다.

지역의 지속적인 성공은 건물 형태의 수용성과 질적 수준의 결과로 나타난다. 주택들은 아파트로 바뀌었고, 필요한 상업적 용도는 변화되었으며, 오래된 시장은 승마학교를 포함한 다양한 용도로 변경되어 수년에 걸쳐 사용되었다. 이는 현재 예술, 교육 그리고 커뮤니티를 위한 장소로 활용되고 있다. 광장과 공원은 고밀개발과 사유 공개공지로 인한 공간부족 문제를 해결하고 있다. 광범위한 도시구조를 지닌 브링턴Brighton 시의 효율적인 통합은 주민들의 손쉬운 이동을 의미한다. 이러한 목적을 달성한 개발 대상지는 브링턴 시의 가장 유명한 장소들 중에 하나로 꼽히고 있다.

또한 좋은 디자인과 계획 그리고 관리를 통해서 무엇을 성취할 수 있는지 보여준다. 개발계획을 총괄 코디네이트 한 사람은 건축가 찰스 어거스틴 버스비Charles Augustin Busby이다. 버스비는 건축물 외관디자인과 시공품질이 관리될 수 있도록 디자인 가이드라인을 만들었다. 또한 시의회 조례와 경관관리위원회를 만들어서 지속적인 유지관리가 될 수 있도록 하였다. 건축물의 외관은 시의회 조례에 따라 5년마다 주기적으로 도색 관리되고 있다.

브런즈윅 스퀘어Brunswick Square는 공공 오픈스페이스 설계의 좋은 예시이다. 인구밀도가 높고 사적인 공개공지가 매우 부족한 도시환경 속에서 공공 오픈스페이스의 디자인과 유지관리 중요성을 잘 보여주고 있다.

도시설계의 중요성

과거 15년 동안 우수한 도시설계를 위해 전례 없는 지원이 있어왔다. 혁신적이고 지속가능하며 고품질의 도시설계를 구현하려는 'Urban Task Force' 의 노력은 각계각층에서 지지를 받아왔다.

초기에 이러한 노력은 《Urban Design Compendium》을 비롯해 도시설계 원칙을 설명하고자 하는 간행물에서 두드러지게 나타났다. 이 책은 2000년도에 잉글리시파트너십English Partnership과 하우징 코퍼레이션Housing Corporation이 어떤 대상지를 개발 또는 복원하기 위해 사용되는 도시설계의 품질을 평가하고 달성하는 데 도움을 주고자 발간되었다. 이 책은 25,000부 이상 배포되었으며 목표한 것보다 더 많이 사용되었고 영향력도 컸다. 또한 도시설계 과정을 이해하기 위한 세계적인 교과서가 되었고 한국어와 중국어, 세르비아어로도 번역되었다.

우수한 디자인뿐만 아니라 콤팩트Compact하고 복합적이면서 포괄적이고 지속가능한 장소를 만들려는 강한 정부의 지지가 이 책을 성공으로 이끌었다. 또한 우수한 디자인을 이끌어 내려는 강력하고 효과적인 정책이 전개되면서, 이 책이 《By Design》과 더불어, 도시설계의 원리가 어떻게 계획 과정에 포함되는지 설명하는 귀중한 지침서가 되었다. 특별히 주택에 대한 정부정책 PPG3(Planning Policy Guidance Note 3)는 브라운필드 지역을 고밀도로 개발하기 위한 목표를 소개하고 있다. 우수한 디자인과 더불어 밀도 증가를 통해 효율적으로 대지를 사용하려는 이러한 정책들의 성공은 계획 정책이 가질 수 있는 강력한 영향력을 보여주었다. 우수한 디자인은 이웃, 마을 그리고 도시가 얼마나 즐거운 곳이 될 수 있는지 재발견하게 한다. 10년 전에는 활기를 띠지 않던 도심 내 주거지역들이 점점 활기차게 변화하고 있다. 최근 서비스와 시설들을 근린주구 내 보행권에 설치하는 것에 대해 일반적으로 동의하고 있다.

현재 우수한 디자인은 계획의 중심에 있다. 정부정책 PPS1 (Planning Policy Statement 1)은 '고품질의 디자인은 개발과정에서 목표가 되어야 한다' 고 주장한다. 주택과 관련된 정부정책 PPS3(Planning Policy Statement 3)에서는 디자인을 최우선 순위로 두었다.

고품질의 장소를 창출하기 위한 정부지원은 CABE(Commission for Architecture and the Built Environment) 설립에 반영되었고, 그 결과는 주목할 만한 효과가 있었다. CABE는 비록 중앙정부로부터 재정적 지원을 받았지만 독자적인 목소리와 다양한 의견을 제시한 결과 《성공적인 마스터플랜 만들기Creating Successful Masterplans》를 통해 도시설계 분야에 우뚝 섰다. 민간분야에서 활동하는 전문가 집단이 지방정부에서 도시설계의 품질을 높이고자 하는 노력을 돕고 있다. 이러한 것들은 설계 공모, 뛰어난 지역센터와 디자인 위원회의 성장을 통해 유지되어왔다.

도시설계의 중요성은 이미 도시설계 분야의 학생과 종사자들을 넘어 더 멀리 인식되고 있다. 장소의 품질과 삶의 질이 강한 상관관계가 있다는 것은 널리 알려졌다. 사회적 · 환경적 그리고 경제적 가치는 우수하게 디자인된 장소에서 나타난다. 예를 들어, 2007년에 발표된 '가로 매뉴얼' 은 가로설계에서 도시설계가 얼마나 중요한 요소가 되는지 보여주고 있다.

도시설계의 기술 수준이 향상되고 있다. 도시설계 교육을 받는 학생 수는 지난 20년 동안 꾸준히 증가했다. 그리고 도시설계의 원리를 널리 알리기 위해 서머스쿨과 컨퍼런스 같은 단기 코스가 많이 진행되었다. 과거에는 도시설계가가 부족했지만 지금은 경험 있는 도시설계가 부족하여 문제가 되고 있다.

지난 10년간 장소가 설계되고 관리되는 방법에 따라 어떻게 커뮤니티 삶이 변화되는지를 보여주었다. 사회적 커뮤니티가 번영하기 위해서는 우수하게 설계되고 관리되는 공공공간이 필수적이다. 자산에 대한 공동소유권은 소속감을 불러일으키고 사회적 결속과 상호작용을 촉진시킬 수 있다. 장소는 이런 효과가 최대화될 수 있도록 설계해야 한다.

002

새로운 근린주구 수상작
런던 그리니치 밀레니엄 빌리지Greenwich Millennium Village, London

런던의 근린주구 수상작으로 선정된 GMV(Greenwich Millennium Village)는 높은 수준의 지속가능성과 우수한 디자인 품질을 확보하였다.

잉글리시 파트너십의 밀레니엄 커뮤니티Millennium Communities 프로젝트는 가스공장이었던 부지에 호수와 마을 녹지를 조성하여 21세기 마을 공동체로 새롭게 탈바꿈시켰다. 이 프로젝트는 1,300 가구가 넘는 주거, 커뮤니티시설 그리고 상업공간을 포함한 대규모의 복합용도개발로 추진되었다.

새롭게 건설된 현대식 건축물과 높은 수준의 공공공간은 지역의 미기후를 반영토록 설계되었다. 건설자재들은 환경 인증서를 통해 선택되었고, 최신 기술들을 통해 지속가능한 친환경 마을을 구현하였다. GMV는 영국에서 '탁월한 친환경주택EcoHomes Excellent'을 성취한 첫 번째의 대규모 민간 개발사업 사례이다.

이곳 주택에는 효율이 높은 창문을 설치하였고, 단열 기준을 적용하였으며 무공해 페인트를 사용하였다. 또한 통합 열동력 시스템은 에너지 생성을 통한 열 생산으로부터 탄소배출을 감소시켰다.

포괄적이고 지속가능한 커뮤니티 생성은 그리니치 밀레니엄 빌리지 개발의 중요한 요소였다. 커뮤니티 시설과 웹사이트를 통해 초기 홍보가 진행되었고, 거주자들에게 마을 개발이 주변 환경과 주거유형 및 거주권에 긍정적 영향을 미칠 수 있다는 믿음을 주었다. 그리고 주택 주위에 정원과 광장을 배치하고, 가로수 거리를 통해 이웃이 서로 연결되도록 계획을 세워 공동체 의식을 향상하고자 하였다. 또한 우수한 대중교통망 연결로 살기 좋고, 실용성 높은 장소가 되도록 하였다.

이 프로젝트는 수준 높은 개발을 위해 노력하는 GMV ltd (Countryside와 Taylor Woodrow 사이의 공동투자)와 같이 공사의 협력을 통해 무엇을 성취할 수 있는지 잘 보여 주었다.

영국의 잉글리시 파트너십English Partnership은 그리니치 밀레니엄 빌리지Greenwich Millennium Village를 통해 수준 높은 지속가능성과 디자인의 성공 사례를 보여주었다.

환경에 미치는 부정적 영향을 줄이려면 우리가 생활하는 방식을 근본적으로 되돌아봐야 한다. 우리가 자원을 소비하지 않고 개발을 지속할 수 없다는 것은 자명하다. 도시설계는 의뢰인과 부동산 소유주뿐 아니라 후세대까지 책임을 져야 한다. 미래의 개발을 계획할 경우에는 어떻게 장소가 지속가능할 수 있는가와 도시설계가 이것을 어떻게 달성할 수 있는가를 염두에 두어야 한다. 관련 규정을 만드는 정책개발과 입법과정은 이러한 것을 강하게 뒷받침 한다.

'왕립환경공해위원회The Royal Commission on Environmental Pollution' 에서 2007년에 발간된 〈도시환경The Urban Environment〉 보고서는 도시환경의 품질과 통합적인 방법으로 삶의 질을 고찰할 것을 정부에 요구했다. 이 보고서는 우리가 자연과 연결된 모든 지역에 대한 이해가 부족하다고 정확하게 언급했다. 그러나 사람, 장소, 도시형태와 자연 간의 상호관계를 만들고 성공적인 마을, 타운과 도시를 만드는 과정에 영향을 주는 도시설계는 이러한 관계를 이해하고 여러 해결 방안을 통합하는 데 매우 중요한 역할을 할 것이다. 도시설계는 정책과 집행을 조정할 수 있고, 삶의 질에 대한 열망을 높일 수 있다.

우리는 걷기에 안전하고 쾌적하며, 보행을 위한 시설물이 어떻게 설치되었고, 광역 교통망과 연계가 잘 되며, 통합적이면서 관리가 잘 되는 다양한 주거 형태와 소유권을 지닌 장소를 어떻게 만드는가를 배우고 있다. 그러한 곳은 성공적인 근린주구와 도시의 전형으로 현 세대뿐만 아니라 다가올 세대에게까지도 귀중한 장소가 될 것이다.

새로운 도전

장소를 설계하는 것에 대한 전례 없는 지원에도 불구하고, 우리가 최선을 다하고 있지 않다는 것을 여러 사례를 통해 알 수 있다. 고품질로 개발하는 것이 좋은 기준이 되지는 못했다. 2007년 초 〈국가주택감사The National Housing Audit〉 보고서에 의하면 어떤 지역의 경우 개발된 것 중에서 '매우 좋음Very Good' 의 도시설계로 평가받은 것이 5%정도 밖에 되지 않았다. 그리고 '좋음Good' 에 해당하는 것이 13%정도밖에 되지 않았다. 더욱 우려되는 것은 29%정도는 건축 허가를 받지 못할 만큼 형편없었다는 것이다. 즉 도시설계에 대한 지원이 증가하고 기술이 발전했음에도 불구하고 기대에 부응하지 못하고 있다는 것이다. '부족함', '평균' 과 '좋음' 은 용납될 수 있는 평가점수가 아니다. 우리가 자랑스러워하고 지속가능한 장소를 만들기 위해서는 모든 개발이 '매우 좋음' 이라는 평가를 받아야 한다.

이 책에서는 도시설계가 무엇인지를 설명하고, 기대에 부합하는 장소를 만들기 위한 조언과 우수 사례를 집대성하고자 한다.
불충분한 계획을 만들고 싶어 하는 사람은 아무도 없을 것이다. 따라서 이 책은 새로운 개발을 계획하는데 직면하게 될 중요한 문제를 해결하고 장애물을 극복할 수 있는 방법을 다룸으로써 고품질 장소를 만드는 데 방해가 되는 근거 없는 이야기들을 불식시키고자 한다. 또한 성공한 여러 프로젝트 중 가치 있는 교훈을 한데 모아 목표와 성취드 간의 격차를 좁히고자 한다. 이러한 목적을 바탕으로 지속가능하면서 고품질의 도시설계에 혁신을 일으키기 위한 사례들을 공유하고자 한다.

목표는 무엇인가?

도시설계의 품질이 무엇인지 이해하기 위해서는 우리가 과거에 만들어 성공적으로 사용되는 장소를 살펴봐야 한다. The Georgian Ear의 계획적 개발은 우리에게 많은 교훈을 준다. 호브Hove의 브런즈윅 타운Brunswick Town, 뉴캐슬New Castle의 그레인저 타운Grainger Town 또는 에든버러 뉴타운Edinburgh New Town과 같은 개발은 연립주택과 단독주택의 주거 형태 유형을 제공할 뿐만 아니라 도로위계를 가진 명확한 도시 구조를 보여준다. 건물 배치, 넓은 내부 면적과 자유로운 용도의 공간을 가진 건물들은 몇 세기에 걸쳐 소규모 주택, 상점, 사무실 그리고 개인병원과 같이 필요한 용도로 사용이 가능토록 하였다.

이러한 장소는 용드와 이용자 간의 혼합을 수용하면서 장소가 번성하게 된다. 이는 우수한 도시설계가 고품질, 고밀도 공간에서 어떻게 작동할 수 있는지를 보여주고 있다. 풍부한 공공 오픈스페이스 그리고 공유 공간은 이러한 장소를 넓게 느끼게 한다. 넓은 도로와 중정의 결합은 주차장이 있다고 하더라도 가로 경관을 해치지 않는다. 큰 창문은 풍부한 자연채광과 환기를 가능하게 하고 우수한 전망을 제공한다.

좋은 환경을 지닌 장소는 연결성이 우수하여 사람들이 즐겁게 보행할 수 있으며, 쉽게 인지할 수 있다. 지속가능한 장소를 만들면 철거하거나 교체하려는 요구를 줄일 수 있다. 잘 정립된 도시설계 원칙과 신기술을 결합하여 미래 세대에게 좀 더 좋은 장소를 제공할 수 있다.

최근 설계된 몇몇 계획은 종합적 사고의 성과를 보여준다. 그리니치 밀레니엄 빌리지Greenwich Millennium Village, 하마비 허스타드Hammarby Sjostad와 뉴홀Newhall은 우리가 달성 가능한 도시설계 품질을 보여주는 사례이다. 이러한 사례는 환경적 · 사회적 · 경제적 관점에서 살고 싶어 하는 장소이며 사람들이 즐기는 장소이다. 이는 과거 경험, 기술 혁신, 진보와 지속가능한 장소 만들기에 대한 폭넓은 이해로 새로운 장소를 만들어 낸 것이다.

랄프 어스킨Ralph Erskine이 만든 그리니치 밀레니엄 빌리지 마스터플랜은 런던 광장에서 얻는 교훈과 새천년을 선도할 수 있는 근린주거지를 만들고자 현대건축과 환경의식을 결합한 것이다. 뉴홀Newhall에서, 로저 에반스Roger Evans는 토지 소유주와 향후 그곳에서 거주하거나 일할 사람들에게 장기적 가치를 주는 한편, 자신감과 명료함을 가진 개발이 되도록 마스터플랜과 디자인 코드를 발전시켜 왔다. 하마비 허스타드Hammarby Sjostad는 모든 분야에서 지원을 받고 통합적인 접근 방법을 통해서 성취될 수 있는 것이 어떤 것인지를 보여준다.

이 책은 어떤 역할을 하는가?

많은 사람들은 어떻게 도시문제를 극복하고 살고 싶은 장소를 만들 수 있는지 알고 싶어 한다. 이 책에서는 어떻게 문제를 극복할 수 있는가에 대한 지침과 예시를 제공하고 있다. 《도시설계 1Urban Design Compendium 1》에서 도시설계 원칙과, 그 원칙을 적용하는 방법에 대해 제시했다면, 이 책에서는 마을 · 타운과 도시를 성공적으로 만드는 과정에 대한 지침을 제공하고자 한다. '원칙, 규모, 그리고 과정Principles, Scale, and Process' 에 설명된 것처럼, 이 책에서는 1권에서 다뤄진 지침에 기반을 두고 있다. 제1권에서는 모든 규모의 장소에 적용 가능한 원칙을 다루었다면, 제2권은 이러한 원칙을 달성하는 데 필요한 과정을 기술한다. 이 책은 도시설계 과정에서 만들어지는 의사결정이 어떻게 고품질의 장소를 만드는 데 도움이 되는지를 설명한다.

두 책에 관한 간단한 정보는 Urban Design Compendium 웹사이트에서 이용할 수 있다.

http://udc.homesandcommunities.co.uk

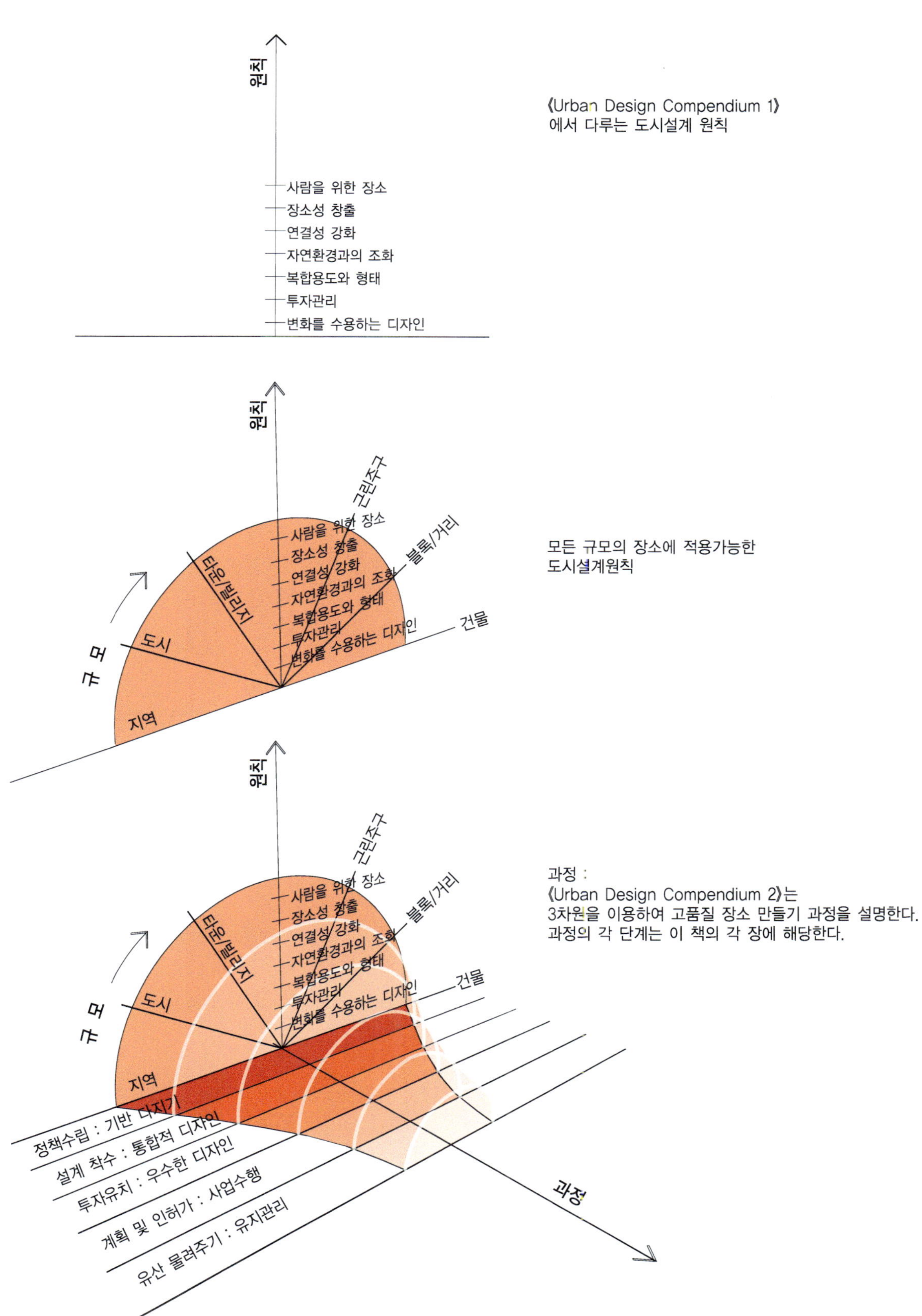

원칙, 규모 그리고 과정 : 《도시설계 2(Urban Design Compendium 2)》는 《도시설계 1》의 원칙을 바탕으로 만들어졌다.

과정 살펴보기

이 책은 장소의 질을 개선하기 위해 진행되는 개발 과정에 단계별로 실질적인 지침을 제공한다. 이 책은 정책, 디자인, 경제, 기술적 인허가 그리고 유지관리 분야를 다루고 있다. 또한 우수한 설계를 하는 과정에서 나타나게 될 잠재적 위험들을 확인하고 이를 극복할 수 있는 방법에 대한 조언을 제공한다.

이 책은 도시설계의 5가지 단계를 설명하고 있다(다이어그램 참조).

이 책의 구성은 도시설계 프로젝트의 추진일정에 따라 작성되었다. 그러나 도시설계는 단순히 선적인 과정이 아니기 때문에 광범위한 쟁점이 설계 단계마다 함께 고려될 필요가 있다. 따라서 각 장은 국가, 지역, 도시, 근린주구, 블록, 거리와 건물 디자인까지 모든 영역에 걸친 쟁점을 함께 다루고 있다.

이 책은 사회적 · 환경적 · 경제적 요구사항들을 어떻게 통합시킬 수 있는가에 대한 실질적 지침을 제공한다. 또한 도시설계 원칙이 구현된 장소가 어떻게 사회적 · 환경적 · 경제적으로 지속가능한지에 대해 설명한다.

우수 사례 공유하기

이 책은 무엇이 실현될지 그리고 왜 우리가 목표를 높게 설정하는지에 대해 자신감을 가지도록 많은 개발 사례를 소개하고 있다. 소개된 사례들은 잉글리시 파트너십English Partnerships, 하우징 코퍼레이션Housing Corporation 그리고 이 책의 제작 팀의 실제적 경험에서 나온 것이다.

우수 사례는 잉글리시 파트너십English Partnerships의 밀레니엄 커뮤니케이션 프로그램Millennium Communities Programme과 산업디자인 공모전 같은 시범사업을 통해 얻은 교훈을 담고 있다. 품격 있는 장소 만들기 과정에서 발생하는 장애물을 극복하는 데 도움이 될 수 있는 공공과 민간 부문의 프로젝트를 포함하고 있다.

이 책에 수록된 사례는 특정 문제를 성공적으로 해결했던 프로젝트들만 선정하였다. 각 사례에 번호를 부여함으로써 부록에 있는 특정 쟁점들과 어떻게 관련되었는지를 명확하게 하였다. 여러 지역에서 성공적이었던 프로젝트가 한 번 이상 다뤄지기도 했다. 그러나 사례를 단순히 따라 한다고 해서 우수한 도시를 설계할 수 있다고 생각해서는 안 된다.

도시설계 원칙은 개발과 관련한 모든 범위와 유형에 적용되며, 사람을 최우선시 한다. 일정 수준의 서비스와 비즈니스를 유지하려면 밀도가 필요하다고 확신한다. 따라서 타운 중심지에서 얻는 많은 교훈들이 지역과 마을의 근린주구 중심지에 동등하게 적용될 수 있을 것이다. 그러나 모두가 그렇지는 않기 때문에, 이 책은 다양하면서도 서로 다른 장소에서 나타난 사례를 사용하여 마을 · 타운 · 근린주구와 도심지에서의 사례들을 포함하였다.

이 책은 각 사례의 단편만을 담고 있다. 따라서 더 자세한 사진과 프로젝트 정보는 Urban Design Compendium의 웹사이트에서 찾을 수 있다. 각 사례를 위한 웹사이트 주소는 이 책 뒤에 표로 정리하였다.

http://udc.homesandcommunities.co.uk

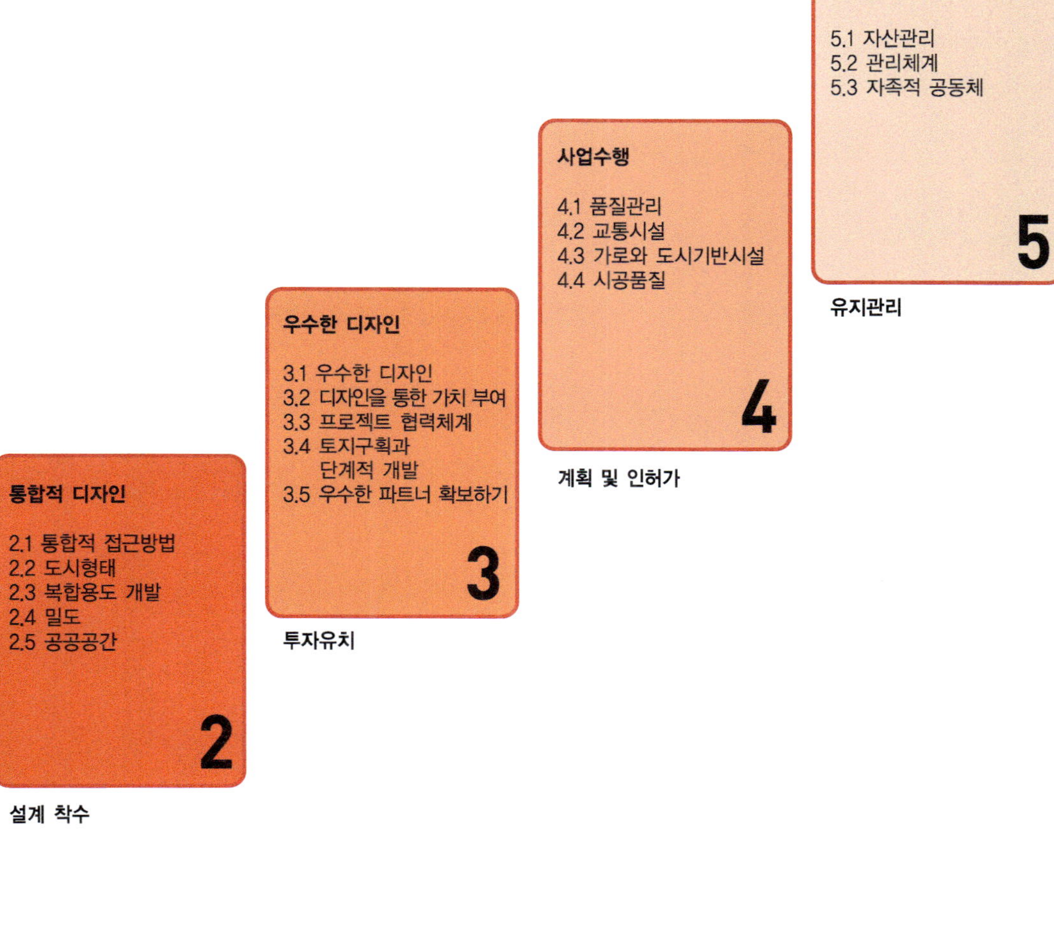
기반 다지기
1.1 도시설계 정책
1.2 도시설계 체계
1.3 지속가능한 개발
1.4 장소성과 정체성
1.5 주민 참여
1
정책수립
통합적 디자인
2.1 통합적 접근방법
2.2 도시형태
2.3 복합용도 개발
2.4 밀도
2.5 공공공간
2
설계 착수
우수한 디자인
3.1 우수한 디자인
3.2 디자인을 통한 가치 부여
3.3 프로젝트 협력체계
3.4 토지구획과 단계적 개발
3.5 우수한 파트너 확보하기
3
투자유치
사업수행
4.1 품질관리
4.2 교통시설
4.3 가로와 도시기반시설
4.4 시공품질
4
계획 및 인허가
유지관리
5.1 자산관리
5.2 관리체계
5.3 자족적 공동체
5
유지관리

이 책의 이용자는 누구이며 어떻게 활용해야 하는가?

계획가, 개발자, 건설업자, 도시설계가, 건축가, 주택조합Registered Social Landlords, 커뮤니티 그룹 그리고 교통엔지니어와 정책 결정자 등 많은 사람이 개발과정에 참여한다. 그들은 저마다 장소의 품질에 영향을 미치는 결정을 내릴 것이다. 이 책은 최고의 프로젝트들이 어떻게 우수한 품질로 우뚝 서게 되었는지에 대해 지침을 제공함으로써 독자를 이해시키고자 하였다.

또한 특정한 쟁점에 부딪힌 사람들에게 필요한 지침을 찾을 수 있도록 진행 과정에 따라 구성되어 있다. 그러나 우리는 각각의 참여자가 이 책을 완독하여 큰 그림을 이해하기를 바란다. 그럼으로써 설계 정책과 설계 조정에 참여하는 이들에게 최대한 영향을 주어야 하는 곳이 과정 중 어디인지를 인식하거나 어떤 자원에 초점을 맞춰야 하는지를 결정하는 데 도움이 될 것이다.

이 책에서 다루는 지침과 사례 연구는 독자들에게 잠재적인 쟁점과 문제점, 해결방안을 알려주는 시발점이 된다. 사례 연구는 우수 도시설계를 달성하는 과정에서 어떻게 특정한 쟁점을 극복했는지에 대한 사례를 제공한다. 사람들이 좀 더 높은 목표를 설정하는 데 이런 사례들이 도움이 되기를 바란다.

모든 사례가 문제없이 잘 진행되었다고 간주해서는 안 된다. 왜 우수 사례를 보여주었는지에 주목하기 바란다. 독자들은 각 상황에 적합한 해결책을 만들거나 발전시키는 과정에서 이 책에 수록된 정보를 활용할 필요가 있다. 이 책은 개발과 관련하여 협력적이고 통합적인 접근방법을 권장한다. 독자들은 전문적 역할을 넘어선 것까지 살펴보고, 행동과 결정이 진행 과정에서 다른 것에 어떤 영향을 미치는지 이해해야 한다.

Urban Design Compendium 웹 사이트는 국내 또는 국제적으로 성공한 우수 사례를 배우고 공유하기 위해 만들어졌다. 우수한 장소를 만들기 위해, 웹사이트를 통해 의견과 피드백을 주기 바란다.

http://udc.homesandcommunities.co.uk

003

할로우Harlow 지역의 새로운 근린주구

할로우 뉴홀Newhall, Harlow

할로우Horlow에 위치한 뉴홀Newhall은 6,000명의 거주인구와 업무시설, 상점, 서비스 시설, 학교, 커뮤니티 그리고 레저 시설을 포함한 복합용도로 계획된 새로운 근린주구이다. 도시설계 관점은 프로젝트의 많은 측면에서 중요한 요소가 되었으며, 마스터플랜과 프로젝트 세부 이행 방안은 정부정책에 의해 승인되었다. 뉴홀 프로젝트의 핵심은 우수한 설계가 높은 가치를 창출한다는 것과, 개발사업 발주자와 설계팀 그리고 계획당국의 장기적인 헌신이 필요하다는 점이다.

뉴홀 마스터플랜은 쾌적한 주거환경 조성과 여가공간 확충을 위해 110헥타르에 해당하는 대지의 40%를 별도로 계획하였다. 개발 대상지는 평균 밀도보다 높게 건축되도록 만들었다. 공공영역의 세심한 설계와 모범이 되는 건물을 만들기 위한 노력은 높은 수준의 도시주거 환경을 개발하는 데 필수적인 요소이다.

뉴홀 마스터플랜은 100세대 규모의 공동주택과 단독주택 건설을 위한 필지로 다양하게 구성되어 있다. 개별 개발필지마다 각기 다른 건축가들이 고용되었다. 개별 건축가들과 종합계획가들 간의 지속적인 대화를 통해 조화로운 도시경관을 이룰 수 있었다. 뉴홀 개발사업은 많은 디자인 상을 수상하였다.

가로수 및 조경계획의 소유권을 포함한 근린주구 유지 및 관리에 대한 역할 정립을 통해 거주자들의 신뢰가 확립되었다. 법적 요구 기준을 초과하는 에너지 소비 수준은 설계를 통해서 해결토록 하였으며, 미래 자원의 사용을 최소화 할 수 있도록 계획하였다. 또한 많은 주택들이 소규모 고용개발과 결합된 직주근접 또는 재택근무가 가능하도록 설계되었다. 이는 근무 시간 동안 주민 커뮤니티를 유지할 수 있도록 보장할 것으로 기대된다. 뉴홀은 독특한 개성과 정체성을 가진 특색 있는 장소를 만드는 데 성공한 사례이다.

뉴홀Newhall 개발과정에서 도시설계는 프로젝트의 중추역할을 했으며, 높은 수준의 장소성과 정체성 있는 장소를 만들어 냈다.

004

지속가능한 근린주구 개발 사례

스웨덴, 스톡홀름 하마비 허스타드Hammarby Sjostad, Stockholm, Sweden

하마비 허스타드Hammarby Sjostad는 '하마비 호수를 둘러싼 도시'를 의미한다. 200헥타르에 해당하는 오염된 폐산업부지를 수변 친화적인 도시로 확장하고자 하였으며, 근대의 오래된 산업시설 및 항만을 지속가능한 근린주구로 변화시켰다. 2004 올림픽 개최를 위한 스톡홀름Stockholm의 지속적인 노력의 일부로 계획된 이 도시개발은 생태와 환경의 지속가능성 측면에 중점을 두고 진행되었다.

이 프로젝트는 근린주구 내에 약 10,000여 명의 사람들을 위한 주택을 창출하였으며, 2015년까지 9,000개의 주택, 10,000개의 일자리를 창출할 계획이다. 이 계획은 생활유형의 변화를 필요로 하지 않는 탄소중립적인 개발에 대한 깊은 확신을 주며, 높은 수준의 공간조성으로 국제적 찬사를 받고 있다. 현재 많은 도시가 이 사례를 연구하고 있다.

이 프로젝트는 스톡홀름 도시의 특성을 잘 반영하고 있다. 도로의 폭, 블록 크기, 건물높이, 밀도, 용도 등에 대한 세심한 고려가 있었다. 또한 유리를 주재료로 사용함으로써 햇빛, 물, 녹지공간의 경관을 극대화하고 있다. 하마비 프로젝트는 역사적 수변 경관과 조화를 잘 이루고 있다. 생물 서식처와 우수 저장 공간으로 사용되는 수변공간과 다양한 규모와 용도를 갖는 공원녹지, 공공공간이 제공되고 있다. 지속가능성은 옥상녹화, 태양열 패널 그리고 친환경적인 건설 자재들의 사용을 통해 개발 전반에 걸쳐 적용되었다. 또한 '하마비 모델'로 잘 알려진 통합 지하 쓰레기 수거시스템을 구비하고 있다. 하마비 허스타드의 환경 정보센터인 'Glashusett'는 견학, 전시, 그리고 새로운 친환경기술 설명을 통해 거주자들과 방문객들에게 지식을 전파하는 역할을 하고 있다.

스톡홀름의 기존 네트워크와 개발 대상지를 연결하는 기반시설의 제공은 이 프로젝트의 핵심요소이다. 통합적으로 연계된 트램, 자전거 도로, 페리 선착장 그리고 근린주구 간의 통합 보행로의 이동 네트워크는 개발 이전에 제공되었다. 이와 함께 카풀 우선 주차에 대한 규정은 지역 전반에 걸쳐 자동차 의존도를 성공적으로 감소시켰다.

시간이 지남에 따라 유연성과 적응력이 점차 내재되었다. 대로를 따라 위치한 대부분의 지상 층 유닛들은 커뮤니티의 편의를 도모하고, 여가 및 상업적 용도로 유연하게 사용될 수 있도록 설계되었다. 지상층 유닛들은 학교, 건강센터, 상점, 도서관, 극장, 콘서트 홀, 그리고 체육센터 등의 기능으로 사용되고 있다.

하마비 허스타드Hammarby Sjostad는 역사적 경관과 지속가능한 원칙들, 현대의 건축물들 및 수공간을 성공적으로 통합시키면서 높은 수준의 환경을 창출하였다.

우리는 무엇을 해야 하는가?

이 책은 고품질 장소 만들기를 위한 구체적인 지침을 제공하고 있다. 개발과정에 참여하는 모든 사람들은 고품질 장소 만들기를 위한 지침을 각 단계에서 고려해야 한다.

책임과 리더십

성공적인 장소를 만들기 위해서는 복잡한 문제점을 극복하려는 책임과 리더십이 필요하다. 문제점들은 품질에 대한 명확한 책임과 강한 리더십이 있을 때 해결하기 쉬울 것이다. 팀을 조정하고 고무하기 위한 비전을 갖고 있는 리더가 필요하다.

통합적 접근

지속가능한 도시개발을 위해서는 통합적 접근이 필요하다. 커뮤니티, 자원, 건축 형태, 경관, 자연환경, 재료 등 다양한 요소에 대한 통합적 접근이 중요하다. 도시설계는 다양한 요소를 함께 고려하는 통합적 접근이 필요하다. 도시설계는 사람들이 원하는 장소를 만드는 데 도움이 될 수 있다.

협력 작업

성공적인 장소를 만들기 위해서는 기술, 자원, 지식과 열정이 필요하다. 모든 참여자는 프로젝트의 목적을 이해해야 하고, 방법과 시기, 이용 가능한 자원을 이해해야 한다. 각 참여자들이 팀에게 어떤 도움이 될 지 명확히 하고, 의미 있는 참여가 될 것이라는 확신이 필요하다.

장기적인 참여

장소 만들기는 장기적인 참여가 요구되며 초기 비전이 흐트러지지 않을 것이라는 확신이 필요하다. 개략적인 사업계획 승인이 난 뒤 도시설계가와 마스터플래너가 사라져서는 안 된다. 프로젝트에서 장기적 참여는 고품질의 계획을 통해 투자자들에게 최대의 가치를 창출하게 할 것이다.

유지관리

품질을 설계하고 전달하는 것은 단지 출발점일 뿐이다. 수세대에 걸쳐 사람들이 소중하게 여기는 장소는 유지 · 관리가 필요하다. 이러한 노력은 유산을 오랫동안 보존하게 하고, 현세대와 후세대에게 쾌적한 삶의 질을 제공할 수 있다. 그리고 사용자들에게 스스로 환경을 통제하도록 하는 것은 쾌적한 삶의 질을 달성하게 하는 효과적인 방법이다. 지역을 어떻게 제어하고 관리할 것인가가 매우 중요한 디자인 요소이다.

참고문헌

1. Urban Design Compendium. 2000. English Partnerships and the Housing Corporation
2. By design: Urban Design in the Planning System: Towards Better Practice. 2000. DETR and CABE
3. Planning Policy Guidance Note 3: Housing. 2000. DETR
4. Planning Policy Statement 1: Delivering Sustainable Development. 2005. ODPM
5. Planning Policy Statement 3: Housing. 2006. CLG
6. Creating Successful Masterplans: A guide for clients. 2004. CABE
7. Manual for Streets. 2007. CLG and Department for Transport
8. The Urban Environment. 2007. Royal Commission on Environmental Pollution
9. Housing Audit: Assessing the design quality of new housing in the East Midlands, West Midlands and the South West. 2007. CABE

01

기반 다지기 SOWING THE SEED

도시설계는 영국의 국가 계획정책에 깊이 관련되어 있다. 남아있는 문제는 이러한 정책이 지역에서도 적용될 수 있도록 하는 데에 있다. 설계 정책은 지속가능한 장소를 만드는 데 필수적인 도구이다.

몇몇 우수한 프로젝트는 공적·사적 또는 자발적 영역에 있는 많은 사람의 노력으로 이루어졌다. 그러나 장기적인 개선을 이룬 근린주구, 타운 및 도시는 정책적 리더십, 적절한 정책 그리고 기준을 향상시키려는 지속적인 결정이 있었기 때문에 형성된 것이다.

양질의 도시설계는 정책적 의지와 리더십, 적절한 정책 그리고 지속가능한 결정이 필요하다. 또한 세대를 뛰어 넘는 장기적 관점이 필요하다.

효과적인 정책은 전략뿐만 아니라 지역 단위에서 단계마다 도시설계를 지원하는 것이다. 또 계획지원서들을 심사하는 사람들은 제안서 및 적정 품질을 평가할 수 있는 신뢰도 및 기술을 갖추고 있어야 한다.

1.1
도시설계 정책

도시디자인의 수준 향상을 위해서는 우수한 도시설계 정책이 필수적이다. 지방정부의 활동은 효과적인 전략계획 정책, 지방정부 정책 그리고 도시설계 지침에 달려있다. 이러한 도시설계 정책들은 공무원과 구성원들의 강한 의욕과 협조를 통해 결성된 팀이 준비하고 집행한다. 장기적으로 높은 수준의 도시설계를 유지하려면 도시설계정책에 대한 정책적 지원이 필요하다.

도시설계 정책은 건축, 공간, 경제, 사회, 나아가서는 환경에 미치는 영향까지도 고려해야 한다. 도시설계 정책은 근본적인 변화를 위해서 먼 미래(때로는 세대를 건너뛰어)를 구현할 수 있고 단기적인 목적에 초점을 두어 단계별 목표를 달성할 수 있다는 비전을 분명하게 표현해야 한다.

지방정부 내 부처(도시계획부, 교통부, 자산관리부 등) 간 조정과 협력은 본질적으로 다학제적인 도시설계의 선행조건이다.

1.1.1 우수한 계획이 우수한 도시설계다

설계를 전략적 정책과 융합

도시계획, 도시설계, 그리고 지속가능한 발전은 모두 공통적으로 지향하는 것이 있다. 그것은 '시장에서 가용할 수 있는 것들을 최대한 활용하면서도 어떻게 신뢰할 만한 방법으로 성공적인 장소를 만들 것인가?' 이다.

PPS1과 PPS3에 명시된 것처럼, 계획 과정은 전략부터 지역까지 모든 단계에서 장소 만들기나 개발에 따른 물리적 형태와 관련된 도시설계 원칙을 접목하는 것이 의무적으로 되어있다.

PPS1: 우수한 설계는 매력적이고 유용하며, 영속적이고 융통성이 있는 장소를 만들어주며 지속가능한 개발을 달성하는 주요 열쇠이다. 우수한 설계와 우수한 계획은 불가분의 관계이다.

정책과 규모

설계 정책은 다양한 계획단계에서 차별화될 필요가 있다. 표 1.1은 계획 단계에서 가장 중요한 도시설계 이슈들의 유형을 정리하고 있다. 도시설계는 어떠한 규모나 상황에서도 정책을 실현할 수 있는 다양한 수단들을 제공하고 있다.

1.1.2 설계 정책 수립하기

원칙과 구조

도시설계 정책은 사회적 · 환경적 · 경제적 쟁점들과 관련한 명쾌한 분석, 그리고 지방정부에서 개발을 통해 달성하고자 하는 품질과 관련한 의견을 바탕으로 해야 한다.

설계 정책은 명확하고 구체적이며, 측정 가능하거나 분석 가능해야 하며 기술적으로도 실현 가능해야 한다. 각각의 정책은 첫 번째로 설계 목표를 설정해야 하고, 두 번째로 해결방안이 설계 목표를 어떻게 충실히 달성할 수 있는지 제시해야 한다.

아래는 명확하고도 구체적인 정책 사례를 보여주고 있다.

'개발은 지역의 투과성Permeability에 영향을 주는 주요 도로망과 연결점을 유지 또는 설치해야 한다. 기존의 연계망과 단절을 초래하는 개발은 허가될 수 없다.'

디자인 목표: 투과성

해결방안: 주요한 도로와 연결체계를 연결 또는 유지하고 손실은 피해야 한다.

정책서류	상태	목적	구체화 수준
Planning Policy Statements (PPS)	법정 지침	공간 계획과 도시설계의 연계방안 정립	
Regional spatial strategy Sub-regional strategy	지역의회에서 작성된 법정문서 (지속가능성 평가 필수)	개발 및 재생과 관련한 지역 공간 조정. 토지이용 활동을 고려해서 준비해야 할 개발서류, 교통계획, 지역과 준지역에 대한 전략 그리고 프로그램들을 알려줄 수 있는 공간체계	성장과 재생을 위한 전략적 방향 제시: 전략적 교통체계, 주택과 고용수, 계획에 대한 개념(도시-지역, 신도시 또는 기성 시가지확장 등). 개발에 따른 사회적 경제적 영향
Development plan documents	지방정부에 의해 작성된 법정문서 (지속가능성 평가 필수)	개발 및 재생과 관련한 지방 공간 조정 : 개발 및 토지이용과 관련하여 지방의 공간적 발전 방향을 설정한 공동체 전략을 집행하기 위한 장기적 공간 비전	
Core strategy	지방정부에 의해 작성된 법정문서 (지속가능성 평가 필수)	설계 우선순위, 기본원칙과 비개발 조정 설계 정책	설계 정책 포함. 경제, 주택, 교육, 보건, 사회적 참여, 폐기물, 생물 다양성, 재활용 및 환경보호를 위한 교통계획과 전략 조정
Specific sites (proposals map)	지방정부에 의해 작성된 법정문서 (지속가능성 평가 필수)	포괄적 설계 원칙을 담은 정책	개발 및 재생이 이루어질 특정 장소나 대상지 선택, 특정 사업지역(가장 중요한 동선) 선정을 위한 도시설계 고려사항 및 함의
Area action plan (extended area, multiple sites or large single area of land)	지방정부에 의해 작성되거나 또는 지방정부를 위해 서로 다른 체계를 통합할 수 있음 (지속가능성 평가 필수)	지방정부의 개발구상 범위 내에서 특정 지역과 장소에 대한 물리적 비전, 정책 그리고 목표 설정	지역개발 체계, 도시설계 체계, 포괄적 디자인코드 또는 디자인코드를 포함하거나 포함하지 않은 마스터플랜과 같은 형태가 됨
SPD (covering anything from local authority area to individual sites)	채택되었을 경우 법률적 지위가 부여되는 명기화된 정책 또는 체계 (지속가능성 평가 필수)	개발계획 서류에 포함되는 정책 또는 추가사항	지역개발 체계, 도시설계 체계, 개발요약, 마스터플랜, 디자인코드 또는 설계 지침과 같은 형태가 됨

표 1.1 계획정책문서 내 도시설계 내용

005

지역개발정책의 통합도시설계

세필드 시의회Sheffield City Council

세필드Sheffield 시는 최근 도시개발 및 재생사업을 진행 중이다. 시의회는 지금이 수준 높은 도시설계를 달성하기 위한 기회임을 인식하여 지역계획 수립 과정에 도시설계를 포함하고자 방안을 마련하였다.

2004년에 세필드 시의회는 도시설계원칙과 지역맞춤형 지침을 제시하는 '세필드 도심부 도시설계 지침서'를 수립하였다. 이 지침서는 세필드 시의 지역개발정책과 도심디자인 지침을 연결하고 있다. 또한 세필드 시는 각종 개발계획을 결정하는 데 있어 이 지침서를 필수적으로 반영하도록 하고 있다.

세필드 시의회는 CABE의 국가지침의 연장 선상에서 도시설계 검토 위원단을 구성하고 있다. 위원단의 주요 목적은 개발계획을 지원하는 선행 개발계획지원에 대한 계획을 검토하여 건축가들 및 개발업자들과의 사전계약을 보장하는 것이다. 또한 도시설계 분야의 자문위원, 건축가, 지속가능한 계획 및 개발 위원단은 공공 및 민간 영역 모두를 대표하는 전문가들로 구성되어 있다. 위원단은 시와 독립된 지위에 있으며, 그들의 자문은 개발계획지원의 결정에 있어 구체적 고려사항으로 활용된다.

양질의 도시공간에 대한 Sheffield 시의회의 노력은 도시설계에 대한 통합적 접근을 이끌어 내었고 Sheaf Square와 같은 수준 높은 프로젝트들을 완성하였다.

범주와 내용

앞서 발간된 《도시설계 1》에서 언급된 도시설계 주요 방향은 정책과 지침을 만드는 데 매우 중요한 체계가 된다. 대표적인 설계 정책의 범주와 내용은 다음과 같다.

- **컨텍스트 이해하기**(지역의 특성과 특이점, 유적)
- **도시 골격 만들기**(근린 구조, 토지이용, 경관, 생물의 다양성, 녹색 기반시설과 지표의 배수)
- **연결성 만들기**(결합, 동선과 교통)
- **세부계획**(공공영역과 오픈스페이스, 접근성과 융통성)
- **사업수행**(유지관리와 거버넌스)

지역과 공간 개발 전략은 기후변화를 고려해야 한다. 지역과 공간 개발정책에서도 에너지, 자원, 공공시설에 대한 기후변화 대응 디자인 관점을 포함해야 한다.

효과적인 정책 수립

CABE는 효과적인 설계정책이 되기 위한 다섯 가지 방법을 제안했다. 이것은 공간계획과 관련된 새로운 체계를 만들고자 하는 지방정부의 모든 정책 작성과 관계가 있다.

- 지역개발 체계의 정책위계와 관련된 모든 방향 그리고 공동체 전략에 이르기까지 설계에 대한 관심을 못 박아 넣어야 한다.
- 설계를 모든 다른 정책 영역에 영향을 주는 핵심 쟁점Cross-Cutting Issue으로 간주한다.
- 정책은 지역 상황 및 설계 과정에 대한 깊은 이해를 바탕으로 수립되어야 한다.
- 설계 정책은 사유지부터 대규모 대지에 이르기까지 서로 다른 지형적 규모에 적합하게 지방개발 체계의 목표를 달성하는 데 도움이 되도록 활용한다.
- 설계정책은 사회적 쟁점과 자원의 효과적인 사용 그리고 시각적 · 기능적으로 중요한 사항들과 관련되게 한다.

1.1.3 통합하기

도시설계는 장소가 어떻게 작동하는지에 관심이 있다. 따라서 설계정책들은 장소를 만들거나 관리하는 문제와 관련된 광범위한 사항들을 고려해서 만들어야 한다. 우리는 도시설계가 환경 지속성, 범죄와 안전, 보건과 교육에 관한 정책을 어떻게 뒷받침하여 도울 수 있을지 고민해야 한다.

파트너십과 팀

도시설계의 다양한 내용을 계획정책에 통합시킬 경우 가장 효과적인 방법은 정책문서를 만들기 위해 융합적인 공간계획팀 또는 파트너십을 만드는 것이다. 이 방법은 분리되고 조정되지 않은 프로그램과 정책을 집행하는 서로 다른 정부기관, 협회 및 담당부서로 하여금 편협하면서도 단일 사안 중심의 접근을 피할 수 있게 한다. 이로써 정책은 공동체 참여와 관련하여 좀 더 일관성이 있으며 투명한 접근이 가능토록 한다.

디자인 쟁점들은 이와 같이 조화롭고 다학제적인 접근 방식으로 의사결정 과정에 반영될 것이다.

다학제적인 접근방식은 디자인 품질에 고차원적 지원과 참여가 뒷받침되는 곳에서 더욱 효과적이다. 각 팀이 일을 진행하는 데 있어 명확한 리더십과 협력은 필수 불가결한 요소이다.

지역적 협력

지방정부는 관련 기관들이 공통적인 열망을 가지고 있는지 확인하기 위해 협력 해야 한다. 협력 작업이 불가능한 곳일지라도 개발자가 계획승인을 취득하는 과정이 효과적이고 투명하다면 최고 기준을 가진 대상지에서 작업을 하도록 격려해야 한다.
지방정부의 정책이 어떻게 지역이나 준지역 단위에서 정책 및 제도를 지원하고 실행되도록 할 것인가는 중점적으로 고려할 사항이다.

1.1.4 정책을 넘어서

효과적인 정책으로 자리 잡으려면 충분한 자원과 기술, 지원이 필요하다. 또한 계획정책과 더불어 수많은 방법이 있으며, 도시, 지역 및 지방정부는 좀 더 전략적 단계에서 도시설계 기준을 향상하게 할 기회를 만들어 개선할 수 있다.

훈련과 교육

도시설계의 기초를 이해하는 것은 정책 만들기 및 개발 인허가 과정에 참여하는 모든 사람에게 필수적이다.

훈련과 교육은 정책을 만들거나 개발을 컨트롤하는 과정에 참여하는 모든 사람에게 필요한 기초소양을 제공함으로써 자신감을 높여줄 수 있다.

도시설계 원칙을 훈련함으로써 자원을 효율적으로 사용하게 한다. 이러한 훈련은 모든 사람에게 제공되어야 하고, 기본적인 도시설계 개념을 심어줘야 한다. 또한 참여하는 모든 사람에게 각자 맡은 역할의 중요성을 인지시키고, 어떻게 도시설계에 양질의 영향을 줄 것인지 알게 해야 한다. SEEDA는 이를 성취하기 위해 좀 더 자세한 사항들을 담은 지침서를 만들어왔다.

006

설계 중요성에 대한 인식 높이기
에식스 디자인 시범사업Essex Design Initiative

EDI(Essex Design Initiative)는 에식스Essex 시의회에서 발의한 사업이다. EDI는 지속가능한 도시 개발계획을 계획 · 설립 · 유지하는 방법에 대한 설계지침을 제공하였다. 또한 정책 입안자들과 관련 전문가들이 성공적인 주거 성장을 도모하고, 환경 친화적으로 공공영역을 개선할 수 있도록 돕고 있다.

EDI는 도시설계, 경관설계, 보존 및 관리 그리고 공공예술에 종사하는 전문가들의 협력을 제안하고 있다.

- 에식스 디자인 가이드: 고밀도 개발 품질에 영향을 미치는 UPS(Urban Place Supplement), 즉 계획에 대한 보완서 모음
- 협동작업 장려를 위한 다학제 간 및 분야에 걸친 행사개최
- 전문개발 프로그램(우수사례 견학 포함)
- 설계 검토 서비스
- www.the-edi.co.uk의 온라인 자료들
- 에식스 설계 전문가 네트워크

국제적으로 잘 알려진 에식스 디자인 가이드가 성공할 수 있었던 것은 의회의 장기적인 노력 때문이다. UPS는 이러한 기반으로 완성된 보완서이다. 에식스 디자인 대변자이자 시의회 의원인 제러미 루카스Jeremy Lucas는 "우리 활동의 목표와 고민을 UPS가 잘 설명하고 있다고 강조하였다. 그리고 UPS는 지역 당국과 개발 관련 산업이 함께 협력할 수 있도록 만들었다."라고 이야기한다.

EDI(Essex Design Initiative)는 정책 입안자들을 지원하고, 설계의 질을 향상시키며, 지역 내에 새로운 개발사업의 실행을 돕는다.

007

지역 설계 전문가 집단의 운영

사우스 이스트 지역의 디자인 패널South East Regional Design Panel

2002년부터 활동을 시작한 SERDP(South East Regional Design Panel) 위원회는 계획시간을 단축하고, 디자인의 질적 수준을 향상시키며, 실질적인 이익을 창출하고 있다. 따라서 개발 초기에 위원회의 조직과 활용을 꺼리던 개발자들의 불안을 안심시켰다.

SERDP 위원회는 지역 활동의 이해를 바탕으로 한 독자적인 견해를 제공함으로써 지역의 이권 충돌을 극복하도록 도와준다.

사우스 이스트 개발청South East England Development Agency의 재정적 지원으로 SERDP 위원들은 훌륭하고 지속가능한 지역계획을 구상한다. 33명으로 이루어진 설계 및 개발 전문가들은 공공과 민간 조직에 무료 설계검토 서비스를 제공한다. 프로젝트는 위원단에게 자발적으로 제출하도록 되어 있고, Kent Architecture Centre에서 관리한다. 이 단체는 독립적인 민간회사로 지방정부의 훈련과 전문가 자문을 제공하고 있다.

SERDP는 CABE의 설계 검토를 보완한다. 검토 절차는 현장 방문과 설계 적용을 위한 회의 및 사후 평가를 포함한다. SERDP는 다음 세 가지의 개발 단계를 수행하고 있다.

- 초기 단계: 전반적인 계획 과정에 앞서, 계획 당국과의 충분한 협의를 장려하고, 초기 보고에서 조언자의 역할을 담당한다.
- 중간 단계: 초기 단계의 설계 작업을 평가한다. 초기 콘셉트에 대한 평가부터 계획 제출에 앞선 'Health Check(건강 점검)' 까지.
- 후기 단계: 계획 적용의 설계 수준을 평가한다. 때때로 공적 질문에 대한 입증을 필요로 한다.

"위원회는 계획과정에 대한 논쟁을 만들기 위한 것이 아니라 관련 제도와 프로그램이 더욱 잘 운영되게 하고자 조직된 것이다." 사우스 이스트 지역의 설계 패널이자 Kent 건축 센터장인 베리 셔Berry Shaw가 개발자에게 전하는 말이다.

South East Regional Design 위원회는 지역 설계에 대한 조언을 제공할 뿐 아니라, '장소 만들기'와 같은 계획을 통하여 설계의식을 향상 시키며, 교육 프로그램을 통해 14세 아이들에게 주택개발의 과정을 이해하도록 돕고 있다.

008

표준계획안 수립하기
Building for Life

20가지의 기준으로 만들어진 Building for Life 표준계획안은 새로운 주거 및 근린주구의 질을 평가하기 위한 틀을 제공한다. 이 기준은 지속가능하고, 매력적이며, 목적에 부합하도록 제정되었다. 표준계획안은 홈앤드커뮤니티 개발공사, 주택 공사Design for Homes와 시빅트러스트Civic Trust와 주택 건축업자 연합Home Builers Federation과 CABE에 의해 이행되고 있다.

이 기준은 주택건설 사업에 설계의 우수성 및 모범 실천 사례를 장려하고자 만들었다. 우수한 작품에 상을 수여하면서 시작되었다.

평가항목은 ① 특성, ② 도로 · 주차 · 보행자전용 도로, ③ 설계 및 시공, ④ 환경 및 커뮤니티이다. 각각의 평가 항목은 5개의 문항을 가지고 있다. 프로젝트는 14포인트 이상의 점수를 받으면 실버 단계 인증을 받고, 16포인트 이상의 점수를 받으면 골드 단계 인증을 취득한다.

세부적인 지침사항과 다루어지는 주제의 폭은 세 단계로 구분되고, 설계 품질의 기준을 위한 항목을 제시한다. 수상, 평가도구(CABE의 주택 감사에서 사용된 것과 같이), 그리고 개발 제안서의 수준을 평가하는 예측도구(English Partnerships에 의해 사용된 것과 같이) 항목이 있다.

홈앤드커뮤니티 개발공사는 품질기준으로 'Buidling for Life' 표준계획안을 활용하고 있다. 모든 디자인 제안서들은 실버 단계의 인증을 충족해야 한다. CABE는 디자인 제안서의 수준을 높일 수 있도록 모든 지방정부가 이 기준안들을 계획안 인허가 과정에서 활용할 것을 권장하고 있다.

'Buidling for Life'에서 수상한 Anglell Town, Chapel, Butts Green과 Charter Quays는 고품격 설계 표준안, 지속가능한 설계, 매력적이고 목적의식이 뚜렷한 마을을 만들려는 사례를 보여주었다.

훈련과 교육은 의회를 포함한 많은 공무원에게도 제공해야 한다. 훈련과 교육으로 우수한 디자인을 위해 무엇을 어떻게 지원해야 하는지를 알 수 있기 때문이다.

훈련과 교육은 여름학교나 도시설계 세미나에 참석 또는 토론그룹을 통해 내부에서 진행할 수 있다. 그리고 외부 설계심의위원회 Design Review Panels를 초대해서 활용하는 경우 모든 계획 담당자들은 설계심의 과정에서 새로운 내용을 배울 수 있다. 예를 들어, 'Building for Life Award'를 수상한 최고의 사례를 보여주기 위한 학술 답사는 사람들에게 영감을 제공하거나 도시설계 쟁점들을 이해하게 한다. 이러한 답사는 정책이나 적용 방법을 검토할 때 귀중한 참고자료로 사용될 수 있다.

디자인 챔피언Design Champion

디자인 챔피언은 프로젝트의 디자인 품질 향상에 중요한 역할을 한다. 디자인 챔피언은 공공부문과 상업조직에 점점 더 많이 지정되고 있다. 디자인 품질을 향상하게 하려는 노력의 일환으로 디자인 챔피언이 활용되고 있다.

능력과 인내심을 갖춘 인재를 찾는 것은 매우 중요하다. 인재는 정치적인 인물, 행정관, 지역의 협력적인 인물 또는 제3의 관점을 가진 외부 전문가가 될 수 있다. 디자인 챔피언이 가진 개인적 에너지와 책임성은 도시설계 쟁점에 대한 이해를 높이거나 장기적인 도시설계 프로젝트에 대한 지원을 받거나 지속가능성을 확보하는 데 커다란 도움이 된다. 챔피언에게 적절한 권한이 부여된다면 역할을 창출하기 위한 행정적 지원은 필수불가결한 요소이다. 디자인 챔피언은 우수한 사례를 공유하는 다양한 행사들을 연계하여 지역적 차원에서 지원을 이끌어 낼 수 있다.

설계심의위원회Design Review Panels

설계심의위원회는 도시설계 품질을 향상시키기 위한 추가적인 검토와 긍정적인 인센티브를 제공한다. 이 위원회는 전문적이고 독립적인 다양한 분야의 전문가들로 구성되어 있다. 위원회는 모든 프로젝트를 공정하게 다루고 일관된 방식으로 운영해야 한다. 위원회 사례로는 지역건축센터에 의해 운영되는 CABE의 디자인심의위원회가 있다.

지방정부는 잠재적인 계획지원자에게 외부 설계심의위원회를 활용할 것인지에 대한 자문에 응해주어야 한다. 또한 지방정부는 위원회를 활용하는 목적과 도출된 권고안이 계획 과정에서 어떻게 사용되는지 명확하게 설명해주어야 한다. 설계심의는 디자인 변경이 수반될 수 있다는 조건하에 착수되어야 한다. 계획 관련 인허가 서류를 제출하기 전에 설계심의가 진행되어야 한다. 명확하고 합리적인 설계 결정을 통해 도출된 우수한 계획은 인허가 제출 시 긍정적 검토 의견을 받게 되는 이점이 있다.

조직 및 시상식

도시설계 관련하여 높은 기준은 설계 공모전과 기타 설계협회를 통해 성공적으로 발전하였다. 이런 과정에 투여된 노력과 재원은 개발과 디자인을 중시하는 일반 대중에게 분명한 방향을 제시한다. 예를 들어 'The Essex Design Initiative'는 워크숍 운영 과정 후원 및 출판물을 발간한다. 'Housing Design Awards' 나 'Building for life Standards'와 같은 국가적 시상식은 디자인에 대한 언론의 관심을 끌기에 충분했다. 디자인에 대한 시상식은 지방정부에서도 많이 진행하고 있다.

시상은 해당 지역의 디자인 품질을 높일 수 있는 우수한 사례에 해야 한다. 수상 작품은 해당 지역에서 가능한 것이 무엇인지 보여주는 벤치마킹 사례로서 홍보되어야 한다.

1.1의 핵심 내용

가. 계획 과정에서 디자인 수준을 상승시키고자 한다면 올바르게 인식된 도시설계 정책이 필수 요소이다.
나. 도시설계는 본질적으로 융합적인 학문이다. 도시설계는 지방정부 내 각 부서 간 긴밀한 협조와 협력이 필요하다.
다. 도시설계 정책은 도시설계 원칙과 장점을 폭넓게 이해하려는 노력이 뒷받침될 경우 더 효과적이다.

참고문헌

1. Planning Policy Statement 1: Delivering Sustainable Development. 2005. ODPM
2. Planning Policy Statement 3: Housing. 2006. CLG
3. Bristol City Council Bristol Local Plan Proposed Alterations 2003. Policy B3. page 116. B5. page 118
4. Making Design Policy Work: How to deliver good design through your local development framework. 2005. CABE
5. Making Places: Working together for effective delivery. 2007. SEEDA

1.2
도시설계지침서

도시설계지침서는 정책과 실행을 연결하는 다리와 같다.

도시설계지침서는 변화를 조절하고 가이드하며 촉진해야 하는 지역에 대해 어떻게 계획 및 디자인 정책 그리고 원칙들이 실행되어야 하는지를 설명하고 예시한다. 서로 다른 지역에서 진행되는 세부적인 개발 내용과 마스터플랜 간의 정당성을 유지하면서 광범위한 범위로 변화되도록 돕는다.

도시설계지침서는 공공 및 기타 민간자본이 공동의 목적을 달성하기 위해 투자될 것이라는 확신을 거주자와 투자자에게 제공한다.

1.2.1 도시설계지침서의 유형

기본계획Frameworks

기본계획은 다양하다. 지역의 특별한 상황에 따라 내용이 달라지기도 한다. 전략적 계획으로 지방정부가 만들거나 채택한다. 토지 소유권을 넘어설 수 있으며, 단기 · 중기 · 장기적인 시기에 따라 필요로 하는 요소들을 포함할 수 있다.

기본계획은 도시 전체부터 특정한 대상지까지를 범위로 포함할 수 있다. 각각의 경우에 특별한 문서가 무엇을 성취하는지 그리고 준비하는 동안 어느 정도 평가하고 분석해야 하는지 설명하는 것이 중요하다.

기본계획은 마스터플랜, 디자인코드와 대상지 지침보다 상위 단계에 있다. 핵심원칙을 세우는 것이며 다음 단계인 마스터플랜과 정에서 3차원적인 형태와 좀 더 구체화된 방법으로 아이디어를 발전시킬 수 있는 유연성을 부여한다.

마스터플랜Masterplans

마스터플랜은 구체적이면서도 3차원적인 계획으로 대상지에 대한 배치 형태를 보여준다. 마스터플랜은 건축물, 공간, 동선과 토지이용을 3차원적으로 보여주며 부문별 계획에 대한 실행계획도 포함하고 있다.

마스터플랜은 토지이용에 적합한 개발이 되도록 이를 관리하는 개인 또는 조직에게 필요하다. 마스터플랜과 관련된 상세한 정보는 CABE의 'Creating Successful Masterplans' 에 명시되어 있다.

디자인 코드Design Codes

디자인 코드는 대상지와 지역의 물리적 개발과 관련하여 도식화된 디자인 규칙과 요구사항들을 담고 있다. 디자인 코드에 표현된 도식 또는 서술 내용은 매우 구체적이다. 이러한 디자인 코드를 바탕으로 마스터플랜이 만들어진다. 일반적으로 마스터플랜이 만들어지지 않은 상태에서 디자인 코드가 만들어지는 것은 가능하지 않다. 그러나 경우에 따라서는 디자인 코드가 지역적 범위를 넘어서 도시설계지침서에 포함되기도 한다. 디자인 코드와 관련된 세부적 가이드라인은 3.4절과 CLG에 명시되어 있다.

대상지 지침Site Briefs

대상지 지침은 특정지역에 대한 세부사항들을 담고 있다. 이 지침은 대상지의 구체적인 기회요인과 제한사항들을 명시할 수 있다.

1.2.2 도시설계지침서 만들기

책임과 기술

도시설계지침서를 만드는 것은 지방정부의 책임이다. 그러나 토지소유자나 개발자(정부기관도 포함)를 위해 일하는 컨설턴트가 지방정부와 함께 작업할 수 있다.

요구되는 기술 분야는 도시계획, 도시설계, 교통공학, 경제개발, 자산, 생태 및 자원이다. 강력하고 포괄적인 리더십은 성공을 위한 지름길이다. 적절한 시각에 정확한 시간과 자원을 가지고 의사결정권자가 누구인지 파악하고 협력하는 것은 매우 중요하다. 협력적인 디자인 워크숍 등을 통한 지역주민 참여는 디자인 계획과 기본계획 준비 단계에서 체계를 만들기 위한 전제조건이다(1.5절 참고).

유형	위상	목적	구체화 수준
지역개발지침서 규모는 타운, 성장관리지역 또는 재생전략. 다양한 토지 소유 형태 및 기간을 수용	지방정부 조례, 재개발기관 또는 주택재개발 파트너와 공동으로 만들기도 함	지역과 관련하여 합의된 우선순위 프로젝트, 종종 주제별로 구분. 자금 또는 파트너와 관련된 책임과 잠재적 자료를 명기. 지역집행 계획의 일부 또는 보조적 계획도서 구성 또는 작성	디자인, 기술적 활력, 경제적 활력 그리고 공동체 참여 관점에서 좀 더 세부적으로 발전된 다양한 프로젝트들에 대한 식별 전략
도시설계지침서 규모는 근린주구 또는 내적으로 관련된 여러 개 부지	지역실행계획 또는 보조적 계획서류: 협회, 토지소유자 또는 개발자가 만든 제안서로 지방계획 담당 기관에서 채택	도시 확산 또는 새로운 근린센터, 구역 또는 근린재생과 관련한 비전과 제안들을 명시: 중심이나 지역 그리고 기회가 있는 부지 홍보. 추후에 준비될 개발지침 또는 마스터플랜 요구	구체적인 지역 또는 부지에 대한 식별전략, 도시설계개념 수록, 사전적 · 기술적 평가와 실행성 테스트 고지
개발지침 주로 단독으로 소유되거나 관리되고 있는 대규모 또는 소규모 부지	대부분 보조적 계획서류로 채택 토지소유자 또는 개발자가 만든 제안서이기도 하며, 지방계획기관에서 채택	부지개발과 관련한 비전과 구체적인 요구사항을 명시. 대규모개발에서 개발지침은 도시설계지침서와 유사할 수 있음. 계획 인허가를 위해 필요한 것이 무엇인지 명시	적절한 개발계획 정책을 참고하여 부지에 대한 개발제안서를 위해 구체적으로 채택된 요구사항

표 1.2 도시설계지침서의 유형

도시설계지침서를 가지고 협력하라

도시설계가 성공적으로 집행되려면 지방정부와 관련 부서, 그리고 외부 기관과의 협력과 협동이 중요하다. 처음 단계에서는 관련된 작업을 요약하고, 주요 고객과 작업 팀에게 필요한 기술을 찾아내고, 참여자들 각자가 수행할 역할을 정해야 한다.

도시설계지침서 작성을 위한 기준

- 맥락, 쟁점, 목적과 비전 기술하기
- 대상지 정의하기
- 도시설계지침서가 계획 시스템과 얼마나 잘 맞는지 그리고 어떤 위상에 있는지 설명하기
- 다른 계획 및 법률과 어떻게 관련될 것인지 그리고 특히 조정하는 과정에서 도시설계지침서의 역할에 대해 설명하기
- 핵심 의사결정권자 파악하기
- 내용 수립하기
- 준비과정에서 수반되는 과정 설정하기
- 생산되는 결과물 목록 작성하기

준비과정 단계

준비과정 단계는 다음사항을 포함한다.

- 지침 재검토
- 정보 수집
- 평가 착수
- 지역공동체 참여
- 대안 작성
- 기술적 · 재정적 실험의 실행
- 선호하는 대안 선택
- 선호하는 대안 재검토
- 최종 결과물 준비

도시설계지침서는 일반적으로 다음 절에서 명기한 요소들을 부분적으로 또는 전부 고려해야 한다.

1.2.3 포함될 사항

맥락 인지하기

- **유물과 유산**
  과거의 토지이용에 대한 연구는 도시설계지침서와 마스터플랜 수립을 위한 정보가 될 수 있다. 점진적으로 성장한 장소는 현재 개발에 영향을 끼치는 지역 조건이 무엇인지를 밝힌다.
- **공공영역과 오픈스페이스 네트워크**
  공공영역을 만드는 가로, 광장, 공원 그리고 작은 오픈스페이스들의 네트워크를 만들기 위해 무엇이 필요한지 검토한다.
- **국가 · 지역 · 지방 정책**
  개발에 영향을 미칠 수 있는 현재와 미래의 정책들을 파악한다.

골격 만들기

- **근린주구골격과 중심지**
  거대한 도시 확장지역을 보행거리 권역 규모의 근린주구와 편리한 쇼핑과 서비스를 가진 중심지로 세분화한다.
- **토지이용과 복합**
  서로 다른 형태의 토지이용이 요구되는 최적의 장소를 파악한다. 최적의 장소는 주거, 고용, 학교, 보건, 공동체 시설, 쇼핑과 서비스, 레저, 스포츠와 레크리에이션 그리고 기타 오픈스페이스들을 포함한다. 주거 밀도, 수용력 그리고 소유 유형의 혼합에 대한 가능성을 고려한다.
- **특화지역**
  부지를 지역별로 서로 다른 특성을 가지도록 작게 나눈다. 지역마다 특성이 명확하게 제시된다면, 차후 디자인 결정에 영향을 줄 것이다. 특성은 재료, 형태, 밀도, 건물 형태 또는 조경 특징 등과 연관되어 있다.
- **에너지, 자원 그리고 폐기물**
  토지이용은 에너지와 자원 소비 그리고 폐기물 관리에 커다란 영향을 줄 것이다.
- **밀도와 혼합**
  지침에 의해 파악되는 기회와 제약요인들에 대해 기술적 · 재정적 고려가 이루어질 수 있도록 개략적인 개발밀도를 예측한다.

• **보존된 자연환경**

나무, 울타리, 다양한 동식물이 식생하는 초원, 수변 공간 그리고 활발한 모든 서식지들의 보존을 고려해야 한다.

• **새로운 자연환경**

새로운 식재는 공공영역의 일부로 인식되어야 한다. 또한 보존된 자연환경과 고립된 요소들을 연결하고, 가능한 서식지와 이동 통로들을 만든다.

• **지표수 배수 전략**

도시화는 흘러가는 물의 양을 증가시켜 잠재적으로 수로들을 파괴하거나 홍수를 발생시킨다. 부지의 크기에 따라 다르지만, 다음과 같은 디자인 요소들을 고려한다.

- 지표 재질들의 투수성을 증가시켜라.
- 습지대, 시내, 개울 같은 시설들을 이용해서 도로 위계에 부합하는 연속된 수로를 만들어라.
- 부지로부터 유입되는 빗물 흐름을 감소시키기 위하여 호수 내 수량 균형을 유지하고, 새로운 서식지와 편의시설을 만들어라.
- 항상 자연 지형에 순응하는 수로를 만들어라.

• **서식지 보존과 생성**

개발은 기존의 자산을 보존하는 것뿐만 아니라 새로운 서식지를 만드는 것이다. 농업을 위해 사용된 녹지지역보다 더욱 다양한 종과 서식지들을 제공할 수 있다.

• **경관과 조망**

부지 내외부의 중요한 경관과 경관 조망점들을 정의한다. 이러한 것들을 계획 위에 표시하고, 어떤 디자인 대응이 필요한지 명기한다.

• **인지성**

잠재적인 랜드마크, 결절점, 가장자리, 진입구 및 출구를 파악하고 인지성(언제든지 환영해주고, 사용자에 의해 쉽게 이해되고, 방문자들이 쉽게 방향성을 잡을 뿐만 아니라 더 넓은 세계에 대한 명확한 이미지를 주는 장소 특성)을 높일 수 있는지 고려해본다.

연결성 만들기

• **접근성 전략**

접근성 전략은 새로운 기반시설(일반 서비스와 긴급 서비스 시설 포함)이 어떻게 주변지역과 연계될 수 있는지를 제시해야 한다. 배수관과 공공시설물은 가로체계에 따라 설치되어야 한다. 이것은 출입구 위치에 영향을 줄 수 있다.

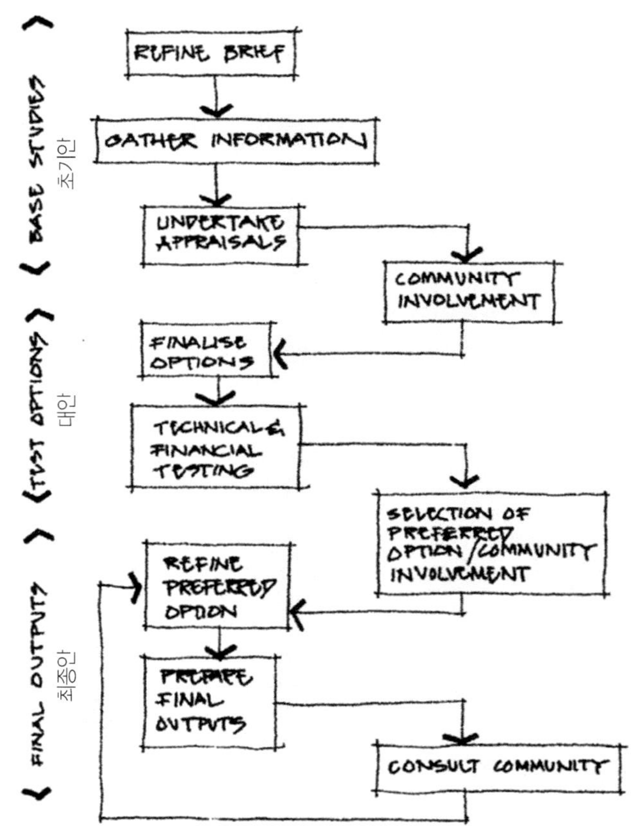

3단계 주민참여 도시설계 프로그램

• **도로 구조와 장소의 위계**

최상위는 가장 잘 연결되고 최하위는 최소로 연결되도록 하여 동선체계 간에 명확한 위계를 수립한다. 가장 중요한 동선들의 교차점에는 대규모 공공공간을 만든다.

• **걷기와 자전거 타기**

편의시설과 대중교통 정류장까지의 보행거리를 고려하면서 주된 보행로와 자전거 도로를 만든다.

009

설계 품질을 높이기 위한 지역개발 전략

마을 및 도시 부흥 프로그램Renaissance Towns and Cities Programme

RTCP 프로그램The Yorkshire Forward Renaissance Towns and Cities Programme은 2001년에 출범되었다. RTCP를 통해 마을 27곳에 15개 프로그램이 운영되었다. 그 결과로 각각의 마을은 도시부흥을 위한 특징적이고 장기적인(25년) 비전을 지니게 되었다.

요크셔 & 험버Yorkshire & Humber에서 RTCP 프로그램의 목적은 사람들이 투자하고, 일하고, 살기 원하는 도시와 마을을 만드는 것이다. 이를 위해 지역 공동체, 협력단체 그리고 이해당사자들과 함께 일하며, 사람을 위한 디자인, 우수한 관리, 사람의 접근 가능성을 고려하여 건강하고 경쟁력 있는 마을이 되도록 고민하고 있다. 여러 분야에 걸친 마을 및 도시의 재생 팀Renaissance Town and Cities Team은 'Town Teams(편의시설, 비즈니스 및 정치적 이익을 대표하는 지역 기반의 공동체 그룹)', 지역당국, 마을의 물리적 형태와 목적을 재고하는 이해관계자들을 위해 일하는 국제적인 전문가들의 전문지식을 활용하고 미래의 비전을 발전시키고 있다.

지역 인구의 약 1/5에 달하는 거주민이 위치한 마을들은 완성된 비전과 종합계획을 가지고 있다. 각 마을의 비전 실현을 위해 필요한 소요 기간과 실행 방법이 작성된 최우선 프로젝트들의 포트폴리오를 포함한 이행계획들은 준비 단계에 있다. 현재 이러한 프로젝트들은 개발부터 완료 단계까지 다양하게 분포하고 있다.

요크셔 포어드Yorkshire Forward는 차기에 1억 7천만 파운드를 4년에 걸쳐 RTCP 프로그램에 지원할 예정이다. 이는 통합 협동계획체계Integrated Corporate Planning Framework에 포함되어 있다.

요크셔 포어드의 RTCP는 비전을 확립하기 위한 지역 당국들 간의 협력과, 반즐리Barnsley 터미널과 같이 마을과 도시의 새로운 사회기반시설을 만드는 데 도움을 주었다.

010

지역맥락을 반영한 개발계획지침서

애쉬포드Ashford의 지역개발기본계획Local Development Framework

마을과 그 배후지를 대상으로 하는 공간계획 전략인 애쉬포드Ashford 지역개발기본계획LDF은 다양한 이점을 창출하였다. 이 기본계획은 주요 지역들의 특징, 교통, 환경 요구를 수용하고, 다양한 사회 및 경제 구조를 유지시키기 위해 주거와 인구밀도를 포함하는 개발계획을 제시하였으며 개발을 위한 논리적인 프로그램들을 제안하였다.

이러한 계획의 장점은 협상기간의 단축, 이해관계 조정의 편리함, 의사결정자들의 사업이해 수준 향상, 주요 개발사업계획서 관련 정보제공, 그리고 정치적 지원에 대한 불확실성의 감소이다. 결과적으로, 많은 개발사업들은 개발 과정에서 기본계획의 원칙을 준수해왔다.

기본계획은 공간에 대한 배려와 교통, 환경 그리고 경제에 대한 기술적 연구들에 의해 제안되었다. 수용 가능한 환경적·경제적·사회적 한계 내의 성장 정도를 일컫는 '수용능력'의 측면에 모든 초점을 맞추고 있다.

기본계획은 다양한 차원과 부문에서 개발되었다. 개발기본계획, 주요 전략적 부지를 위한 설계지침, 마을 중심 및 역세권 기본계획 등에서 찾아볼 수 있다. 각 단계는 정치 분야, 서비스 제공자, 지역 주민들과 단체, 개발업자와 관련된 주요 이해당사자들과 진행하는 디자인 워크숍을 통해 영향받는다.

기본계획은 자치구Borough의 지역개발기본계획LDF, 핵심전략Core Strategy 그리고 도시계획 부문에 적용되고 있다.

- 환형 도로 정비와 양방향 도로 만들기
- 대규모의 부지계획
- 도로와 마을 중심지에 대한 디자인 세부 기준 설정하기

애쉬포드 버러Ashford Borough 의회의 전략계획 담당인 리차드 알더튼Richard Alderton은 지역성장을 위한 광역적 마을 공간 전략의 장점은 **"우리가 배운 중요한 교훈은 이 거대한 도전과 신뢰에 대해 협의를 이끌어내는 능력이다."**라고 언급하였다.

애쉬포드의 지역개발기본계획LDF은 도시정책과 공간계획에 대한 뚜렷한 목표를 연결해주고, 앞으로 나아가야 할 방향과 정책 개발 등에 대한 문제를 제시하고 있다.

011

정치적 지지 얻기
오빌Yeovil 도시개발기본계획

오빌Yeovil 도시개발기본계획은 '오빌 비전'이라는 포부를 가지고 물리적인 해결책과 함께 미래에 활력이 되고, 도시에 적합한 전략적 어젠다를 찾기 위해 수립되었다. 정기적인(월간) 언론홍보자료, 출간물, 참여인 브리핑과 커뮤니티 이벤트 등은 지역 커뮤니티, 정치가, 지역 부동산 시장에 대한 도시기본계획의 전반적인 범주와 목적을 확실히 하도록 보장하는 역할을 하였다.

오빌 도시개발기본계획은 '오빌 비전' 캠페인 자체를 강화시켰다. 프레젠테이션과 브리핑들은 그래픽적인 부분을 훌륭하게 하였으며, 과도한 전문 용어 사용을 자제함으로써 다양한 청취자들이 이해하기 쉽도록 작성되었다.

공공서비스, 교통 체계와 고속도로, 도시 디자인, 공공예술, 조경, 레크리에이션, 지역개발기본계획Local Development Framework의 초안 등을 담당하는 정치 단체들과의 정기적 만남은 지속적으로 유지되었다. 이는 정치적인 분쟁을 최소화하고, 다양한 정치 분야에서 언급되는 공통된 사항을 서서히 결부되도록 도움을 주었다. 또한 핵심 지역의 투자 프로그램과 최우선적 정책에 대한 정보를 제공함으로써, 진행되고 있는 프로그램의 상태를 알려주었다. 기업은 제안의 가능성을 보장하고, 공공/민간 파트너십과 토지 조합을 위한 방법을 마련하였다.

담당 업무 책임자의 강한 관리인으로서의 역할은 정치적인 지지를 모으고, 지역 네트워크를 파악하고 이해하는 데 필수적이었다.

오빌 도시개발기본계획은 도시 중심지역의 투자를 위한 홍보 효과를 불러일으켰다.

• **대중교통**

대중교통 접근성을 높여야 한다. 기존의 다른 근린주구를 서비스하는 시설들에 대한 지체가 발생하지 않는 범위에서 신개발에 적합한 최적의 루트를 마련한다.

• **주차장**

부지의 위치와 계획하고 있는 용도를 고려하여 어떤 주차시설이 적합할지 평가하고, 이러한 시설을 건조 환경에 어떻게 잘 위치시킬 것인지를 고려한다(English Partnership의 '주차장: what works where' 참조).

장소의 구체화

• **획지와 건물 형태**

어떻게 최선의 방법으로 사업 부지를 나눌 수 있는지, 그리고 어떻게 건물 형태와 연계시킬 것인지를 고민한다.

• **집행과 구현**

– **유지관리 전략**

개발이 어떻게 관리되고 유지될 것인지 그리고 디자인이 이런 것들을 어떻게 고려해야 하는지 고민한다(5절 참고).

– **기술적 · 재정적 실현성**

지역 특색에 대한 올바른 이해가 중요하다. 물리적 · 사회적 · 환경적 요건뿐만 아니라 어떤 종류의 개발이 가장 적절한지에 대한 경제적 · 시장적 측면까지도 고려해야 한다. 또한 논리적이고 단계적인 계획이 되는지 검토해야 한다(3.4절의 토지분할 및 단계 참고).

– **지속가능성 평가**

개발제안서에 따라 어떤 종류의 지속가능성 평가가 필요한지 세부적인 규정으로 명기되어 있다. 지속가능성 평가는 사회적 · 경제적 그리고 환경적 평가기준에 의해서 활동, 프로젝트, 프로그램, 계획이나 정책에 대하여 평가한다. 이러한 평가는 지속가능한 개발지표를 파악하여야 하며 계획과 제안에 따른 장기적 영향을 모니터링한다. 이것은 도시설계 체계를 공식화하는 과정의 통합적 부분이 되어야 하며, 지침과 팀은 이것을 반영해야 한다.

– **홍보도구로서 도시설계지침서 사용하기**

도시설계지침서는 단계별로 여러 명의 개발자들에 의해 사업대상지에 대한 홍보 마케팅 도구로 활용될 수 있다. 비전은 대상지에 대한 폭넓은 의도를 나타내주고 풍부한 잠재력을 강조한다. 전체 프로그램은 이러한 비전을 전달하고 홍보하기 위한 업무들을 상세히 기술해야 한다. 모든 참가자들이 시작부터 비전을 인식해야 하며 그릇된 기대를 갖지 않도록 해야 한다(3장 참고, 품질과 부가가치 달성).

1.2의 핵심 내용

가. 도시설계지침서는 도시설계 정책을 공간적으로 표현해준다. 자세한 대상지 지침, 코드, 그리고 마스터플랜과 긴밀한 관계에 있다.

나. 도시설계가 성공적으로 실행되기 위해서는 지방정부, 정부 내 부서 간 그리고 외부기관 간의 협동과 협력이 필수적이다.

다. 도시설계지침서는 지역주민과 투자자에게 공통의 목표를 위해 공공자금과 민간자금이 투자된다는 신뢰를 줄 수 있다.

참고문헌

1. Creating Succesful Masterplans: A Guide for Clients. 2004. CABE

2. Preparing Design Codes: A Practice Manual. 2006. CLG

3. Car Parking: What works where. 2006. English Partnerships Design for Homes

1.3
지속가능한 디자인

성공적인 장소를 설계하기 위해 환경적 · 사회적 · 경제적 요소들이 함께 고려되어야 하며, 이러한 요소는 지속가능한 개발에 필수적인 것이다.

국가적 · 광역적 · 지방적 차원에서 정책은 미래개발에서 더욱더 많은 지속가능성을 요구할 수 있도록 하는 중요한 역할을 한다. 이상적으로는 지속가능성의 3개 요소와 관련하여 명확하면서도 측정할 수 있는 목표를 세울 수 있을 것이다. 기술에 대한 우리의 이해가 점점 세밀해짐에 따라 환경적 지속가능성에 대한 노력은 이미 시작되었다. 그러나 모든 지속가능성 요소를 정량화하는 것은 쉽지 않다.

정책, 목표 및 기준을 어떻게 사용할 것인지에 대한 우리의 이해는 지난 몇 년 동안 매우 발전하였다. 현재의 노력은 우리가 종종 갈망하는 목표들을 현실화할 수 있도록 도와줄 것이다.

1.3.1 지속가능성이란 무엇인가?

우리는 목표와 정책을 수립하기 전에 지속가능한 요소에 대해 이해할 필요가 있다. 지속가능성에 대한 '세 가지 기본요소Triple Bottom Line' 인 경제, 사회, 환경에 대해 말하는 것이 더 효율적이지만 좀 더 효과적인 정책과 목표를 개발하기 위한 세부사항이 요구된다.
지속가능한 공동체에 대한 CLG의 정의는 매우 유용한 시작점이 된다. 이들이 말하는 지속가능한 공동체의 특징은 다음과 같다.

- **활동성, 포괄성, 안전성:** 강한 지역문화와 공정하고 관용적이며 단결성 있는 공동체 활동
- **운영성:** 효율적이고 포괄적인 주민참여, 대표성과 리더십
- **환경성:** 환경을 고려하면서 주민들에게 삶의 장소를 제공
- **우수한 디자인 및 시공:** 건조환경과 자연환경의 우수한 품질을 유지
- **연결성:** 사람과 직장, 학교, 보건 및 기타 서비스를 연계하는 대중교통 서비스와 통신
- **경제성:** 다양한 지역경제 활동
- **편의성:** 모든 사람에게 개방된 공적 · 사적 공공 자발적 서비스
- **형평성:** 현재와 미래에 다른 지역사회 주민도 포함

이러한 정의가 발표된 후 진정으로 공동체를 지속가능하게 유지하는 방법에 대한 우리의 이해는 거듭 발전하여 왔다. 다음과 같은 열 가지 원칙인 '존중되는 하나의 지구' 는 지속가능한 디자인을 하게 해준다.

- 저탄소: 에너지 사용 절감과 지속가능한 에너지 공급
- 폐기물 줄이기
- 지속가능한 대중교통
- 지속가능한 자재
- 지속가능한 음식
- 지속가능한 물
- 자연 서식지와 동식물
- 문화와 유산
- 형평성과 공정거래
- 건강과 행복

도시설계 과정은 경제성장 목표, 주택 수요와 공급, 그리고 환경의 지속가능성 간의 상충을 최소화할 수 있다. 정책과 목표는 지속가능성과 관계가 있도록 해야 한다.

위험한 기후변화를 피하고 불가피한 충격에 적응한다는 것은 지속가능한 개발의 핵심목표로 대두되고 있다. 우리는 지금 이러한 현상을 어떻게 극복해야 하는지 많은 것을 알고 있다. 정책과 목표는 탄소 방출을 감소하기 위해 노력하고 있다. 탄소 배출, 폐기물 및 물 사용을 줄이기 위한 목표는 측정하기 쉽다. 아래 내용은 최근 기후변화를 극복하기 위해 사용되는 정책과 목표를 제시한 것이다.

설계 품질, 문화, 공동체, 관리와 같은 지속가능성 분야는 계량화가 힘들다. 우리가 달성하고자 하는 목표와 장소에 대한 합의는 이룰 수 있으나 특정한 개발로 달성된 기여도를 평가한다는 것은 어려울 수 있다. 좋은 기준과 척도가 어디에 존재하는지에 대한 자세한 사항을 아래에 열거하였다.

1.3.2 국가 차원의 지속가능한 디자인

지속가능한 개발은 현재 국가 정책 및 의사결정의 핵심이다. 지속가능한 개발과 관련된 많은 정책과 사례들이 영국에 영향을 주고 있다. 예를 들면 '교토의정서'에 의해 영국은 온실가스의 배출을 줄일 의무를 갖고 있다. EU의 건물에너지 성능지침the EU Energy Perfomance in Buildings Directive은 영국 내 건물은 에너지 성능 인증과 전략환경평가지침the Strategic Environmental Assessment Directive을 표시하도록 요구하고 있다.

계획 정책

영국의 계획 시스템은 개발계획을 감독하고 있다. 계획의 특정한 관점에 대한 국가 정책은 계획정책서Planning Policy Statement에 언급되어 있다. PPS1은 지속가능한 개발이 "계획의 근간을 이루는 주요 원칙"이라고 설명하고 있다. PPS와 조례들은 기후변화, 홍수 위험, 주택, 폐기물 관리, 재생에너지와 같은 쟁점을 다루고 있다.
또한 PPS는 지역공간전략RSS과 지역개발기본계획LDF에서 아래사항들을 어떻게 만들어야 하는지 명기하고 있다. 개발에 관한 의사결정에 공동체가 참여하도록 밝히고 지역을 어떻게 지속가능하게 개발시킬 것인가에 대한 공유된 비전을 수립하게 한다. 또한 지방정부에도 지속가능한 공동체 전략SCS을 위해 실행계획을 준비하도록 요구하고 있다. 이러한 노력은 지방정책을 지속가능한 개발과 정합성을 가질 수 있도록 하는 중요한 기회를 제공한다.
중앙정부는 국가 차원에서의 규정과 법령을 통해 지속가능성을 향상시킬 수 있다. 지속가능성을 측정하기 위한 목표와 기준은 국가 공공기관에 의해 개발되었다.

실행 기준

많은 실행 기준들이 각각 다양한 차원으로 존재한다. 실행 기준은 개발을 통해 지속가능성이 어떻게 성취될 수 있는지를 보여준다.

- 지속가능한 주택코드The Code for Sustainable Homes는 신규 주거에 대한 국가 차원의 지속가능성 기준이다. 주택코드는 6단계로 최종 6단계에서는 탄소량이 0이다. 주택코드는 물, 에너지, 재료, 표층수의 범람, 쓰레기 오염, 보건, 웰빙, 관리 및 환경보전 등에 관한 기준을 포함하고 있다.
  최근 정부는 주택코드를 건축법상에 통합시키기 위한 계획을 제시했다. 이 계획에 따르면 2016년까지 모든 건물들은 저탄소 건물이 된다. 2007년 4월부터 홈앤드커뮤니티 개발공사의 재정 지원을 받는 모든 주택들은 규정 3단계의 기준을 만족해야 한다. 홈앤드커뮤니티 개발공사는 건물 관련 기준을 점차 강화하여 개별 건물의 탄소 소비가 규정 6단계에 다다르는 것을 목표로 하고 있다.
- Building for Life 표준안은 잘 설계된 집과 근린주구에 대한 국가적 기준이다. 이 기준은 주택건설 산업에서 좋은 예를 골라 시상함으로써 디자인이 우수한 건축을 장려한다. 상은 고품질 디자인 기준실행과 좋은 장소 만들기를 보여준 주택 프로젝트에 주어진다. 이러한 노력은 고품질 디자인이 범죄를 줄이고 공공의 안전을 높이며 교통문제를 해결하는 등 사회복지를 높이고 삶의 질 향상을 도모하여 지속가능한 공동체를 만드는 중요한 방법임을 보여주고 있다. 우수디자인은 자산 가치 또한 높여줄 것이다.
  홈앤드커뮤니티 개발공사the Homes and Communities Agency는 재정지원을 받는 모든 프로젝트가 도달해야 되는 품질 기준을 개발하였다.

012

지속가능한 커뮤니티 실현을 위한 웹 기반 툴 만들기

Inspire East의 지속가능한 커뮤니티 평가기준 – www.inspire-east.org.uk

인스파이어 이스트Inspire East는 지속가능한 커뮤니티 만들기 측면에서 매우 뛰어난 성과를 거두고 있는 영국 동부의 지역센터이다. 이 센터는 지속가능한 커뮤니티 개발의 모범 사례로 활용될 수 있는 지식과 기술, 조언을 제공하고 있다.

BRE(Building Research Establishment, 그린건축 전문 연구소)와 함께 일하는 인스파이어 이스트는 영국 동부에 지속가능한 커뮤니티를 만들기 위한 지침을 제공하는 웹 기반의 툴을 제작하였다.

영국 동부지역 개발공사 EEDA는 재정지원을 하는 모든 프로젝트의 품질기준으로서 평가기준을 2008년 1월부터 사용하고 있다. 평가기준은 프로젝트의 품질 향상을 위한 구체적이고 실질적인 방법을 제시하고 있다. 평가기준은 통합적인 개발방식을 장려하고 구체적인 실행기준을 제시하고 있다.

평가기준은 지속가능한 커뮤니티를 계획, 이행, 유지하기 위한 8가지 구성요소를 기본으로 수립되었다. 8가지 요소는 사회/문화, 민관협의체, 교통 및 연결성, 서비스, 환경, 형평성, 자본, 경제, 주택과 건조 환경으로 구성된다. 각각의 요소는 프로젝트에서 다루어져야 할 기본적인 고려사항들을 점검표 형식으로 제시하고 있다. 8가지 요소들은 현지 상황의 우선순위에 따라 단기적으로는 조정될 수 있지만, 지속가능한 커뮤니티 만들기를 위해서는 꼭 필요한 항목들이다.

인스파이어 이스트의 지속가능한 커뮤니티 평가기준은 BRE를 포함하여 많은 기관들에 의해 검토되어 왔고 이에 다음과 같은 방법들로 활용될 예정이다.

- 조언 및 정보를 제공하기 위한 길잡이 역할
- 최소 및 우수 기준을 찾기 위한 사례연구와 모범사례 조사
- 프로젝트의 품질 평가
- 프로젝트의 성공 여부 평가

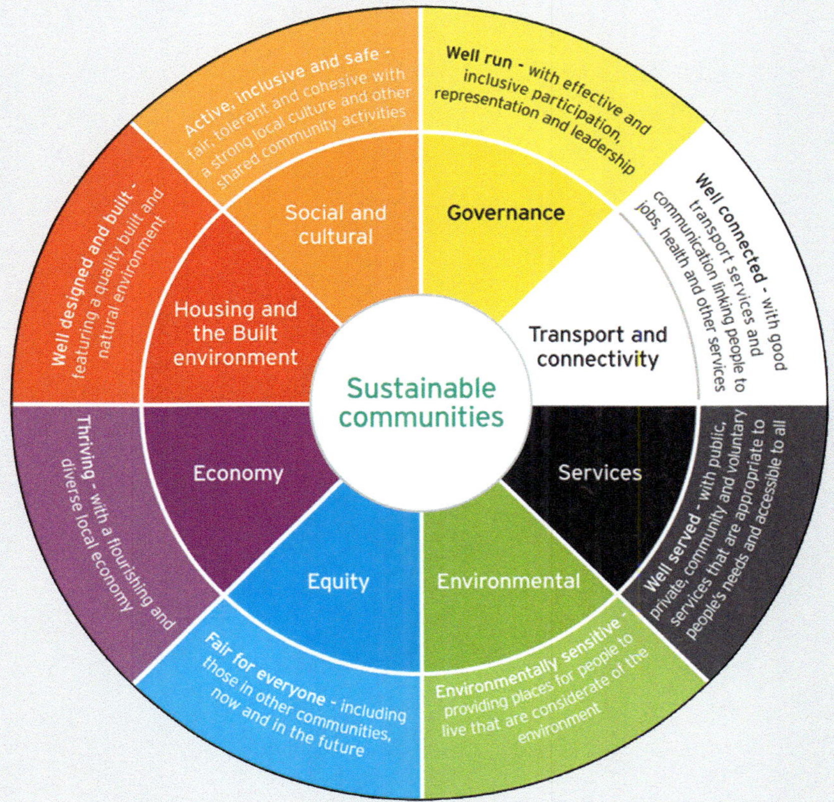

www.inspire-east.org.uk에서 볼 수 있는 인스파이어 이스트의 지속가능한 커뮤니티 평가기준은 다양한 조언과 정보, 사례연구를 통해 만들어졌다. 평가기준은 지속가능한 커뮤니티의 기획, 제공 및 유지에 도움을 주기 위한 8가지의 부분으로 나누어져 있다.

013

이행수단으로서 기준을 개발하기

홈앤드커뮤니티 개발공사Homes and Communities Agency 설계 품질 기준

홈앤드커뮤니티 개발공사는 우수한 디자인 품질과 지속가능성 확보를 목표로 하고 있다. 이러한 목표달성을 위해 공사가 재정지원하는 모든 프로젝트들이 충족시켜야 하는 주택의 품질기준과 장소의 품질기준을 제시하고 있다.

홈앤드커뮤니티 개발공사는 잉글리시 파트너십과 주택공사의 전통을 이어받아 주택디자인과 지속가능성 분야의 품질기준을 개발해서 운영하고 있다. 품질기준은 내부환경에 대한 항목, 지속가능성에 대한 항목, 외부환경에 대한 항목으로 구성되어 있고 2011년 4월 완성되었다.

이러한 접근 방식은 고수익을 창출하는 혁신적인 모든 프로젝트 개발에 있어 명확성과 일관성을 제공한다. 홈앤드커뮤니티 개발공사는 좋은 장소 만들기가 완벽하게 규정 또는 기술될 수 없다는 것을 인식하였다. 이는 객관적이고 질적인 평가 방식을 동시에 혼합하여 사용해야 하기 때문이다. 홈앤드커뮤니티 개발공사는 개발자들에게 객관적인 품질기준을 제공함으로써 자체 노력을 통해 디자인 품질을 개선하고 효율적인 개발 프로세스를 만들어갈 수 있도록 돕고 있다.

각 대상지에 새로운 주택의 예상 품질을 극대화할 수 있는 주택품질지표HQIs로 최소한의 기준을 설정한 다음 입찰자를 선정한다.

Allerton Bywater에 있는 The Summit House는 English Partnerships의 품질기준을 바탕으로 만들어진 최초의 주택 프로젝트이다.

1.3.3 광역 차원의 지속가능한 디자인

기본사항 이해하기

이산화탄소의 배출량과 위험성을 보여주는 주요 지표들을 이해하는 것은 정책수립에 중요한 기초 자료가 된다.

지속가능한 개발 정책

광역 차원의 공간 전략은 지속가능한 개발 체계를 발전시킬 뿐만 아니라 이것을 주택, 도시재생, 에너지 공급 그리고 경제개발과 관련한 전략계획 정책에 반영시키는 데 매우 중요한 역할을 한다.

계획도구와 가이드라인

광역 차원의 공간 전략은 정책과 가이드라인의 체계를 마련하는 데 사용될 수 있다. 또한 지역계획 정책을 만드는 데 필요한 정보를 마련해주고 계획 신청서를 평가하거나 검토할 수 있게 한다. 예를 들어, 남서쪽 지역 공간전략 초안the draft South West Regional Spatial Strategy은 지속가능한 건설 및 재생 가능한 에너지 사용에 대한 정책을 수립하는 것과 더불어 온실효과를 야기한 가스들의 배출을 억제하는 데 목적이 있다. 광역적 지속가능성에 관한 체크리스트는 다양한 규모의 개발에 적용할 수 있도록 개발되었다. 광역적 지속가능성 항목들이 지속가능한 개발목표들과 상호 연계된다면 매우 효과적일 것이다.

1.3.4 지역 차원의 지속가능한 디자인

지역 차원에서의 실행은 지속가능한 공동체를 만드는 것에 매우 중요한 역할을 한다. 국가 및 광역 차원의 정책은 지역의 장소 만들기 정책을 가이드하고 있다. 최근 몇몇 우수한 지방정부는 중앙정부로 하여금 정부정책과 기준을 새롭게 만들도록 촉진하는 역할을 하고 있다.

계획정책

강력한 계획 체계는 지역 차원에서 주택과 필요한 에너지 기반시설을 지속가능하게 개발이 되도록 하기 위해 필요하다. 지역의회는 가이드라인을 주는 것들을 포함하여 전략적인 역할을 할 수 있는 잠재력을 가지고 있다. 지역의 전략적 동반관계와 지속가능한 공동체 전략과의 강력한 연대는 실행을 담보하기 위해 필요하다.

핵심 전략계획과 개발계획은 정책의 우선순위를 명시하는 데 사용된다. 핵심 전략계획과 개발계획은 세부적인 지속가능성 요구사항을 만드는 시발점이 된다. 예를 들어, 에너지, 밀도, 배치, 열병합 발전소 건설 등을 위한 기준을 제시할 수 있다. 그리고 접근성, 소매시설, 공동체시설, 공공주택, 고용 문제 등과 같은 지속가능한 공동체를 만들기 위해 필요한 요소들을 다룰 수 있다.

014

측정가능한 기준 설정

에든버러Edinburgh의 지속가능한 건축물 기준

에든버러Edinburgh 시의회는 지속가능한 건축물에 대한 기준을 제정하였다. 에든버러에 건축물을 계획할 경우(100㎡ 이상의 연면적, 10개의 주거지역이나 0.5㏊ 이상의 면적), 계획지침에 따라 해당하는 기준들을 충족해야 한다.

에든버러의 건축물 기준은 에너지 효율성, 재생가능성, 쓰레기, 건축재료 부분까지도 포함하고 있다. 기준은 다음 6가지 원칙을 바탕으로 설정되었다.

- 배치, 건축물, 조경 설계의 품질
- 건강과 안전한 환경을 고려한 디자인
- 기후변화 영향의 감소와 재생 가능한 에너지 사용 증가
- 지속가능한 자원과 재료 사용의 권장
- 오염물질 감소와 재활용 권장
- 지속가능한 건물시공과 운영방식 권장

각각의 원칙들은 반드시 충족되어야 할 목표를 지니고 있다. 이를 위해서 성공적인 선행사례를 연구하거나 지속가능성 평가수치 측정 방법을 활용할 수 있다. 신청자들은 6가지 원칙에 대해 프로젝트가 얼마나 지속가능한지에 대한 세부적인 수치를 제공해야 한다. 이는 지속성에 관해 충분히 고려된 세부적인 항목들을 포함하여야 한다. 모든 계획은 각각의 원칙을 통하여 최종 목표에 부합해야 하고, 이러한 과정을 거치고 나면 건축물들은 지속가능한 건물을 평가하는 '지속가능한 건물 수상제도Sustainable Building Award Scheme' 의 수상 자격을 얻게 된다.

에든버러Edinburgh 시의회가 제시한 지속가능한 건축물에 대한 기본지침은 새로운 개발 프로젝트들이 우수한 사례로 상을 받은 Slate Green의 지속가능성과 설계 품질을 확보할 수 있도록 장려하고 있다.

015

정책에 대한 국가적 합의의 도출

머튼의 원칙The Merton Rule

런던의 머튼Merton 자치구는 1,000㎡ 이상인 비주거지역의 모든 신개발 사업에서 재생가능한 에너지 생산장비로 에너지 수요량의 10%를 충당하도록 요구하는 통합 개발계획Unitary Development Plan을 정책적으로 채택한 첫 번째 지자체이다.

지역적 특색을 무시한 천편일률적인 개발 방식의 부적절함을 인식한 머튼 자치구는 메트릭스 형태의 지침서를 개발하였다. 정책의 이해와 자문을 위해 정책서의 약 10%에 해당하는 부문을 해설해 놓은 지침서(지속가능한 설계와 건설에 대한 SPD의 일부로서)이다. 매년 증가하는 목표(합쳐지지 않은)에 따라 각기 다른 유형의 개발에 적합하도록 다시 세분화되어 있다. 머튼은 지역개발기본계획LDF의 초안 작성을 위해 관련 정책을 지속적으로 개정해 왔다. 앞으로 75㎡ 이상의 하나 또는 여러 개의 주거 유닛에 해당하는 모든 개발은 개정된 정책에 부합되어야 한다. 이 정책은 이산화탄소 발생량을 최소한으로 줄이기 위해 재생 가능한 에너지 사용을 권고하고 있다.

초기에 이 정책은 도시 및 지역계획법Town and County Planning Act과 건축물 규정Building Regulations에 따른 재생가능자원을 강제 사용하는 과도한 규제로 인해 런던 정부와 ODPM으로부터 반대에 부딪혔다. 머튼은 이 정책의 이점을 설명하기 위해 환경 기관 및 관련 조직들과 연합을 맺었다. 이는 중앙정부가 계획 정책서 22Planning Policy Statement 22에 대해 확신을 갖고, 본 정책의 합법성과 다른 자치구들의 모범이 될 수 있음을 설득하는 데 중요한 역할을 하였다. 이 급진적인 정책은 지방자치정부의 능력을 입증하고, 유사한 재생 에너지 정책이 확산되도록 보장하였다.

머튼 런던 자치구의 기후변화 전략과의 PM을 맡고 있는 에드리언 휴잇Adrian Hewitt은 **"정책에 대한 합의를 이끌어낸 가장 중요한 요소는 바로 탁월한 시기 선택이었다. 가시적인 정책 변화를 요구했던 많은 계획가들이 있었기 때문이다."**라고 전했다.

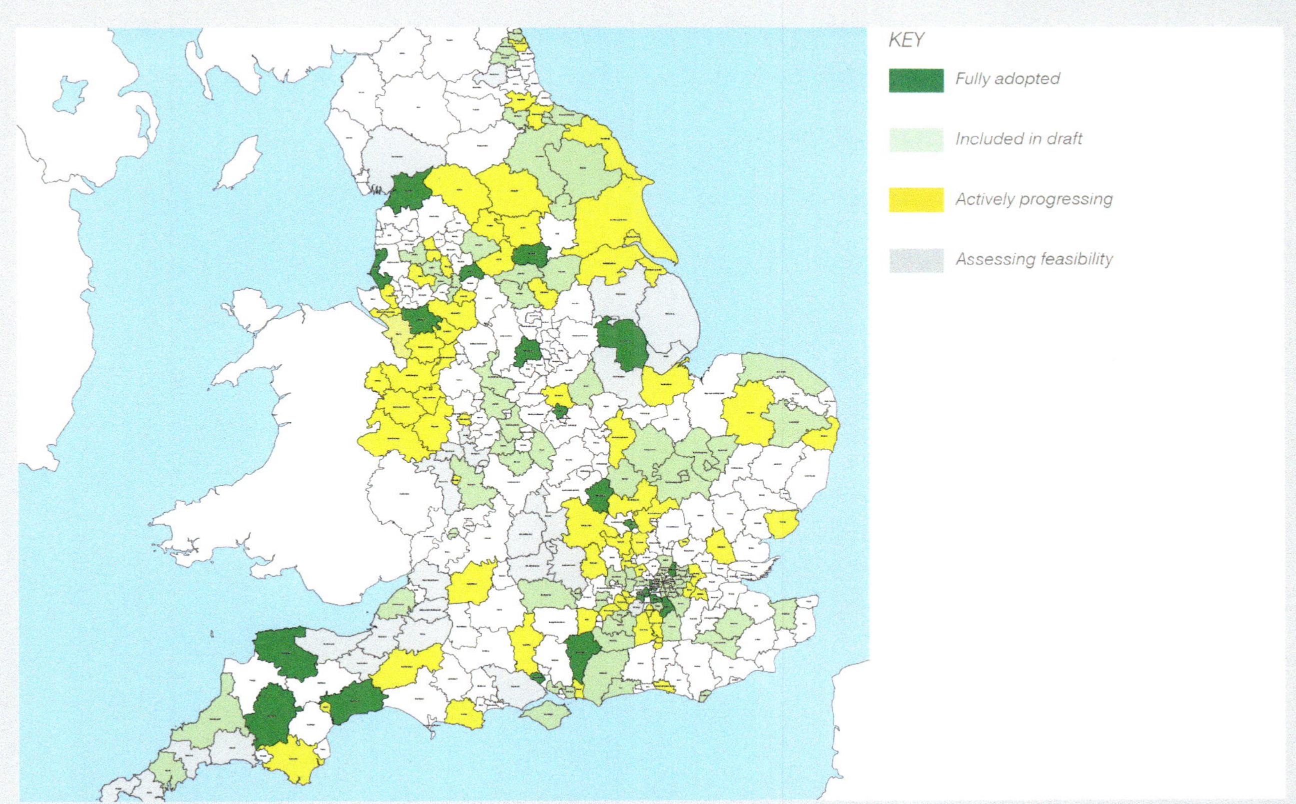

머튼Merton과 유사한 정책을 채택하거나 적용 과정에 있는 지방자치단체의 현황을 나타낸 지도

정책은 부가적인 계획도서 또는 지역의 실행계획들을 포함한 개발계획도서에 좀 더 세부적으로 설명되어야 한다. 지속가능한 공동체라는 관점에서 만들어진 개발계획 도서들은 좀 더 세부적인 계획체계를 만들어야 한다. 계획분야 공무원들에게 정책과 전략을 실행하는 데 힘을 제공해야 하고, 개발을 통하여 정책을 이행하고자 하는 사람들에게 상세한 가이드라인을 제공해야 한다.

영국 지방정부는 다양한 정책적 요구사항을 도입하기 시작하였다. 그 내용은 다음과 같다.

- 탄소 감량
- 지역 열병합 네트워크와의 의무적 연결
- 지속가능한 주택이 되기 위한 최소 기준
- 지역의 지속가능성 확보를 위한 최소 점수
- 지불가능한 주택의 최소 비율
- Building for Life 표준디자인 확보를 위한 최소 점수
- Secured by Design 인증
- 표준디자인 인증
- 공원과 녹지공간에 대한 'Green Flag' 인증
- 지속가능하지 않은 통행수단에 의한 통행발생을 줄이는 데 목표를 둔 정책

지방정부는 새로운 것을 만들기보다는 가능하면 표준지침을 사용해야 한다. 필요시 지역맥락에 따라 수정보완도 가능하다.

지역실행계획Area Action Plans은 특정 대상지를 대상으로 추가적인 목표를 지정할 수 있는 기회를 제공한다. 지역실행계획은 지속가능한 개발에 대한 다양한 분야의 목표를 추가 제시할 수 있다. 또한 기후변화 완화와 적응, 생태 다양성과 공간활용 등 충돌이 발생할 수 있는 이슈에 대해 추가 설명을 제시할 수 있다.

리더십

지역 차원에서 강력한 정치적 선언은 리더십을 보여주고 행동의 필요성을 강화시킨다. 최고 단계에서 채택되는 지속가능한 개발정책으로 명확한 목표가 제시되어야 한다. 이를 위한 한 가지 방안은 의회 지도자들이 지방정부와 함께 '기후변화 노팅엄 선언The Nottingham Declaration on Climate Change'에 서명을 하는 것이다. 이러한 행동은 가장 중요한 목표, 비전 그리고 전략을 구체화시킬 수 있다. 이것은 또한 지속가능한 장소 만들기를 위해 다른 요소들을 아우르는 선언으로 확장이 가능하게 될 것이다. 'The Energy Saving Trust'는 서명에 동참하고자 하는 기관들을 위하여 온라인 패키지를 만들었다.(www.energysavingtrust.org.uk)

1.3의 핵심 메시지

가. 우수한 디자인은 지속가능한 장소를 창조할 수 있다.

나. 지속가능성의 몇몇 분야는 측정하기 힘들다. 그렇다고 해서 버려야 하는 요소는 아니다.

다. 많은 유용한 기준들이 존재한다. 국가적 · 광역적 · 지역적 차원에서 적극 활용되어야 한다.

참고문헌

1. Sustainable Communities: Building for the Future. 2003. ODPM
2. Directive on the energy performance of buildings. 2002. European Parliament
3. Directive on strategic environmental assessment. 2004. European Parliament
4. Policy Planning Statement 1: Delivering Sustainable Development. 2005. ODPM
5. Code for Sustainable Homes. 2006. CLG

1.4
장소성과 정체성

지역성을 가지고 성장해 온 장소는 지속가능하고 즐거울 수 있으며, 지적 · 문화적 · 재정적 투자를 유치할 수 있을 것이다. 지역 특성을 고취하는 데에는 지역의 풍토, 도시형태, 문화, 지형, 건축 양식과 재료에 대한 이해가 필요하다.

도시설계 정책은 모방적인 개발을 촉진해서는 안 된다. 과거에 무엇이 있었는지를 바탕으로 미래에는 무엇이 가장 적정할 것인지에 대한 이해를 마련해주어야 한다.

효과적인 도시설계 정책과 전략은 지방특성을 강화하고 정체성을 가진 장소로 만들 수 있는 잠재력을 가지고 있다. 설사 근린주구가 원치 않는 변화로부터 항상 보호될 수는 없더라도 보호할 가치가 있는 자산을 발견하여 정책에 반영할 수 있다.

1.4.1 장소성의 근원

미적 치장 이상의 것이다

신개발은 매우 드문 경우지만 지방의 고유성과 특색, 정체성을 만들어내기도 한다. 독특한 특성을 만들어낸다는 것은 종종 아름답게 치장하는 것, 지방 고유의 건물형태, 지역의 건축자재 및 색채를 제한적인 범위로 감소시키는 것, 지방색에 동떨어진 쿨데삭 및 루프형 도로 구조를 사용하는 것으로 생각되기도 한다. 표 1.4는 정체성을 강화하기 위해 가장 유용한 도구를 명시하고 있다.

도시구조

신개발을 통해 지역의 강한 정체성을 느끼게 만들었는지에 대한 성공 여부는 특성의 근원이 도시구조(공원녹지-정주지역-동선)에서 나타났느냐에 달려있다. 이동패턴은 장소에 대한 우리 경험의 체계를 형성하는 중요한 요소이다.

장소성과 지속가능성

지역적 특성과 지속가능한 개발은 직접적인 관련이 있다. 지역 정체성과 지속가능한 개발은 둘 다 즉각적으로 쉽게 사용할 수 있는 자원을 활용함으로써 달성될 수 있다. 예를 들면 절감, 재생, 재사용이다.

이동과 특성

장소의 특성을 유지하거나 혹은 만들어내는 일은 이동 패턴의 특성에 기초해야만 한다. 예를 들면 연결, 위계, 형상, 지형과의 관계이다.

기존특성 유지

대지 위에 있는 기존의 물건, 위치, 정렬과 같은 특성을 유지하는 것은 모방 디자인(다른 작품의 일부 또는 여러 지역 스타일의 요소를 그리는 것)보다 지역 특성을 확실히 이해할 수 있게 하는 데 효과적이다. 고려해야 할 요소는 용도, 건물, 지형, 수로, 길, 경계 그리고 나무를 포함한다.

무엇을 유지하고 어떻게 활용할 것인지를 알기 위해서는 신중한 평가 과정이 필요하다. 지속가능성 평가는 조화를 이루는 데에 도움이 될 것이다.

주변지역과의 연결

풍경에 순응하는 다양한 용도를 찾아낼 수 있다면 장소가 지역의 특징을 반영하여 지속가능하도록 도와줄 것이다. 지역의 생태 환경은 중요한 특성이다. 공원녹지와 전원지역, 배후지역은 시각적인 자산일 뿐만 아니라, 보다 넓은 의미에서 도시개발을 위한 기반이기도 하다. 레크리에이션, 오픈스페이스, 식량과 에너지 생산, 서식지 제공, 지표층 관리 그리고 개발완충지 역할을 한다.

부지평가는 이러한 잠재력을 검토해야 하며, 개발을 위한 제안서는 녹색인프라 전략에 부합되도록 작성되어야 한다.

규모	도구	목적
Regional or sub-regional	특성 연구	신개발이 지역적 특성 중 독특한 것들을 유지할 수 있도록 비전과 지침을 제공하는 장려 수단이다.
Regional or sub-regional	디자인 가이드 또는 지침	우수한 디자인 품질을 추구한다. 지방 레벨에서 보조계획 서류SPD로 채택될 잠재력이 있다.
Local	고층건물 정책 및 가이드라인	고층건물의 적절한 위치, 적절한 규모와 복합용도를 알려준다. 역사적인 환경에 대한 보호를 가능하게 한다.
Local (supplementary planning document, SPD)	공공예술 정책 및 가이드라인	장소성 창출과 지역공동체 참여에 의해 공공예술이 어떻게 지역 특성과 정체성을 증진할 수 있는지에 대한 가이드라인이다.
Local (SPD)	상점 전면부에 대한 정책 및 가이드라인	상점 전면부가 어떻게 타운센터의 특성을 강화할 수 있는지에 대한 가이드라인이다.
Local (SPD)	산업, 소매, 상업 정책 및 가이드라인	개발이 어떻게 지역 환경에 긍정적인 기여를 할 수 있는지에 대한 가이드라인이다.
Local (SPD)	주택 증개축 정책 및 지침	주택 확장이 어떻게 지역 특성을 반영할 수 있는지에 대한 가이드라인이다.
Village	마을 디자인 가이드라인	지역 특성을 확인하고 신개발을 위한 디자인 가이드라인을 명기하기 위하여 지역 공동체에 의해 만들어진다. 그것들은 보통 경관, 정주 형태 및 건축물에 초점을 둔다.
Neighbourhood	보존 지역	철거, 신개발, 나무와 위성 접시들에 대한 통제를 통해 환경의 질을 보호하고 향상시킨다. 또한 허가된 개발행위도 제한할 수 있다.
Site	디자인코드	특정 색, 재료 및 유형을 통하여 장소의 특성들을 강화할 수 있다.

표 1.4 장소성과 정체성을 보호하기 위한 정책 도구

016

지역Sub-regions의 공간전략 수립하기

템스 케이트웨이를 위한 지침A Guide to the Future Thames Gateway

괄목할 만한 변화: 미래의 템스 게이트웨이을 위한 지침서는 남동부 최대 성장 지역의 특징을 규명하는 시도라는 점에서 특별한 의미를 지니고 있다. 1년간의 연구로 대상지의 세부적인 특징이 검토되었는데 연구결과는 정책 입안, 디자인 결정, 지역에 대한 투자전략 계획을 수립하기 위한 주요한 정보가 될 것이다.

템스 게이트웨이 중간보고서: 정책계획서(2006.11.)를 토대로 CABE에 의해 주도된 연구 사업을 통해 도시의 특징과 경관을 지도에 상세히 작성하였다. 이러한 작업은 지역의 발전과 변화에 참여하였던 전문가들과, 켄트Kent, 에섹스Essex 그리고 런던London에서 개최된 워크숍 및 인터뷰에 참여한 미래 템스 강 하류에 관심 있는 주민들의 도움으로 진행되었다.
이러한 아이디어는 2007년과 2008년 동안 다양한 종류의 프로젝트로 이행되었으며, 디자인의 품질을 높이기 위한 CLG의 노력을 확고히 할 것이다. CLG의 세 가지 의무는 다음과 같다.

- **템스 게이트웨이 디자인 협약** – 협약은 새로운 개발의 품질을 확보하고 지역적 특성을 유지 보강하기 위해 모든 지방자치단체가 어떤 노력과 헌신을 해야 하는지 구체적으로 제시하고 있다.

- **주택건설 감사** – CABE는 진행 과정을 체크하고 품질에 대한 독자적인 견해를 피력하기 위해 주택건설 감사를 반복적으로 실행할 예정이다. 2010년의 목표는 '미숙poor' 으로 평가되는 프로젝트가 없도록 하는 것이었으며, 적어도 50% 이상이 '좋음good' 혹은 '매우 좋음very good' 으로 평가받는 것이다. 2015년까지 모든 개발 프로젝트가 '좋음' 혹은 '매우 좋음' 으로 평가 받는 것이 목표이다.

- **템스 게이트웨이 파크랜드** – 연구 결과는 템스 강 하류지역의 비전 이행을 위한 핵심 공간개발 구상과 파크랜드 전략을 반영하도록 할 것이다.

템스 게이트웨이Thames Gateway 지역의 특징을 결정하는 가장 큰 요소는 사람들과 강과의 관계에서 찾을 수 있다.

017

대상지의 지역적 맥락 파악하기

할로우 뉴홀Newhall, Harlow

할로우Harlow에 거주하는 6,000명의 시민을 위한 새로운 근린 주구 개발안인 뉴홀Newhall 마스터플랜은 개발 대상지의 구체적인 특징과 성격을 반영하고 있다. 이 기본계획은 대상지의 특성이 새로운 개발에 영향을 미치고, 이를 활용함으로써 독특한 장소를 만들 수 있다는 사실을 보여준다.

삼림 지대, 가로수, 수목, 목초지와 같은 지역특성들이 보존되었다. SUDS(지속가능한 배수시스템) 계획의 일부로서 기존의 배수로를 활용하도록 하였다. 도로의 체계와 위계질서는 지형에 적합한 격자형 구조 체계에 기반을 두고 있다. 가능한 기존의 식생구역을 따라 도로를 배치하여 공공영역이 보장되도록 계획하였다.

뉴홀의 마스터플랜은 우수한 현대건축물들을 지역적 맥락에 적합하도록 배치함으로써 지역적 정체성을 만들어 낼 수 있다는 것을 보여 준다. 뉴홀의 디자인 코드Design Code는 현대 건축물 디자인에 사용해야 할 색과 재료를 규정해 놓았다. 이를 통해 이 지역의 모든 거주지가 지역적인 특징을 발현하여 특화될 수 있다고 확신한다. 즉 입면, 지붕, 외장, 바닥 디자인의 네 가지 색채를 규정함으로써 그 지역 전통건축물의 색에 관한 세부 지침을 제시했다. 또한 재질과 관련하여 손으로 만든 벽돌, 웨일스의 점판암, 화강암, 도로 경계석 등을 구분하여 규정토록 하였다.

뉴홀은 각 개발 대상지의 본질적인 차이가 자신만의 고유하고 특색 있는 장소를 만들기 위한 개발제안서에 반영될 수 있음을 보여주고 있다. 또한 모조품은 정체성 있는 장소를 만드는 데 필요하지 않다는 것을 일깨워주고 있다. 지역적 맥락을 반영한 개발대상지의 고품격 현대건축물들은 매우 성공적으로 정체성 있는 장소를 창출할 수 있다.

뉴홀Newhall의 특징적인 색감과 재료는 이 지역 근린주구의 정체성과 특성을 결정해주는 핵심요소이다.

1.4.2 건물과 장소성

재해석과 창조

특정지역의 건물 형태가 특정한 방식으로 개발되는 데는 이유가 있다. 예를 들어 그 지역의 기후에 적합하거나 인근에서 사용할 수 있는 재료와 관계가 있을 것이다. 또한 대부분의 마을은 자연 환경으로부터 얻은 다양한 색채로 되어 있다.

지역특성을 도출해내고 활용하면서 현대적 필요성에 부응하는 건물들은 지역특색을 무시한 건물보다 훨씬 성공적이다.

디테일에 대한 관심

건물과 장소 디자인에 있어 디테일에 대한 관심은 성공을 위한 중요한 요소가 된다. 디테일은 규모에 따라 중심지의 패턴으로부터 건축 재료의 재질에 이르기까지 광범위하다.

타운센터, 가로, 건물 등 모든 개발계획과 관련하여 다음과 같은 몇 가지 기술적이면서 매우 기초적인 질문을 고려해야 한다.

- 거대한 물리적 · 사회적 경제 구조 속에서 디테일이 무슨 역할을 하는가?
- 형태, 모양과 규모적 측면에서 디테일의 총체적인 모습은 무엇인가?
- 디테일의 구성 요소들이 어떻게 설계되고 배열되는가? 그리고 어떻게 내부에서 역할을 하는가?

1.4.3 타운센터

도시형태, 활동과 특성

타운센터의 특성과 정체성은 도시 구조, 동선 체계 그리고 활동에 기반을 두고 있다. 이러한 특성은 도시 블록과 블록 내 건물들의 규모와 크기를 통해 나타날 것이다. 대규모 소매상가 또는 쇼핑센터들은 기존 타운센터의 특성과 정체성을 위협한다.

쇼핑거리

쇼핑센터보다는 오히려 쇼핑거리를 만드는 것이 특색 있는 장소를 만들어내는 중요한 열쇠가 될 것이다. 이를 위한 몇 가지 방법은 다음과 같다.

- 블록 크기를 작게 만들기
- 보행 레벨에서의 변화 이용하기
- 외부 지향적인 건물 전면 만들기

018

지역 특성의 이해와 보존
스트래트퍼드 온 에이븐 지역의 디자인 지침
Stratford-on-Avon District Design Guide

1990년대 후반, 스트래트퍼드 온 에이븐Stratford-on-Avon 지역 의회 의원들은 지역계획의 개정에 앞서 지역적 특수성 및 지속가능성의 주요 쟁점들에 대해 고찰할 필요를 느꼈다. 의원들은 그들이 지지하는 계획목표의 달성을 위해서는 모든 개발이 지역적이며, 공정하고, 지속가능해야 함을 인식하고 있었다. 이러한 결의는 스트래트퍼드 온 에이븐 지역 설계 지침을 위한 출발점이 되었다(2001).

이 지침은 기존 건조 환경이 새로운 디자인을 위한 원천이 되도록 전제하고 있다. 거주지, 거리, 고속도로, 오픈스페이스, 필지, 대지, 건물, 재료 등 설계 세부사항에서 나타나는 서로 다른 규모의 특징적 패턴들은 새로운 개발이 연속과 변화를 수용할 수 있도록 기본적인 틀을 제공하고 있다.

이 지침의 기본 틀은 매우 현대적이고 혁신적이며, 지역특색에 맞는 유형화를 통해 종합적인 계획을 수립 및 이행토록 지원하는 데 성공하였다. 또한 이 지침은 의회의 설계 작품 수상 후보가 된 다수의 계획을 포함하고 있었다.

스트래트퍼드 온 에이븐 지역 설계지침The Tratford-on-Avon District Design Guide은 지역적 특징을 잘 나타내는 현대적인 계획을 이행토록 지원하고 있다.

019

임대운영계획A Rental Scheme을 통한 특성보존

말리본 하이 스트리트Marylebone High Street

지난 수십 년 동안, 51개의 빈 상점들로 공동화된 쇼핑거리였던 말리본 하이 스트리트Marylebone High Street는 번화한 중심 거리로 변모했다. 1990년 이후 토지소유자였던 하워드 데 월든 에스테이트Howard de Walden Estates는 중심가를 위한 변화전략을 수립하기 시작하였는데, 이는 부띠끄와 작은 소매상점들의 유치에 관한 내용이었다.

하워드 데 월든 에스테이트의 스티븐 허드슨Steven Hudson은 마을 분위기를 극대화하는 것이 전략의 목표라고 언급하면서, 다국적 소매상인들로 가득 채우는 것만으로는 다른 중심가들과 구분될 수 없다고 설명하였다. 그는 덧붙여서 양질의 좋은 상품을 제공하는 다양하고 흥미로운 소매상점들의 혼합을 유지하기 위해 임대운영계획은 필수적이고 끊임없이 재검토되어야 한다고 주장하였다. 임차인들은 중심 거리의 품질을 높이기 위해 선별되었고, 토지 소유주들은 거대 체인점들의 제안을 간단히 받아들이지 않았다. 하지만 웨이트로즈Waitrose(영국의 대형 슈퍼마켓)는 특별히 본 제도의 시범역할을 하는 세입자로 지정되었다.

오늘날 말리본 하이 스트리트에는 다양한 상점, 카페, 레스토랑들이 자리 잡고 있다. 이 거리는 사람들이 많이 찾는 명소일 뿐 아니라 다른 장소와 구별되는 독특함으로 지역의 분위기를 이끌고 있다. 교통 및 주차 계획은 쇼핑거리의 사회적 · 경제적 이익에 따라 조정되었다. 하워드 데 월든 에스테이트의 단독 소유권은 말리본 하이 스트리트의 재생 · 개발계획을 보다 용이하게 만들었다. 장기적인 관점에서는 거리를 따라 계획되는 올바르고 명확한 복합용도개발이 다른 지역에서도 유사한 결과를 이끌어 낼 수 있다. 하워드 데 월든 에스테이트 프로젝트의 최고 경영자인 앤드류 아셴덴Andrew Ashenden은 성공적인 중심 가로를 위한 경제 원칙을 다음과 같이 언급하고 있다. "쇼핑객들은 반드시 다양해야 하고, 소유자들은 올바른 성장 전략을 세워야 하며, 임차인들은 그 계획을 잘 이용해야 한다."

말리본 하이 스트리트Marylebone High Street는 소규모의 상점을 장려하고 다국적 거대 기업의 프랜차이즈 매장을 줄임으로써 지역적 특색을 살리고 있다.

020

지역특성 선별하고 강조하기

옥스퍼드의 다섯 가지 예술도시Five Arts Cities In Oxford

옥스퍼드Oxford의 숨겨진 보석과 같은 작지만, 고품질의 그래픽 가이드북은 멀티미디어 행사의 일환으로 출판되었다. 이 책은 도시의 특색을 구성하는 필수적 요소에 대한 거주자의 통찰력을 끌어내야 한다고 강조하고 있다.

이 책은 지역주민들과 협의하여 그 도시에서 매일매일 살아가고 있는 사람들의 관점으로 바라본 옥스퍼드의 특별한 장소들을 찾아냈다. 그 장소는 다음과 같이 분류된다.

'멈추고 바라보게 만드는 5개 장소', '특색 있는 5개의 카페', '조용한 명상을 위한 5개 장소', '아이들을 즐겁게 하는 5개의 길', '5개의 문화적 틈', '우리가 살아가는 데 없어서는 안 될 5가지', '5개의 첫 만남', 그리고 '올려다봐야 하는 5가지 이유'.

이 가이드북은 무료로 배포되었으며 옥스퍼드 삶의 실질적인 특징과 성격을 거주자와 방문자들에게 소개한다.

참여와 교류를 장려하기 위해 잉글랜드예술위원회Art council England와 Five TV가 함께한 이 5가지 예술도시 사업Five Arts Cities은 1년 동안 계속된 옥스퍼드의 멀티미디어 행사에 집중되었다. 이에 옥스퍼드는 앞서 참여한 리버풀Liverpool과 뉴캐슬/게이츠헤드Newcastle/Gateshead에 이어 세 번째로 주목받는 도시가 되었다. Five TV는 예술계에 대한 옥스퍼드의 특별한 노력에 대해 다루는 프로그램 시리즈를 1년 동안 방송하였고, 그것들은 전시회, 예술가들의 강연 및 교육과 같은 다채로운 행사를 통해 후원받았다. 또한 행사의 세부 내용을 전달하기 위해 웹사이트를 활용하기도 하였다.

옥스퍼드의 다섯 가지 예술 도시Five Arts Cities, Oxford 사업은 웹사이트(www.five.tv/fiveartscities) 및 가이드북 제작 · 전시 · 교육을 통해 옥스퍼드 예술계의 성장을 촉진하고 도움을 주었다.

- 저녁에도 활동이 이루어지는 복합 용도 장려하기
- 흩어진 공공 용도를 타운센터로 가져오기
- 공공영역은 공공이 소유하기
- 필요시 상호 보조금 방식에 따라 지역 상점과 서비스 공급하기
- 시간의 흐름 속에 쉽게 적응하는 공간 만들기
- 다양한 건축가들이 다양한 건축물을 디자인하기
- 타운센터의 규모 제한하기

점점 더 많은 지방공동체들이 대규모 상가개발이 가져온다고 알려진 이득에 이의를 제기하고 상가건물의 크기에 대한 제한을 설정하고 있다.

1.4.4 기업과 지역 정체성

특성 유지하기

'복제품 도시' 라고 불리는 것에 대한 저항이 점점 늘어나고 있다. 체인점들은 지역 이미지보다 기업 이미지를 더 높게 부각시키고, 도심외곽 및 타운센터의 특성을 상실시키는 데 중대한 역할을 하고 있다고 비난 받고 있다.

지역의 특성이 점점 사라지는 것과 관련하여, 미국과 영국 내 기업과 지역사회는 지방의 특색을 유지하기 위한 조치를 취하고 있다. 미국은 현재 지역 안의 소매점 개수와 크기를 제한하는 계획법령들이 있는데 이러한 것이 대표적인 사례이다.

런던의 매릴르번Marylebone 중심가와 같은 몇몇 사례에서는 체인점들이 토지소유권과 임대협약을 통하여 관리되고 있다. 작은 규모의 상점들과 지역 상인들은 계획정책(pps)과 106항의 협정을 통하여 지원받을 수 있다. 특정 소매 용도는 보조금 지원을 통해 장려될 수 있다.

지역 상점의 다양성과 개성을 후원하기 위한 하나의 효과적인 방법은 개개인들이 지역 상인들과 단골로 거래하고, 지역성에 긍정적 기여를 하지 못하는 체인점들을 이용하지 않는 것이다. 상점에 대한 공동체의 소유권 확보는 지역을 관리하고 특성을 유지하는 제2의 수단이다.

브랜드화

많은 지방정부에서 마을과 도시를 방문하거나 살고 싶거나 일하고 싶은 장소로서의 특성과 정체성을 증진시키기 위해 소매상인들의 마케팅 수단을 사용한다. 주목표는 관광객, 투자, 숙련된 노동력을 유치하는 것이다. 또한 브랜드화는 공동체의 결합과 도시의 자긍심을 촉진할 수 있다.

브랜드화는 공간계획 및 경제계획에 부합되어야 한다. 마스터플랜, 공공영역 관리, 그리고 장소를 활성화하는 기업과 조직들의 유형, 이 모든 것은 장소가 어떻게 인식될 것인지에 대해 중대한 영향을 준다. 가장 성공적인 브랜드화 운동은 무無에서 정체성을 창출하지 않고, 지역적으로 독특한 것들, 이를테면 마을 구조, 마을의 역사와 활동, 마을의 근린주구와 그들만의 공동체를 만들어내는 것이다.

1.4의 핵심 메시지

가. 지역성을 바탕으로 성장한 장소들은 지속가능하고 즐길 수 있으며, 지적 · 문화적 · 재정적 투자를 이끌어 낼 가능성이 있다.

나. 많은 장소가 서로 비슷해 보이는 요즘, 효과적인 도시설계 정책은 지역 특성을 강화시키고 올바른 정체성을 가진 장소로 만들어 낼 수 있는 도구이다.

다. 지역의 기후, 문화, 지형, 건축물 해석 및 건축자재에 대한 이해에 바탕을 둔 정책은 적합한 건물들이 적당한 장소에 놓이게 도와준다.

1.5
주민참여

가장 성공적인 개발을 보면 변화 속에서도 그곳에서 살고 일하는 사람, 그 지역을 이해하는 사람, 그리고 좋은 것을 만드는 사람들이 참여하고 있다. 사람들은 그 지역에 대한 공통 관심사가 있는 반면, 서로 다른 우선순위와 관심사도 있기 마련이다. 공동체가 참여 한다는 것은 단지 사람을 컨설팅 한다는 것에만 목적이 있는 것은 아니다. 그것은 공동체에 계획 내용을 상정하는 과정일 뿐만 아니라 합의를 이끌어 내는 데에도 도움이 된다. 이를 통해 계획 신청은 좀 더 유연하게 진행된다. 이런 과정은 기존 공동체와 새로운 공동체 간에 화합을 이끄는 것에도 도움이 된다.

개발은 그 지역의 정체성에 대한 위협이 될 수도 있고 공동체 주민참여는 개발을 구체화하기보다는 특정 사항을 위해 로비하는 기회로 보일 수도 있을 것이다. 개발을 진행하는 관계자에게 주민참여는 비용과 시간의 소비로 보일 수도 있다. 그러나 주민참여가 효과적으로 진행된다면, 이러한 모든 문제점을 극복하는 데 도움이 될 것이다. 지역이 당면하고 있는 쟁점과 기회는 주민참여를 통해 나타나게 되고, 이러한 방법은 잠재적 갈등을 피할 수 있는 방향을 찾게 해준다.

갈등을 해결하려면 주민참여 기회를 제공하고, 참여 과정의 목표를 명확히 하고, 참여가 개발의 규모나 단계에 따라 적절하게 이루어지고 있음을 확신시킨다. 성공적으로 추진된다면 참여 과정은 디자인 제안을 개선하고 계획 과정을 빠르게 진행시키고 지역 공동체 구성원들에게 소유권 의식을 불러일으키게 할 것이다.

1.5.1 주민참여

참여 권리

성공적인 근린주구를 만드는 것은 사람과 장소의 물리적인 맥락에 대한 이해, 그리고 지역의 사고방식, 관련 법령, 역사나 풍습을 포함한 지역공동체의 역동성을 이해하는 것에 달려있다.

계획 과정에서 주민참여는 삶에 영향을 주는 의사결정에 참여하는 권리 중의 하나이다. 많은 법정 과정은 이러한 참여를 요구하고 있다. 다양한 기부금 단체들은 재정적 도움을 주기 전에 지역주민들의 참여를 선호하거나 심지어는 요구하고 있다. 이러한 참여는 계획안들이 채택되기 전에 검토되고 재수정되도록 하며 필요하고 원하는 목적에 적합하게 자원이 사용될 수 있도록 한다.

공동체가 실질적으로 가용한 선택권에 대해 좀 더 나은 이해를 할 경우, 제안서 만들기가 좀 더 건설적으로 진행될 수 있다. 계획 과정은 갈등에 따른 시간소비를 줄여주며 상호 화합될 해결 방안을 확보하고자 하는 서로 다른 이익집단 간에 거래가 논의되도록 할 것이다.

1.5.2 주민참여 시기

정책수립 단계

환경을 만드는 사람들을 돕는다는 것은 계획과 개발을 통하여 지속가능한 공동체를 만드는 것에 있어 중요하다. 공동체그룹 또는 개인들이 지역적이나 광역적 단위에서 계획정책에 영향을 줄 수 있는 방법은 여러 가지가 있다. 그리고 새로운 근린주구를 개발하거나 개발을 위해 부지를 찾는 사람들은 당해 지역 내 사람들이 가지고 있는 시각을 발견해낼 수 있을 것이다.

국가적인 차원에서 이해관계자들은 공공협의를 통해서 정책제안 및 지침 관련 초안을 만드는 과정에 참여할 수 있다. 지역적 차원에서 이해관계자들은 초안과 관련 행정부장관에게 공식적인 대표단체가 되어 '지역 공간 전략Regional Spatial Strategies' 수립에 참여할 수 있다. 지역적인 차원에서 이해관계자는 공식적인 대표단체가 되어 지역개발 서류 및 계획집행에 영향을 줄 수 있는데, 이것은 지방정부의 주민참여헌장에 부응하도록 요청되고 있다. 주민참여헌장은 지방정부로 하여금 관련 서류를 검토하거나, 변경하거나 그리고 지속적인 검토 시 주민참여에 대한 기준을 명시하고 있다. 정책에 영향을 주는 방법에 관한 더 많은 정보는 'The Planning Pack and the Community Planning' 의 웹사이트에서 찾아볼 수 있다.(www.communityplanning.net)

마스터플랜 수립 단계

마스터플랜 작성 과정에 지역 공동체와 이해관계자들(토지소유자, 계획 공무원, 고속도로 공무원, 법정 상담소, 지역 단체, 디자이너와 개발업자)의 참여는 디자인의 실행성을 향상시킬 수 있다. 초기 단계에서 부지에 대한 제한사항과 기회요인을 찾아내면 쓸데없이 실행 불가능한 대안에 시간을 소비하지 않게 된다. 주민참여는 참여자들에게 서로의 관심을 탐색해보거나 잠재적인 장애를 극복하기 위해 무엇이 필요한지를 이해할 수 있는 공론의 장을 제공한다. 이러한 협력 과정은 대상지와 관련하여 모든 이해관계자가 동의할 수 있는 기본 원칙과 비전을 세울 수 있게 한다. 초기에 이러한 합의를 전개하는 것은 프로젝트의 디자인을 개선할 수 있고 개발 과정을 통해 각각의 과정을 용이하게 진행할 수 있게 한다.

새로운 계발계획 수립 단계

공동체 참여 절차와 기술은 주로 기존 도시와 근린주구를 위해 발전되어 왔다. 자문을 받는 사람들은 개발로 인해 직접 영향을 받는 사람들이다. 새로운 근린주구가 개발되는 경우에는 그곳에 살 사람들이 참여하기는 어렵고 불가능한 일이다. 이러한 경우에는 이웃한 공동체에게 어떤 영향을 얼마나 미치는지에 대해 주로 검토한다. 균형적인 관점을 얻기 위해 더 넓은 범위의 단체(지역에 등록된 사회적 지주단체, 공동체 단체, 복지 공무원)가 참여하여 의견을 제시하는 것이 도움되기 때문이다. 초기 단계가 건설되면 입주한 사람들이 그 지역의 미래 성장에 대한 결정을 만드는 과정에 참가해야만 한다.

1.5.3 주민참여 원칙

공동체의 관심과 열망을 파악하기 위해서는 다음과 같은 원칙들이 모든 상황에 적용될 필요가 있다.

일찍 시작하기

초기 단계부터 쟁점을 도출하고 토론하는 데 참가한 사람들에게 선택의 기회를 제공해야 한다. 사람들은 자신들의 참여가 계획내용을 바꿀 수 있다고 느끼는 순간 참여하게 된다. 그들이 잠재 능력을 가지기까지는 시간이 걸릴 것이다. 그래서 지역과 관련하여 어떠한 공동체 개입 과정이 이루어지고 있는가를 이해하는 것이 매우 중요하며, 타공동체의 개입 과정을 이해함으로써 각 과정에서 사람들의 중복 참여를 피할 수 있다.

목적과 목표 명확히 하기

목적과 목표를 명확히하는 과정에서 다음과 같은 질문을 고려하는 것은 매우 중요하다.

- 공동체 참여과정 속에서 보태줄 수 있는 것은 무엇인가?
- 참여 활동의 목표는 무엇인가?
- 프로젝트 파트너는 누구이고, 그들은 무엇을 도와줄 것인가?
- 개발자의 의도는 무엇인가?
- 프로젝트가 끝난 후에도 어떤 공동체 참여가 계속될 것인가?
- 무슨 결과를 기대하는가?
- 어떻게 측정할 것인가?

적합한 사람들을 참여시키기

공동체 리스트를 만드는 것은 프로젝트와 관련된 단체와 지역에 살고 있는 사람들의 특성을 파악하는 데 도움이 된다. 이러한 작업은 가장 적절한 공동체 참여기술을 선택하거나, 중요한 조직을 확인하거나, 그 지역에서 중요한 특성이 있는 곳이 어디인지를 설정하는 데 도움을 줄 것이다.

공동체 협력에 문제가 있을 경우 중재 기술을 사용하는 것이 유용할 수도 있다.

고속도로 당국, 환경단체, 계획 당국, 기반시설 회사 등과 같은 이해집단을 계획 초기 단계서부터 참여시키는 것은 그 지역의 제약사항과 기회요인을 설정하는 데 도움을 준다.

파트너들이 참여할 경우, 프로젝트 비전의 역량과 이해를 증진시키기 위해서는 시간 투자가 필요하다. 다양한 사례를 보면 공동체에 투자되는 시간만큼이나 파트너들에게도 동일한 시간이 투자될 필요가 있다.

기대치 관리하기

기본 원칙을 설정하는 것은 현실적인 목표를 달성하고 비현실적인 기대를 회피하기 위해 중요하다. 다음과 같은 쟁점들은 명확하게 제시해야 한다.

- 공동체는 어느 단계에서 참여하게 되는가?
- 공동체 참여가 어떻게 사용될 것인가?
- 공동체의 영향력 범위는 어디까지인가?
- 어떤 의사결정 과정을 거치는가?
- 어떤 종류의 시간헌신time commitment이 필요한가?
- 교육이 제공될 것인가?
- 장기간 참여하게 될 사람들을 위한 잠재력은 무엇인가?

021

게임을 통한 성장지역의 발견

애쉬포드 게임The Ashford Game

애쉬포드Ashoford 지역의 공동체 참여과정의 일환으로 진행되는 애쉬포드 보드게임은 지역 공동체를 돕기 위해 개발되었다. 주요 이해관계자들은 이 게임을 통하여 비전과 상충하는 다양한 시나리오를 테스트한다. 이 게임은 도시의 항공사진과 개발 유형을 나타내는 타일을 이용하고 있다. 우선 이해관계자들이 미래 개발 지역의 위치와 밀도를 전략적으로 선택하게 한 후 장소 만들기와 지속가능한 지역 서비스를 위해 갖추어야 할 결과물을 확인하도록 한다. 어디를 개발해야 하는지, 그것이 어떤 형태인지, 서로 어떤 관련이 있는지에 관해 신중하게 고려해야 한다. 이 과정의 주요 목적은 애쉬포드 지역의 지속가능한 성장 목표에 대한 합의를 이끌어내는 것이다.

사용자들은 25ha의 서로 다른 개발 유형들을 표현하는 타일을 사용한다. 주거 근린주구, 생활 지역, 도심부, 산업 부지, 지역 공원, 호수, 저수지 등으로 구성되어 있다. 이 게임은 매우 간편하기 때문에 쟁점에 대한 이해가 용이하며, 적절성을 평가하고 주요 의사결정을 내릴 때 활용할 수 있다. 또한 이 게임은 적절한 사회기반시설, 편의시설과 같은 구체적인 사항까지도 실험할 수 있다.

이 게임의 단순성과 용이성은 중앙 정부 경제학자나 지역정부 기관 관련자들, 개발 직원들뿐만 아니라 다양한 계층의 참여자에게 도시 기본계획 수립을 위한 훈련도구로 사용되는 중요한 이유이다.

애쉬포드Ashford 보드게임은 지역 공동체와 투자자들이 개발 밀도 및 장소에 대한 전략적인 선택을 할 수 있도록 도와준다.

	정책 수립	디자인 착수	투자 승인	계획 및 인허가	유지관리
실행계획 이벤트	●	●			
예술 워크숍					●
수상 계획					●
공동체 포럼		●	●	●	●
아이디어 경진대회		●			
근린주구 계획 담당부서			●	●	●
신문과 사보	●	●	●	●	●
오픈하우스 이벤트 / 전시회				●	
오픈스페이스 워크숍	●	●	●	●	●
계획수립의 날	●	●	●	●	●
사례 답사	●	●			
가로 홍보대		●			

표 1.5 서로 다른 공동체 참여 도구가 어떻게 개발 과정에 사용되는지에 대한 사례

022

개발 기여를 통한 공공시설의 확립

앨러턴 바이워터 밀레니엄 커뮤니티Allerton Bywater Millennium Community

앨러턴 바이워터 밀레니엄 커뮤니티Allerton Bywater Millennium Community 개발자의 기부와 투자는 계획 대상지의 기존 유아교육 시설, 광부 복지 시설Miners' Welfare Hall, 잔디 볼링장 등을 재생시키는 핵심 동력이었다. 또한 주말농장과 스케이트공원이 새롭게 개발되었다. 오늘날 주민들은 시설물들을 관리하고, 마을 이벤트와 공식 행사를 조직하는 데 큰 역할을 하고 있다.

개발사업 착수 이전에 공공시설물을 제공하는 것은 기존 주민들의 이익을 창출하고 새로운 주민들과 화합의 장을 만들 수 있다. 앨러튼 바이워터 밀레니엄 커뮤니티는 지역경제를 성공적으로 활성화시켰고, 과거 광산촌이었던 리즈의 남동부까지 개발을 확장시켰다. 초기 단계부터 마을 주민들과 지속적인 협의를 통해 진행된 이 개발 사업은 지역 편의와 이익에 기반을 둔 구체적이고 다양한 시설들을 제공하는 데 많은 도움을 주었다.

앨러턴 바이워터 밀레니엄 커뮤니티Allerton Bywater Millennium Community가 개발사업의 시행에 앞서 제공한 스케이트 공원은 기존 주민들에게 혜택을 주었고, 기존 지역 공동체와 새로운 지역 공동체의 성공적인 통합을 도왔다.

023

세부 설계안 수립 과정에 지역공동체의 참여

찰튼 킹즈Chalton Kings

지역 공동체와의 폭넓은 협력과 협의는 찰튼 킹즈 -첼튼햄Cheltenham 근처 - 공공영역 개선의 초석이 되었고, 이는 중앙정부가 50만 파운드의 예산으로 추진한 장소평가 시범사업Placecheck Initiative의 주요 사안이었다.

자치구, 자치단체 및 교구위원회, CK2000 주민단체, 지역 학교, 상인들과 기타 지역단체 등을 대표하여 찰튼 킹즈 지역재생위원회the Charlto Kings Local Regeneration Partnership가 출범되었다. 초기 예산은 양질의 가시 성과를 확실히 보여줄 수 있는 마을 중심의 공공영역 개선 프로젝트에 초점을 맞추었다. 지역 어린이들과 함께하기 위해 특별히 계획된 워크숍을 통해 수공간 중앙의 모자이크 디자인을 완성시켰다.

이 계획은 도심과 외곽지역 간의 새로운 연결, 새로운 거주지 조성, 공공예술을 지방의 교육자원으로 활용하기 위한 전략, 개선된 오픈스페이스를 내려다볼 수 있는 주거지역 및 소매상가 개발들을 포함한다. 주민참여는 광범위하고 수준 높은 오픈스페이스 체계를 개발하기 위한 장기계획의 일부였다.

지역 공동체와의 협력 및 협의, 지역 어린이과 함께 진행한 워크숍은 찰튼 킹즈 타운센터Charlton Kings Town Center의 모자이크 분수대를 조성하는 데 큰 영향을 미쳤다.

현실적 사고

초기에 주민참여 절차를 시작하는 것과 파트너 간의 다양한 업무에 대해 명확히 책임을 설정하는 것은 작업이 지연되는 것을 방지하는데 도움을 줄 것이다. 공동체 참여는 상당한 재원을 요구할 수 있다. 실행계획을 발전시키는 것은 얼마나 많은 시간과 어떤 수준의 기술이 필요한지, 그리고 이러한 것들을 어떻게 마련할 수 있을지를 이해하는 데 도움을 줄 수 있다.

적절한 도구의 사용

주민참여는 수없이 다양한 방식으로 진행될 수 있다. 모든 상황에 적용될 수 있는 표준안은 없다. 협력적 디자인 워크숍은 제안된 개발의 디자인을 개선시킬 수 있는 경우 사용될 수 있다.

잉글리시 파트너십English Partnership과 왕세자재단Prince' s Foundation이 업튼지역에서 사용했던 Inquiry by Design은 주민참여도구 중 하나이다. 이 방법은 마스터플랜을 작성하기 위해 이해당사자들이 협력하게 한다. 이런 방식을 통해 초기 단계에 재원을 투입하는 것은 추후 과정에서 발생할 수 있는 계획 지연과 비용초과 문제를 회피할 수 있도록 한다. 이러한 접근 방식의 원칙은 다른 협력적 접근방식과 우수디자인에 대한 합의가 있는 프로젝트에 적용될 수 있다. 참여 목표, 작업 범위, 프로그램, 예산과 관련하여 일단 결정이 이루어지면 다양한 참가자들의 요구를 충족시킬 만한 적절한 방법을 개발해야 한다.

표. 1.5는 서로 다른 유형의 개발에 따른 다양한 활동과 그 활동의 적합성을 보여준다. 이러한 것들은 결코 소모적이지 않다.

효과적인 소통 제공

참여과정을 진행하고 이벤트를 진행하는 기술과 경험을 가진 중재자들을 투입하는 것은 갈등을 감소시키는 데 도움을 줄 수 있다. 특정개인이나 이익단체의 관점이 이벤트를 주도할 수 있는 곳에서, 중재자들을 투입하는 것은 결과물과 과정에 대한 더 깊은 이해를 창출해 낼 수 있다.

기술과 훈련 제공

공동체와 이해당사자들이 계획 과정에서 충분하게 참여할 수 있는 능력을 배양하도록 재원이 사용되어야 한다. 공동체 구성원들이 적절한 기술과 능력을 갖도록 하기 위해 소규모 워크숍과 학습여행 등을 지원해야 한다. 그리고 공동체 구성원들이 장기적으로 관리자 역할을 수행할 수 있는 기회를 제공하는 것이 필요하다.

지속하기

계획과정은 공동체에게 다양한 단계에서 효과적인 피드백과 더불어 어떻게 아이디어가 발전되어왔는지를 보여주도록 해야 한다. 피드백은 모든 사람들이, 자문과 참여가 어떻게 좋은 관계를 유지시키며 더 좋은 참여를 장려하고, 좀 더 긍정적인 결과를 창출할 수 있는지를 인식하게 한다. 피드백 과정은 명확하고 공식적인 절차가 있어야 한다. 필요하다면 법적사항에 기반을 두고 있어야 한다. 각 단계는 개별 단계의 나열이 아닌 연속적인 프로그램의 일부분이어야 한다. 공동체 참여는 단순히 항목을 나열하는 과정이 아니다.

1.5의 핵심 내용

가. 주민참여가치를 평가절하하지 말라.

나. 일찍 시작하고 적절한 인력을 참여시키며, 협력을 유도하고 초기단계에서 범위를 명확히 하라. 착수 시기부터 참여 의제가 무엇인지, 누가 참여해야 하는지, 사람들이 어떤 역할을 수행해야 하는지, 어떤 절차가 있는지 명확히 하라.

다. 적절한 소통기술과 재원이 적소에 배치되도록 보장하라. 서로 다른 유형의 사업엔 다른 방법과 기술이 적합할 수 있다는 것을 인식하라.

참고문헌

1. The Planning Pack. 2006. CLG and RTPI

02

통합적 디자인 INTEGRATED DESIGN

도시설계는 가까이 있는 고객, 거주자, 근린주구 주민뿐만 아니라 다음 세대도 고려해야 한다. 우수한 도시설계란 자원 사용, 공동체 안정, 경제적 활성화가 지속될 수 있도록 해야 한다. 성공적 기획은 광범한 쟁점들과 관련한 해결책을 내놓을 수 있는 디자인적 접근을 요구한다.

통합적 디자인은 한 분야의 디자인 결정이 다른 분야에 어떠한 영향을 미치는지에 대한 이해와 통섭적인 작업을 필요로 한다.

지속가능성과 관련한 모든 측면들을 만족시킬 수 있는 장소를 만든다는 것은 쉽지 않을 것으로 보일 수 있다. 설계자들은 태양열을 고려한 건물배치, 고밀도, 다양한 사용자의 혼합으로 인해 발생되는 갈등과 같은 쟁점들을 우수한 도시설계를 통해 해결하려고 고민할 것이다. 그러나 적절한 용도혼합과 밀도를 가지면서 성공적이고 지속가능한 장소가 되고 있는 오래된 도시의 사례들이 존재하고 있으며, 이러한 장소들은 미래에 대한 교훈을 제공한다.

우수한 도시설계는 지속가능한 디자인이어야 한다. 이는 가시적으로 드러나는 겉모습의 변화가 아니라 장소가 기능을 잘 수행할 수 있도록 만들어야 한다.

우수한 설계는 이동패턴을 이해하는 것으로부터 시작된다. 이동 패턴을 이해함으로써 적절한 용도가 배분되고 적정한 밀도가 결정된다.

통합적 접근은 새로운 근린주구를 창조하든 기존 정주지를 리모델링하든 디자인 팀이 어떻게 일을 해야 하는지 시사점을 제공할 것이다.

2.1
통합적 디자인

우수한 도시설계는 건설이 잘 되고, 포괄적이고 안전하며, 잘 작동하고 연결되며, 서비스가 잘 되고, 환경적으로도 민감하고 활기찬 장소를 창조하거나 삶의 기회를 향상시킬 수 있는 잠재성을 가지도록 도와준다. 이러한 일들은 서로 연관되어 있다. 예를 들어, 디자인과 관리는 안전성이라는 측면과 연관되어 있고, 연결이 원활한 장소들은 활기차고 활동적인 곳이 되기 쉽다. 도시설계는 건조환경 내 다양한 요소와 기능 간의 관계에 대해 철저히 이해해야 하며, 상호관계를 정량화할 수 있는 능력에 기초해야 한다.

오늘날 도시설계 작업Urban Design Practice은 자원, 배출가스, 보건, 사람, 문화와 주거지를 포함한 다양한 요소들과 이러한 요소들 간의 관계가 어떻게 도시형태를 만들 수 있는가에 대한 통합적 접근을 요구한다. 이러한 사항이 복잡할 수도 있겠지만, 도시설계 원칙에 대한 상식적 적용과 협력 작업이 훌륭한 장소를 만들 수 있을 것이다.

2.1.1 통합적 디자인이란 무엇인가?

상호연결성Interconnections

상호연결성을 만든다는 것은 단순히 몇 개의 녹지시설을 추가 건설하는 것 이상의 작업이다. 녹화지붕이나 풍력발전시설을 설치한다고 해도 시설자체만으로는 충분한 효율성을 확보할 수 없다. 상호연결성의 확보가 중요한 과제이다.

통합적 디자인의 목표는 물리적 · 사회적 · 경제적으로 책임 있는 장소를 만드는 것이다. 목표를 기초로 한 결과물은 우리가 만든 것이 어떻게 보일 것인가에 대한 변화뿐만 아니라 사회적 · 경제적으로 어떻게 작동될 것인지에 대한 변화도 의미한다.

선순환Virtuous Cycles

상호연결성과 관계를 알아내고 선순환의 관계를 만드는 것이 중요하다. 예를 들어, 서로 연결된 거리는 건강을 증진시키는 보행을 유도할 뿐만 아니라 활성화된 거리를 만들게 되고 이는 공해와 에너지 소비를 감소시킨다. 이와 마찬가지로, 녹지공간들은 레저시설을 제공해 줄 수 있고, 조경은 미기후를 조절할 수 있을 뿐만 아니라 야생동물의 이동통로를 만들어 준다. 건강증진, 고생산성 그리고 배출저감과 같은 목표를 위한 디자인 대안들은 상호 협력적일 수 있으며 중첩될 수 있다.

건조환경을 결정하는 요소들의 관계는 복잡하다. 디자인 단계 중 초기 작업은 특정 상황에서 가장 중요한 관계들을 파악해야 한다. 특히 마스터플랜 과정에서 고려되어야 한다. 에너지와 자원을 모델링 하는 새로운 방법들이 많이 있다. 표 계산법Spread Sheet과 컴퓨터 모델은 이러한 과정을 돕기 위해 발전해오고 있다.

2.1.2 방법과 절차

목표 수립

선순환은 고밀도 도시개발에서부터 교외의 공지개발에 이르기까지 규모와 밀도의 범위에 따라 파악될 수 있다. 비록 탄소감축과 같은 공통적인 쟁점이 있을 수 있지만, 목표와 우선순위는 프로젝트의 위치 및 자연환경에 따라 다양할 것이다. 장소에 따라 다르겠지만 디자인 전략은 지역의 욕구와 문화, 기후, 사용 가능한 자원 같은 요소들에 대한 이해에 기반을 두어야 한다.

프로젝트의 목표 수립은 투자자들과의 협상과정을 통해 진행되어야 한다. 프로젝트 초기 단계에서 워크숍은 중요한 쟁점 확인과 우선순위 결정에 도움을 줄 수 있기 때문이다. 이러한 쟁점들을 도출하기 위해 맥락을 설정하는 기간은 통합적인 과정이어야 한다.

유연성 확보하기

시작부터 각 변수의 한계와 유연성을 이해하는 것이 중요하다. 마스터플랜에서 가장 유연성이 있어야 하는 부분은 가로와 기반시설이다. 이들은 여러 세대가 유지될 수 있도록 충분한 용량과 유연성을 가진 장기적인 디자인과 의사결정이 필요하다.

024

통합적 디자인 방법 채택 사례

스웨덴, 스톡홀름 하마비 허스타드Hammarby Sjostad, Stockholm, Sweden

이 새로운 도시는 삶과 일터에 매력적인 장소를 제공한다. 세계적인 수준인 이 장소는 환경에 미치는 영향을 어떻게 최소화할지, 세심한 계획과 조화로운 사고 그리고 강력한 리더십을 통하여 장소의 가치를 어떻게 향상시킬지를 보여주는 사례이다.

하마비 허스타드 프로젝트의 환경 프로그램은 도시기본계획에 있어 필수적인 요소이다. 환경 프로그램은 계획 및 개발 구현 단계를 통틀어 지속적으로 고려되어야 하는 필수 요소이자 핵심목표로서 명확하게 이행되었다. 개발 초기부터 목표를 명확하게 명시함으로써 세부적인 디자인 내용에 실질적으로 반영되도록 하였다.

명확한 환경 목표는 이 지역 생태계의 하수 처리, 에너지 공급 및 폐기물 처리 사이의 관계가 사회적 · 환경적으로 이익을 제공할 수 있도록 구조화하는 방법을 제시함으로써 하마비 도시 개발 모형을 가능하게 하였다.

에코시스템의 주요 특징들은 다음과 같다.

- 지역 내에 있는 재활용 에너지 발전소로 보내진 폐기물들 중 가연성 폐기물들은 화력발전의 연로로 재활용 되고 음식 쓰레기는 퇴비로 사용된다.
- 폐수들은 단지 내의 하수처리장 인근에서 가정용 연료와 바이오가스로 재처리된다.
- 실험적인 단지 내 하수처리 시도는 하수 및 폐수로부터 농지에서 필요한 영양소를 추출하는 새로운 기술개발을 가능하게 했다. 하수도 이용이 과부하 되지 않도록 지표수는 지역적으로 처리된다.

환경적 측면에서 하마비는 디자인뿐만 아니라 사람들이 장소를 활용하는 방법도 고려하여 긍정적인 영향을 주고 있다. 하마비 중심지에 설립된 친환경센터는 거주자들이 어떻게 도시 환경에 긍정적으로 기여할 수 있는지에 대해 교육한다.

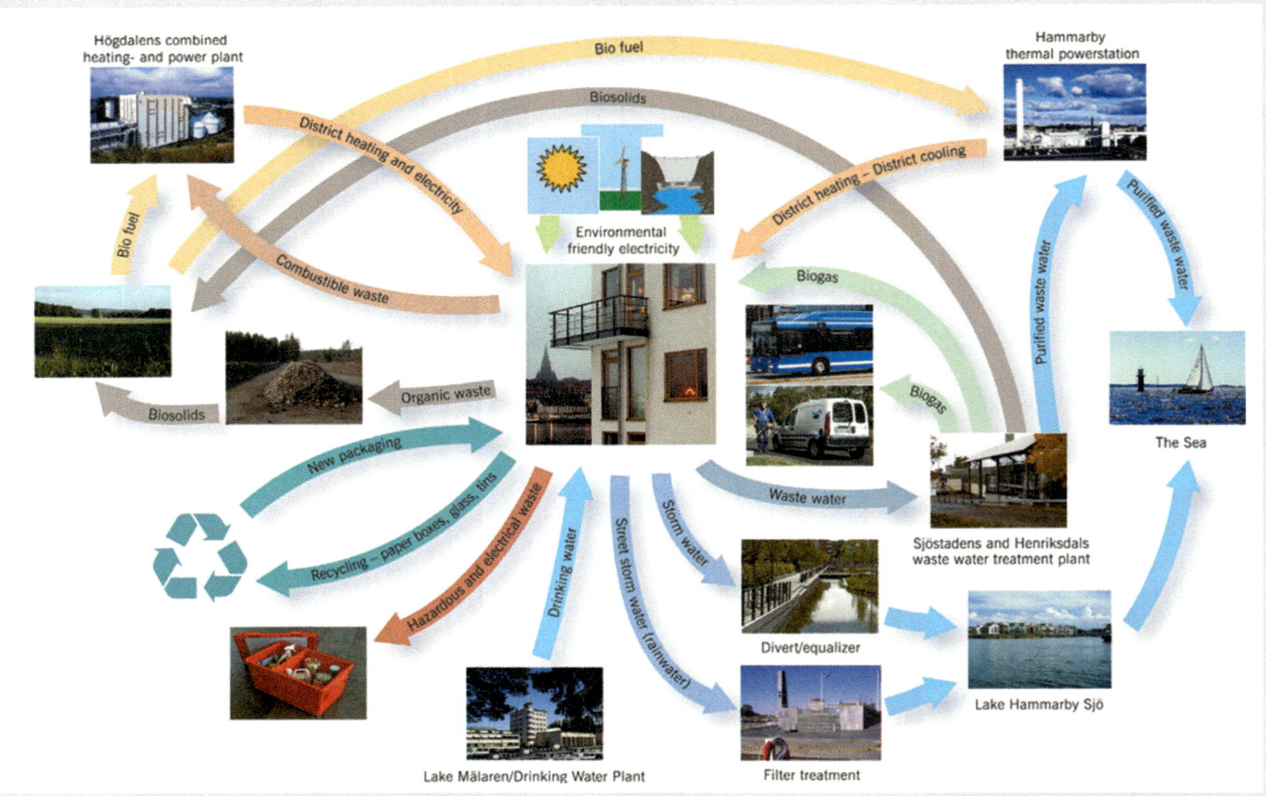

하마비 모델Hammarby Model은 어떻게 시범사업들이 전체적으로 통합될 수 있는지 보여주고 있다.

건축물들은 시간이 지남에 따라 점진적으로 변화한다. 변화를 수용할 수 있는 건물들은 좀 더 효율적으로 자원을 사용할 수 있다. 가능하다면 현재와 미래를 요구하고 고려하는 것이 중요하다. 특히 지속가능한 에너지 사용과 연관된 경우에는 더욱 중요하다.

기능 측정하기

명확한 목표는 서로 다른 디자인 시나리오에 대한 효율성을 측정 가능하게 해준다. 측정이 얼마나 간결한지는 기술과 데이터 그리고 사용가능한 자원의 유무에 달려있다. 디자인에서 가장 중요한 점은 계획 내 서로 다른 요소들 간의 관계 속성을 이해하는 것이다. 또한 디자인 변경이 어떻게 원하는 결과에 영향을 주는지도 이해해야 한다.

프로젝트의 목적이 어느 정도까지 달성되었고 얼마만큼 효과가 있는지 측정하는 것은 매우 중요하다. 개발에 따른 제곱 미터당 탄소 배출, 탄소 발자국 총량, 환경 영향 그리고 희귀 자원의 사용량이 그 예이다.

실천하기

탄소 배출 50%를 감소하는 목표로 하는 개발계획은 주어진 에너지시스템의 디자인 단계부터 설명되어야 한다. 새롭게 제안된 개발계획안에서 에너지 소비를 측정하고, 이를 달성하기 위한 탄소 배출 요소들을 적용해야 한다. 동일한 이론들은 운송 시스템, 운송거리 그리고 예상 오차 등에도 적용할 수 있다. 프로젝트의 디자인 초기 단계서부터 자원과 배출에 대한 모델을 만들 수도 있다.

2.1.3 디자인 팀 운영

통합된 프로젝트 팀

복잡한 계획일수록 좋은 성과를 내기 위해서는 프로젝트 팀이 잘 통합되어야 한다. 통합적 디자인은 각각의 영역에서 벗어나 고유 영역을 발전시키고 인정하는 것에서 시작된다. 그리고 최적의 해결 방법에 도달할 때까지 디자인이 필요하다.

운영

디자인 팀의 조화를 위해서는 마스터플랜의 책임자가 필요하다. 이 책임자는 계획 내 많은 요소들 간의 시너지 효과를 깊게 이해할 수 있어야 한다. 그리고 도시설계는 디자인이 어떻게 기능할 것인지, 디자인이 원하는 결과를 도출할 수 있는지에 대한 지속적인 평가와 반복적인 과정이 필요하다.

025

통합자원관리 모델 사용하기

동탄 신도시, 중국 상하이Dongtan New Town, Shanghai, China

동탄Dongtan은 지속가능한 도시를 만들기 위해 통합 디자인 접근법을 채택하였다. 이 접근법은 지속가능한 실천 목표를 실현하기 위해 다양한 기술적 데이터들(운송, 자원관리, 에너지 공급)이 어떻게 최적화되는지 밝히고 있다.

Arups사社의 통합자원관리IRM 모델은 디자인 결정 과정을 지원하기 위해 사용되어 왔다. IRM의 접근방법은, 공통적인 데이터 모델에 다양한 디자인 이론 요소들을 삽입하게 되어있는데, 이 요소들은 지속가능성의 핵심지표들에 영향을 미칠 수 있는 인자들로 구성되어 있다. 이 모델은 지속가능한 기본계획과 디자인의 사이의 접점으로서의 역할을 할 뿐만 아니라, 기본적인 데이터 요소들을 참고함으로써 다양한 분야의 마스터플랜을 신속하게 평가할 수 있다. 모델 사용의 장점은 초기단계부터 반복적으로 다른 시나리오와 선택사항들을 비교할 수 있고, 디자인 평가과정을 통해 채택된 디자인을 목표에 적합하게 최적화할 수 있다는 것이다.

다음과 같은 작업과정에서 모델이 사용되었다.

- 대상지, 주요 성과지표KPIs 및 목표들로 구성된 지속가능성 평가체계의 개발
- 지속가능성 관리 측면에 대한 목표대상(항목)의 설정 – 사회, 경제, 환경 및 천연 자원 등

동탄은 세계 최초의 저탄소 도시Zero Carbon City를 구현하려고 한다. 모델을 사용함으로써 온실 가스 배출의 중요한 원인이 되는 모든 상황에 탄소 제로 방안 도출을 위한 다양한 디자인 방안을 실험할 수 있었다.

콤팩트 시티 Compact City

다음의 순환 다이어그램은 형태, 공간, 빌딩, 에너지, 토지 사용 사이의 주요 관계들을 강조한다. 풍부한 오픈스페이스를 가진 고밀도 지역의 건물 효율에 따라 토지 사용 및 에너지 수요를 단계별로 감축할 수 있는 사례를 제시하고 있다.

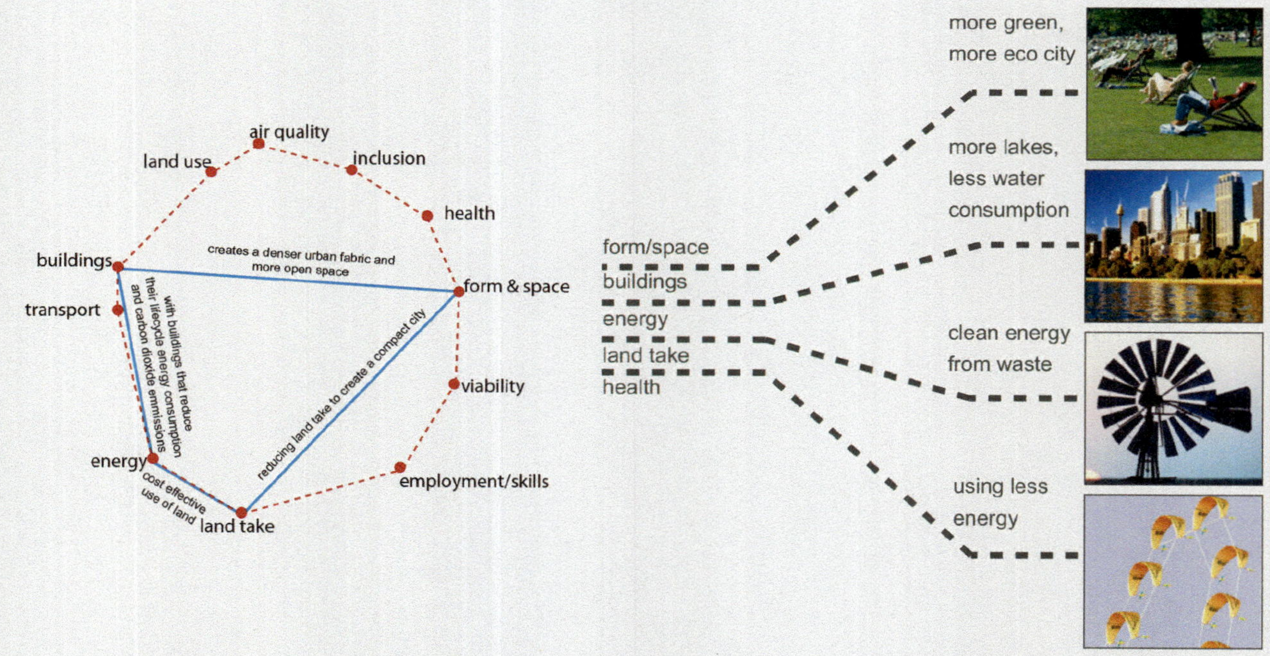

동탄 신도시의 통합자원관리 모델은 건물의 형태, 환경, 사회적 이슈와 같은 디자인 변수가 지속가능성에 어떻게 영향을 주는지 명확히 보여준다.

활력이 넘치는 도시

다음의 순환 다이어그램은 교통, 토지이용, 공기의 질, 건강 사이의 관계들을 강조하고 있다. 예를 들어, 복합적 토지이용은 도보나 자전거를 이용하여 이동할 수 있게 시설들 간의 거리를 줄임으로써 사람들로 하여금 자동차 사용의 필요성을 줄인다. 이것은 순차적으로 공기의 질과 건강을 향상시키는 효과를 가져온다.

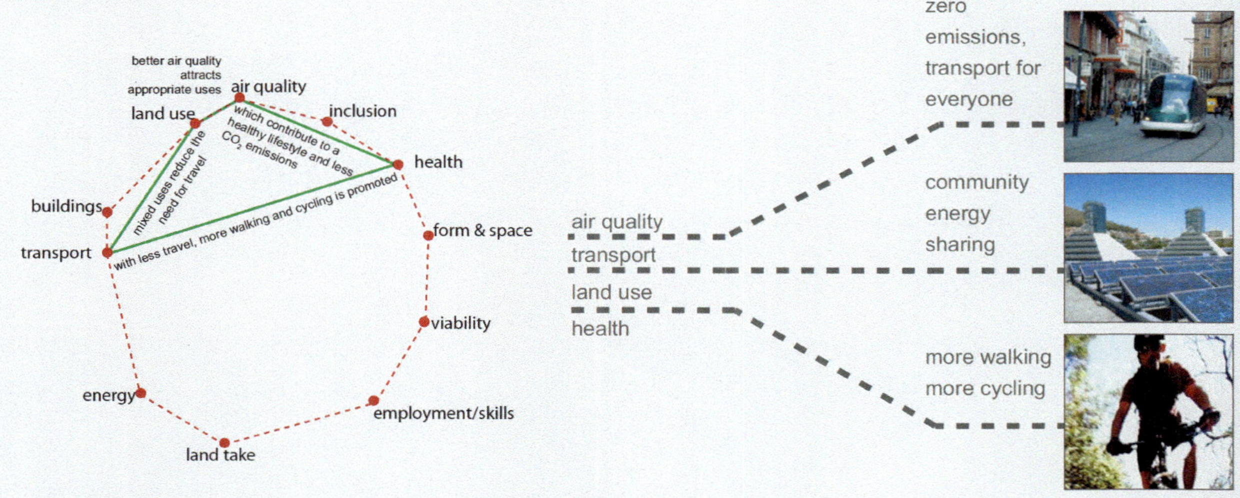

사회 – 경제적 균형

다음의 순환 다이어그램은 포괄성, 실행가능성 그리고 고용/능력 사이의 관계를 강조하고 있다. 예를 들어, 광범위한 사회-경제적 기반을 갖춘 장소에서 다양한 종류의 노동력 활용이 가능해지고, 이를 통해 생활력이 향상된다. 결과적으로 모든 사람이 발전할 수 있는 기회를 갖춘 활기찬 공동체가 생성된다.

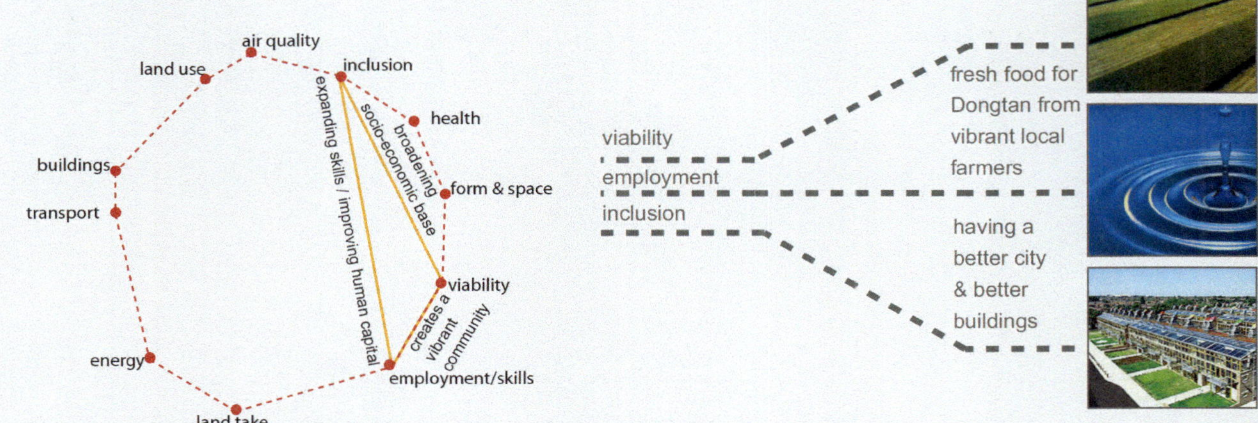

026

저탄소 개발의 이행

런던, 알버트 도크 유역, 갤리언즈 공원Gallions Park, Albert Dock Basin, London

템스 강 수로의 알버트 도크 유역에 위치한 1.24ha 규모의 갤리언즈 공원Gallions Park은 저탄소 개발을 목표로 만든 런던의 첫번째 사례이다. 본 대상지에 대한 저탄소 및 제로 탄소 개발 방법을 평가하고자 실질적인 연구가 착수되었다. 표준원가를 달성하게 도와주는 반복적 실행 기법의 개발 가능 여부에 주목하고 있으며, 미래 대규모 저탄소 개발을 위한 촉매제로서 역할이 기대된다.

통합자원관리IRM 모델 제작의 접근 방식은 다른 실현 가능한 시나리오의 평가를 보조하고자 사용되어왔다. 이 연구는 프로젝트의 목표를 충족시키기 위해 에너지 수요를 발생시키는 다양한 원인으로부터 발생한 CO_2와 non-CO_2 온실 가스 방출 연구에 집중하였다.

전략의 핵심 원칙은 에너지 사용에 따른 탄소 방출량 저감 및 이에 대한 목표치 달성이었다. 그러나 IRM 모델은 거주자들에 의한 건물, 건설 자재들이 자체적으로 포함하고 있는 에너지, 공급 사슬, 교통패턴 등과 같은 다양한 측면들과 연관된 방출의 상대적인 중요성을 평가함으로써 보다 종합적인 관점을 제공하였다.

다른 시나리오들의 상대적인 지속가능성 이행평가와 마찬가지로, 이 연구에서도 실제 개발로 인한 온실가스 방출이 건물의 에너지 사용량만을 대상으로 한 기존의 평가보다 더 크게 나타났다. 향후 이 연구 결과는 개발자들의 작업 설명서와 상세 계획의 평가에 영향을 미칠 것이다.

'One Galions' 당선된 디자인안은 커뮤니티 시설과 함께 수준 높은 환경으로 지어진 약 200가구 정도의 복합주택을 제공할 것이다.

2.1의 핵심 내용

가. 성공적인 장소 만들기는 우수한 도시설계와 지속가능성에 대한 관심이 필요하다. – 각각은 상호의존적이다.

나. 통합적 도시설계는 부분에 대한 합보다는 전체를 만드는 것을 중시해야 한다. 여겨야 한다. 통합적 접근은 신정주지 및 기존 도시지역 개발에 따른 환경영향을 줄이는 데 필수 요소이다.

다. 설계 과정은 다학제적이며 일정한 수준에 도달하기까지 협력이 필요하다.

2.2
도시형태

도시형태는 기후 변화에 중요한 영향을 미친다. 탄소 배출량의 약 30% 정도가 건물에서 발생되고, 추가로 25%의 탄소가 운송시설에서 배출된다. 우리는 에너지와 희귀한 자원 사용량을 최소화하고, 예상되는 기후변화에 대처하는 데 도움이 되는 장소를 디자인할 수 있다.

기후 변화에 대처하기 위해서는 단순히 태양집열판과 풍력발전기를 설치하는 것 이상을 요구한다. 위치, 동선 체계, 연결성, 배치, 생물학적 다양성과 같은 문제에 대한 디자인 결정은 장소가 어떻게 지속가능하게 될 수 있는지에 대한 이해가 필요하다. 이러한 것들은 근린주구와 건물 단위에도 적용될 수 있다. 개발을 통해 미기후에 영향을 미치고, 에너지 사용량을 최소화하며 재생에너지 사용을 통해 에너지 효율성을 극대화시킬 수 있도록 디자인되어야 한다. 물 사용과 폐기물 처리 같은 요소도 고려해야 한다.

우수한 장소를 만드는 창의적 디자인은 자원을 보존하고 생물서식처를 확대할 수 있다.

2.2.1 동선

패턴과 위치

동선은 도시형태에서 가장 중요한 부분일 것이다. 역사적 장소들은 오랜 기간 사람들의 행동양식을 통해 형성되어온 동선 체계가 변화의 필요성에 적절히 대처하고 있음을 보여준다. 도시는 사회 · 경제적 압력에 대응하여 건조 환경을 디자인함으로써 만들어진다. 지속가능성을 대처할 수 있는 새로운 도시형태는 효과적인 자원을 활용하여 만들어진 역사도시에 대한 이해로 알 수 있을 것이다.

연결성 분석하기

많은 개발들이 주변지역과 통합된 도시환경을 만들지 못하고 있다. 따라서 접근성과 안전성, 활력, 효과적인 복합용도를 달성하기란 쉽지 않다. 거시적인 측면에서 정주지를 어떻게 잘 연결할 것인가를 고려하는 것이 매우 중요하다.

새로운 지역이 개발될 때 새로운 연결성이 제공되도록 하는 기회가 마련되어야 한다. 특히 대중교통 네트워크 개선이 필요하다.

개발지역 선택하기

많은 개발대상지들은 도시확장과 지역성장이 가능하다.
개발 대상지 선택에서 중요한 기준은 모든 교통수단과 연결될 수 있는 폭넓은 이동체계가 두 끝에 직접 연결되면서 부지를 관통하는 통로를 조성할 수 있느냐 하는 점이다.
특히 주 도로와의 접근성과 주요 기반서비스 시설에 대한 접근성 평가가 중요하다. 폭넓은 네트워크를 제공하고 주요 도로의 접근성을 높이는 것이 가장 효과적인 방법이다.

관통도로 만들기

길을 통해 통합된 네트워크를 구축할 필요가 있다. 길이 통합된 네트워크를 구축하기 위해서는 몇 가지 다른 역할을 반드시 충족해야 한다. 대중교통, 자동차 통행, 보행자 및 자전거 타는 사람들을 수용해야 하며 도시설계가 가진 광범위한 목표를 달성할 수 있어야 한다. 균형 잡히고 효과적인 해결책을 마련하려면 도시설계, 도시계획, 도로공학 및 대중교통 공급자들 간에 초기 협력이 필수적이다.

협력 작업의 목적은 적절한 교통량과 대중교통을 수용하고, 주요 도로의 전면부에 활동성 있는 시설이 오도록 배치하고, 접근성을 향상시키며 통행 속도와 소음을 줄이거나 완화시키고, 주차장을 마련하고 보행과 자전거 동선 그리고 횡단보도를 마련하되 안전하고 편안한 환경이 되도록 하는 데에 있다. 관통도로는 상대적으로 직선적인 것이 가장 좋다. 차량 – 흐름의 위계보다는 거리 – 장소의 위계를 이용한다. 위계에 따라 도로 형태와 위치의 유형에 적절하게 전면 진입을 허용하도록 한다.

2.2.2 기후

미기후Microclimate 만들기

건물과 도시는 지역의 기후 조건에 따라 설계되어야 한다. 지형, 가로체계, 조경, 건물의 크기와 재료에 대한 고려는 열섬heat island 현상을 피하고, 여름철 최고 온도를 완화시키며 건물의 에너지 부하를 줄일 수 있다.

도시설계는 편안한 공공영역을 만드는 데 도움을 줄 뿐만 아니라, 쉼터Shelter 및 태양열을 이용하는 건축설계를 통해 건물 에너지 소비를 현격히 줄일 수 있다. 태양복사열, 대기의 대류, 열용량, 알베도(물체가 빛을 반사하는 정도)와 바람을 효과적으로 결합시킴으로써 도시에서 서로 다른 지역 간에 온도 차이가 15℃까지 발생하는 미기후를 만들 수 있다.

적절한 건물 형태는 건물 내 자연 환기가 가능하게 하여 기계적인 냉방 설비를 피할 수 있다.

경사 분석

경사는 부지의 지면 온도를 결정하는 중요한 요소이다. 부지가 태양광선과 직각에 가까울수록 더 많은 태양 에너지를 받을 수 있다. 예를 들어, 영국 애버딘Aberdeen에 위치한 1/10 경사의 남쪽 경사면 부지는 사우샘프턴Southampton에 있는 평지 부지와 유사한 직사광선을 받는다. 10%의 남쪽 경사면은 남위 6° 만큼에 해당한다.

서늘한 땅 바로 위에 있는 공기층은 점점 무거워지면서 '한랭골짜기Frost Pockets'를 발생시킨다. 이 공기층 흐름은 이를 흩어지지 않도록 하는 언덕, 식재 또는 건물에 의해 갇힐 때까지 경사를 따라 미끄러져 내려온다. 등고선 지도를 통한 경험으로 판단하거나 — 보다 쉽게 겨울의 이른 아침에 부지를 걷다 보면 — 이러한 한랭골짜기를 발견할 수 있다. 건물이나 식재를 통해 흘러가는 차가운 공기의 흐름을 막음으로써 한랭골짜기를 줄일 수 있다.

습도

증발이 온도를 감소시키는 반면에 식재, 호수 그리고 연못은 습도를 증가시킬 것이다. 식생은 단단한 표면으로 넓은 지역을 확장시키는 것보다 환경을 온화하고 안정적으로 만든다. 따라서 지방에 따라 적합한 설계 결정이 필요하다.

027

미기후에 대한 대응
스웨덴, 말뫠, 'Bo01' 프로젝트Bo01, Malmo, Sweden

말뫠Malmo의 Bo01 개발 프로젝트는 독특하고, 자원의 효율성이 높은 살기 좋은 장소 만들기를 실현했으며, 그 안에는 500가구의 주거, 상업 및 커뮤니티 시설이 있다. '품질 프로그램Quality Programme'을 통하여 우수한 디자인을 완성하였다.

"개발자들과 말뫠시의 토지개발 담당자들이 사업과정에서 사용했던 Bo01의 성공을 위한 공동 목표와 품질 프로그램의 비전은 매우 중요했다."(말뫠 도시계획사무소의 건축가, 에바 달만Eva Dalman)

바람으로부터 안전한 공간을 만들기 위해 비뚤어진 가로를 계획하였다. 해변에 위치한 5층 건물들은 해변산책길의 특징 및 분위기를 강화시키는 동시에 안쪽의 건물들을 보호하는 역할을 하고 있다. 녹화된 벽면과 지붕을 대상으로 계획한 다양한 형태의 식생은 표면 수분을 줄일 뿐 아니라 개발 대상지 범위 내에 인식하기 쉬운 랜드마크적인 장소를 만든다. 지속가능한 도시 배수시스템은 생태적 · 시각적 자원을 제공한다. 동시에 이 모든 요소는 Bo01의 공공 오픈스페이스와 거리가 지닌 다양한 계층위적 성격을 강조하고 있다.

개발에 사용된 '100% 지역 신재생 에너지 사용법'은 매우 성공적이었다. 건물 입면의 방향이나 지붕의 형태는 일사량을 극대화시켰다. 또한 태양열 집열판, 풍력발전 터빈과 광전지는 에너지 사용량을 최소화하는 동시에, 건축과 도시가 분리되지 않고 전체적인 온전함을 보존할 수 있도록 도와준다. Bo01 거주자들은 정기적으로 각 가정의 에너지 소비량을 측정하도록 권장되는데, 이는 가정에 설치된 정보기술기기를 이용하여 간단히 측정할 수 있다.

품질 프로그램Quality Programme 이행을 위한 환경전략 조직인 말뫠시 환경부의 토포섬Tor Fossum은 다음과 같이 말했다. **"좋은 기술적 해결책을 마련하기 위한 인센티브나 제재는 없었다. 협정체결은 개발자들의 도덕적 의무와 함께 이루어졌다."**

Bo01 프로젝트 중, 해안가를 따라 위치한 5층 아파트 건물들은 안전한 공공장소를 만들어 미기후에 대응하고 안쪽의 건물들을 보호한다.

028

혁신 디자인과 환경기준의 결합

밀턴 케인즈, 옥슬리 우즈Oxley Woods, Milton Keynes

'산업경쟁을 위한 디자인the Design for Manufacture Competition'은 총 6만 파운드 혹은 1m²당 784파운드의 건설 비용으로 지속가능한 양질의 주택을 건설하는 개발사업에 도전하였다. 주택들은 엄격히 제한된 비용 안에서 각 지역의 잠재력을 극대화해야 하고 잉글리시 파트너십English Partnerships의 품질 평가 기준을 모두 충족시켜야 했다.

밀턴 케인즈Milton Keynes의 옥슬리 우즈Oxley Woods에서 테일러 윔페이와 리차드 로저스의 합자회사Taylor Wimpey with the Richard Rogers Partnership는 혁신적이고 독특한 145개의 주택을 선보였다. 이 주택들은 엄격한 환경 및 품질 기준이 도시설계에 흥미로운 변화를 발생시킨다는 것을 잘 보여주었다. 훌륭한 내부 기능과 더불어 주변 가로경관에 긍정적인 기여를 하는 주택 설계가 이루어진 것이다.

주택은 서비스 공간과 생활 공간의 구분된 두 영역으로 구성되어 있다. 벽, 바닥, 천장, 층계, 난방 및 환기시스템은 통제된 공장시설 및 환경 아래에서 모두 생산 · 조립되기 때문에, 완제품의 품질을 보장하면서 현장 건설 비용을 감축시킨다.

주택들은 입체감 및 채광 같은 '자유로운' 특징들을 최대화시킬 수 있는 방향으로 디자인되었다. 새로운 차세대 굴뚝 같은 'Ecohat'은 가로경관을 흥미롭게 하며, 신선한 공기를 여과시키고 뜨거운 공기를 재순환 시킨다. 'Ecohat'은 탄소 배출량의 50%를 줄이는 광전지 및 태양열 통합 온수 시스템에도 용이하게 적용될 수 있다.

옥슬리 우즈의 교육센터는 잠재적인 주택 소유자들의 이해와 관심을 불러일으키고, 다른 주택업자들에게는 합리적인 건설 비용 범위 내에서 수준 높은 디자인과 엄격한 환경지침을 달성하는 방법 등 시범주택의 사회적 · 경제적 · 환경적 이점들을 설명한다.

"우리는 우리가 구상하고 완성한 것들에 대해 자부심을 느낀다. 평범한 범주를 벗어나 흥미로운 단계를 거치면서, 평범한 주택 건설 산업에서 한 발짝 크게 나아갔다."

— 이안 서트클리프Ian Sutcliffe, 테일러 윔페이의 최고경영자

밀턴 케인즈Milton Keynes의 옥슬리 우즈Oxley Wood 주택 설계는 엄격한 환경지침이 어떻게 'Ecohat(광전지와 태양열을 이용한 난방과 환기가 가능한 차세대 굴뚝)'과 같이 특색 있는 디자인을 가능하게 하였는지, 흥미로운 디자인(현장 건설비용을 줄일 수 있는 조립식 제작을 통한)을 창조하는 데 도움을 주었는지 보여주는 사례이다.

공공영역

• 알베도Albedo - 반사율

알베도가 낮은 재료는 복사열을 흡수하는 반면 옅은 색깔(담색) 또는 광택 있는 표면처럼 알베도가 높은 물질은 복사열을 반사한다. 즉 건물의 색깔과 질감, 지표 표면 포장은 복사열이 반사하는 정도를 조절할 수 있다. 콘크리트와 같이 반사율이 높은 딱딱한 건축 재료는 여름에는 매우 뜨거워진다. 반면에 반사율이 낮은 깎은 잔디는 지표 밑으로 열을 흡수하고, 표면 바로 위 몇 미터에 있는 공기층을 차갑게 한다. 겨울에 정남향보다는 동향 또는 서향일 때, 오전 또는 오후에 태양의 입사각이 낮아 복사열을 많이 받기 때문에 벽이 따뜻해진다.

• 바람

가로배치는 바람의 영향을 조절할 수 있다. 추운 겨울 바람은 바람 방향의 직각으로 가로를 배치함으로써 바람의 영향을 최소화할 수 있다. 반대로 시원한 바람은 가로를 평행하게 배치함으로써 바람의 영향을 최대화할 수 있다.

• 햇빛

날씨가 좋을 때 사람들은 일반적으로 양지쪽 거리를 따라 걷는 것을 선호한다. 그러나 우리는 지구온난화가 진행되고 여름이 점점 더 뜨거워지므로 사람들이 여름에 햇볕에서 피난할 수 있게 도로에 나무를 심어야 할 것이다. 여름에는 잎으로 그늘을 제공하고, 겨울에는 가지 사이로 햇빛을 통과시키는 낙엽수가 대안이 된다.

건물

• 패시브 솔라Passive Solar

패시브 솔라 디자인에 대한 고려는 다른 에너지 자원 사용보다 우선적으로 고려되어야 한다. 태양열 이용은 비용이 들지 않으며 탄소 배출이 없다. 태양열로부터 얻게 되는 열의 양은 난방기간 도일Degree-Day로 계산된다. 한편 흐린 날조차도 태양열 이용이 가능하다. 단열 기준을 점점 강화하는 제도와 더불어 패시브 솔라 디자인은 많은 에너지를 공급하기 때문에 단지 최소한의 부차적인 공간 난방만 필요할 것이다.

가로를 동서방향으로 30° 정도 기울게 만든 마스터플랜은 정면부와 후면부에서 열 취득이 가능한 패시브 솔라 건축이 가능토록 필지를 만든다. 인접한 건물에는 남북 방향 가로가 매우 적합하고, 건물 높이의 변화를 통해 남쪽벽면에 태양열이 비추어질 수 있다.

• 열용량Thermal Mass

대규모 건축 재료로 지어진 건물은 더운 날 열을 저장하고, 공기를 식히며, 밤에 공기를 따뜻하게 하기 위해 열을 방출하는 기능을 가진다. 반대르 낮은 열용량을 가진 개발은 온도차를 극대화시킨다.

강한 바람은 건물의 열손실을 크게 증가시킨다. 기온이 영하에 가까울 때, 12~30mph정도로 바람을 감소시키는 경우 바람 통로에 있는 건물의 열손실을 반으로 줄인다. 바람막이가 없는 고층건물은 극단적인 노출을 견뎌야 한다.

2.2.3 에너지

에너지 공급전략

에너지 공급전략은 가능하면 마스터플랜이 시작되기 전에 모든 새로운 개발 — 가능하면 재생프로그램에 — 수립되어야 한다. 지역 공급에 기초한 에너지 생산과 관련한 새로운 방법들은 도시형태와 관계가 있다.

개발은 저탄소 자원들(효율적이며 재생가능한)에 의한 지역 에너지 공급 시스템에 기초해야 한다. 에너지 전송 중에 나타나는 낭비를 방지하는 것뿐만 아니라, 에너지 효율성을 높일 수 있다.

에너지 서비스 회사ESCO 또는 다기반 시설 서비스 회사MUSCO를 세워야 할 것인가는 초기 설계 단계에서 결정되어야 한다. 이러한 회사들은 그들의 서비스들을 어떻게 계획에 통합시킬 것인가를 논의하는 과정에 참여시킬 필요가 있다.

열병합발전

열병합발전은 동일한 자원(연료 및 소각열)으로부터 나오는 전기에너지 생산과 다른 형태의 유용한 열에너지(증기열과 같은)를 생산하는 것을 말한다. 열과 전기의 병합을 의미하는 뜻으로 CHP(combined heat and power) 또는 CHCP(combined heat, chilling and power)로 불린다. 영국은 유럽의 지역난방 시장에서 가장 낮은 수준의 공동난방 비율을 가지고 있는 나라 중 하나이다. 지역 에너지공급에서 열병합발전을 사용하는 것은 77페이지 다이어그램에 나와 있듯이 중앙발전소에서 버려진 열을 이용함으로써 적지 않은 이산화탄소 배출량을 줄이는 데에도 일조한다. 열병합발전은 이산화탄소를 줄이기 위해 지금까지 나온 방법 중 가장 경제적인 방법이다.

지역 난방 시스템은 현재의 주거에 기초한 시스템보다 미래에 훨씬 더 경쟁력을 갖춘 시스템이 될 것이다. 연료 가용성과 가격이 변동됨에 따라 이러한 시스템은 수천 개의 개별 보일러를 단 하나의 설비실로 변환됨으로써 개선시킬 수 있다.

CHP의 최고 장점은 대상지내 전기를 사용한다는 점, 소비자에게 전기요금을 되돌려준다는 점, 멀리서 만들어진 에너지보다 훨씬 더 높은 가치를 가지고 있다는 점이다. 현재 영국법령 체계에서는 사설 전력 네트워크Private Wire Network의 조성을 요구하고 있다.

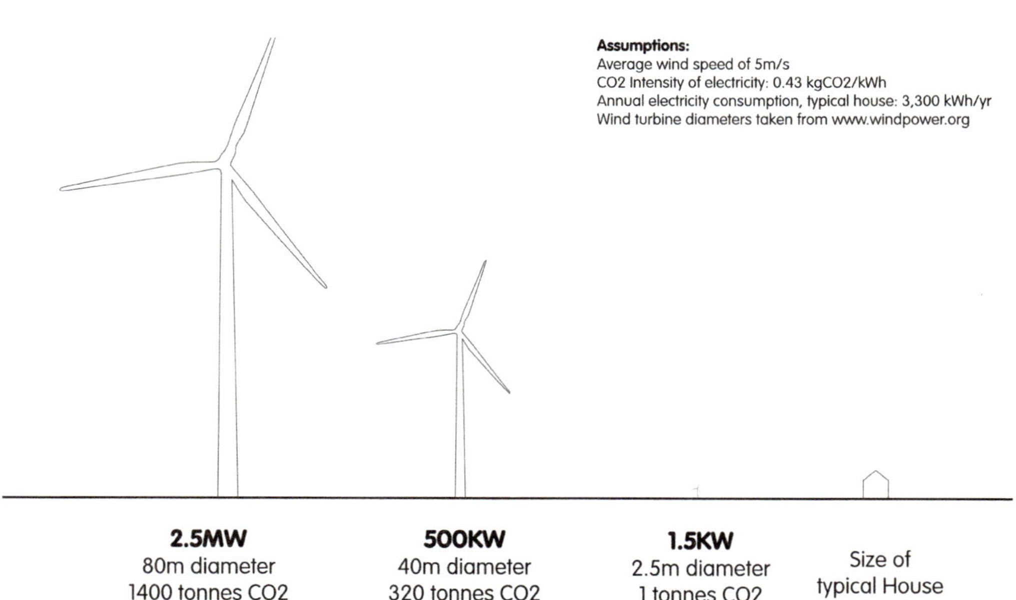

풍력발전기 사용 시 탄소저감과 전력생산

029

소규모 부지의 에너지 효율성 높이기

영국 올드햄, 쉘윈가Selwyn street, Coppice, Oldham

올드햄 로치데일 주택공급 선도사업Oldham Rochdale Housing Market Pathfinder Project의 일부인 쉘윈가Selwyn street 개발은 소규모 부지에 적용할 수 있는 환경 원칙을 제시해주는 좋은 사례이다. 건축물의 배치와 18개의 새로운 테라스 하우스 개발은 미기후 조정을 목표로 하고 있다.

테라스는 뒷마당에 그늘지는 것을 방지하도록 만들어졌다. 한 방향으로 기울어진 지붕은 남향으로 설계되었으며, 지붕에 부착된 태양 전지판의 효율성을 극대화할 수 있도록 건물의 주요 방향과 태양입사각은 직각을 이루도록 설계되었다. 태양열 집열판은 모든 온수탱크에 직접 연결되어 있어, 필요할 때마다 응축형 가스보일러에 의해 온수탱크가 가득 채워진다. 이를 통해 여름에 90%, 겨울에는 60%의 온수를 제공할 수 있다. 또한 주택 지붕 위에 설치된 풍력발전기는 평균 에너지요금을 최대 60%까지 절약할 수 있고, 1Kw의 전력을 제공하는 것으로 나타났다. 우수를 모으기 위한 빗물 통은 뒷마당에 설치되어 있다.

또한 쉘윈가Selwyn Street는 19세기 거리 패턴에 훌륭하게 어울리도록 설계되었다. 대가족 지향적이었던 1980년대의 균일한 주택건설 방법의 교체와 더불어 변화하는 인구 문제에 훌륭히 대처하고 있다. 낮은 임대료와 취약한 보안, 좋지 않은 접근성 등 지역이 당면한 둔제들을 효과적으로 해결하고 있다.

쉘윈 가Selwyn Street를 따라 나란히 설계된 테라스 하우스는 그림자로 인해 음지가 만들어지는 것을 방지하기 위해 한 방향으로 정렬되어 있으며, 집열판을 통해 태양열을 최대한 얻을 수 있도록 남동향의 경사각 형태의 지붕으로 설계되었다.

030

친환경 디자인을 활용한 매력적인 거리 만들기
영국 머튼지역의 로완 거리Rowan Road, Merton

도시설계에서 제시한 우수한 도시설계의 원칙과 환경적 지속가능성을 최대 확보하기 위한 방법(향向, 창의 크기, 시각 매력 등)이 상충된다는 인식은 잘못된 것이다.

크레스트 니콜슨Crest Nicholson, 킹스폰Kingspan 그리고 셰퍼드 롭슨 건축사무소Sheppard Robson Architects는 독특하고, 정체성 있는 장소에 환경적으로 지속가능한 양질의 주택을 제공할 수 있는 방법을 찾기 위하여 'The Design for Manufacture Competition(산업경쟁을 위한 디자인)'에 단체 자격으로 참가했다.

이들이 참여한 10개의 경합 중 3곳에 당선되었다. 그들은 설계 결과물이 가진 잠재력과 각 대상지에 적합한 장소 만들기를 위한 노력을 인정받았다. 영국 머튼의 로완 거리를 대상으로 디자인된 혁신적인 설계안들은 우수한 환경 성능을 가진 주택들이 설계될 수 있는 방안을 명확하게 보여주고 있다. 이 주택들은 가로경관에 긍정적으로 기여하고, 동시에 매우 높은 수준의 내부적 안락함도 충족시키고 있다.

주택들 중 상당수 지붕의 일부분에는 PV(Photovoltaic Panels: 태양전지패널)가 설치되었다. PV의 효율성은 지붕 테라스의 도입부와 따로 떨어져 설치된 PV지붕의 독립성으로 인해 극대화된다. 지붕은 태양 방위에 알맞도록 최적화되었고, 거리와 건물의 정면이 적극적으로 관계를 맺도록 함으로써 인상적인 건축입면 및 도시공간을 제공하라는 요구에 적극적으로 부응하고 있다.

주택의 상당수는 혁신적인 지붕 채광창의 디자인을 통하여 자연채광과 환기가 주택 내부에서도 잘 이루어지도록 하고 있다. 낮 시간의 채광은 손실 없이 내부 공간까지 태양열을 합리적으로 전달하기 위해 남향 채광창을 이용한다. 건물의 북쪽과 동쪽 전면부는 튀어나온 벽면을 이용하여 겨울에 더 많은 태양열을 받아들이도록 한다. 그리고 남쪽과 서쪽 전면부는 여름에 차양을 활용한 그늘을 제공하기 위해 오목 들어간 벽을 계획하였다. 이런 방법은 거리에 다양성을 주어 시각적으로 흥미를 느끼게 하는 데 도움이 된다.

사용 중인 오픈플랜Open-Plan, 건물 내부가 벽으로 나뉘지 않은 공간의 계단과 지붕 채광창 간의 연결성은 여름기후 내내 온난하고 쾌적한 통풍을 보장한다. 이러한 지붕 채광창 특유의 장점은 주거 유형이 수동적인 환경 시스템과 내부 채광에 부정적인 영향을 미치지 않고 대상지 위치와 관계없이 전방위로 사용이 가능하다는 점에 있다.

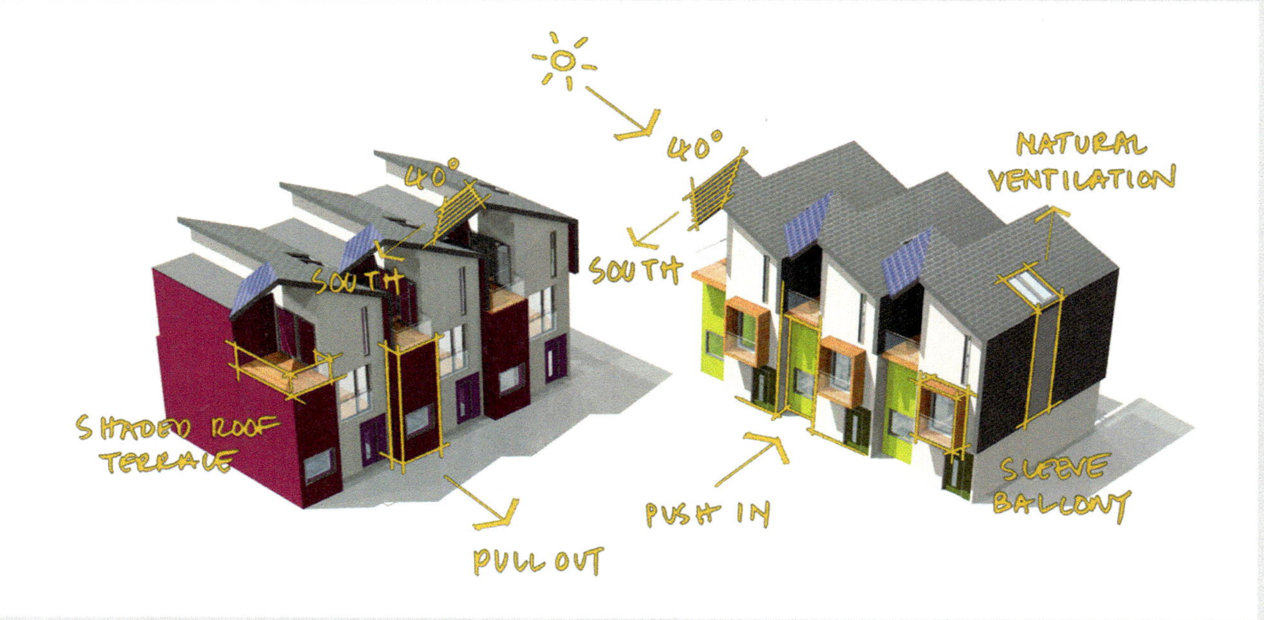

로완거리Rowan Road의 친환경 전략들이 건물 설계에 반영되었다.

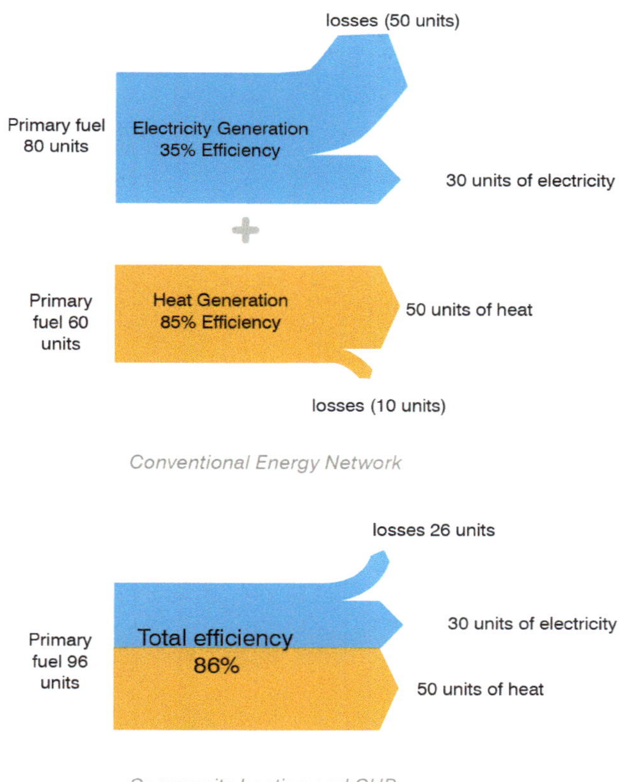

CHP는 적은 자원으로 같은 양의 에너지를 생산한다.

재생 가능한 에너지원

우리 주변에는 재생 가능한 에너지원들이 다양하게 존재한다. 이러한 에너지원들과 도시형태와의 관련성은 다음과 같이 요약할 수 있다.

폐기물 에너지

폐기물로 얻어지는 에너지를 활용함으로써 화석에너지 사용을 축소할 수 있다. 다양한 기술들이 현재 상용화되고 있는데, 매립지에서 발생하는 가스를 처리하는 것은 널리 입증된 기술이다. 새로운 가스화와 열분해 기술은 고전환율과 저배출이 되게 한다.

바람

바람은 풍력발전기에 의해 전기로 변환될 수 있다. 이러한 풍력에너지는 규모에 따라 다양하며 비교적 저비용이며 고효율이다. 그러나 풍속은 매우 불규칙하기 때문에 풍력발전기의 배치에는 세심한 고려가 필요하다. 컴퓨터 프로그램은 바람자원이 풍부한 개방된 교외지역을 평가할 수 있으며, 도시지역에 대해서도 유사평가를 하기 위한 방법이 개발 중이다.

풍력발전기의 높이는 바람의 속도에 큰 영향을 미친다. 다이어그램에 설명되어 있듯이 큰 풍력발전기일수록 품질이 좋다고 할 수 있다. 하지만 시각적인 효과도 고려해야 한다. 건물 위 또는 건물에 가깝게 설치한 작은 풍력발전기들은 건물의 높이와 건물 위에서 나타나는 바람 속도를 충분히 이용할 수 있는 곳에 놓아야 한다.

바이오매스 Biomass

바이오매스는 이산화탄소를 흡수하는 저탄소자원으로 간주된다. 현재 사용되는 대부분의 바이오매스는 쓰레기, 폐목, 톱밥 등이다.

개발에서 바이오매스 유닛(펠렛, 나무 난로 또는 보일러)이 단위 주택마다 설치된다면 지역난방 시스템을 건설하는 데 좀 더 비용 대비 효과적인 방법이다. 이상적인 것은 난방네트워크에서 발생하는 열손실 가능성을 줄이기 위해 플랜트를 중심에 위치시키는 것이다. 이러한 배치는 방사형과 폐쇄 회로 배치 중에서 선택될 수 있다.

연료저장은 에너지센터 또는 플랜트저장소 가까이에 설치될 필요가 있다. 연료저장량은 연료의 종류와 받아들일 수 있는 납품량에 달려 있다. 예를 들면, 3,000세대(각 80㎡)의 주택이 있는 공동체의 경우 주간 연료 납품량은 1,100㎥의 장작 또는 300㎥의 목제 펠렛이 필요하다. 차량이동과 굴뚝에 의한 대기 오염 가능성도 고려해야 한다.

기술 / 규모	건물	거리 또는 블록	근린주구	도시
열병합발전	● (주황)	● (주황)	● (녹색)	● (녹색)
폐기물 에너지	● (빨강)	● (빨강)	● (녹색)	● (녹색)
풍력발전	● (주황)	● (주황)	● (주황)	● (녹색)
바이오매스	● (주황)	● (주황)	● (녹색)	● (녹색)
태양열	● (녹색)	● (녹색)	● (주황)	● (주황)
광발전	● (녹색)	● (녹색)	● (주황)	● (주황)
지열자원	● (녹색)	● (녹색)	● (녹색)	● (주황)
지속가능한 도시 배수시설(SUDS)	● (빨강)	● (빨강)	● (녹색)	● (녹색)
중수도 재활용	● (녹색)	● (녹색)	● (녹색)	● (녹색)
분리수거	● (녹색)	● (녹색)	● (녹색)	● (녹색)
지하폐기물 시스템	● (빨강)	● (빨강)	● (녹색)	● (녹색)

● (빨강) 이 규모에 부적합
● (주황) 위치, 배치 및 자원에 따라 이 규모에 가능
● (녹색) 이 규모에 적당

표 2.2 새로운 기술의 적용가능성

태양열과 태양 광전지

태양열과 태양광전지를 효율적으로 설치하기 위해서는 남동쪽 또는 남서쪽 지붕 사이에 직면하거나 10~40도의 경사를 만들어 주어야 한다. 또한 평평한 지붕과 건물 전면부에도 10%로 산출되는 급경사를 만들어주면 설치할 수 있다. 따라서 지붕방향이 단지 배치의 주요 결정요소가 되어서는 안 된다. 다양한 지붕과 베란다의 각도를 만들어 내는 아이디어들이 대안적인 배치가 가능토록 한다. 4m²의 태양열 패널은 일반적으로 1년 동안 필요한 온수의 50~60%를 제공한다. 면적이 25~35m² 사이인 고효율 태양광 전지 패널은 일반적으로 한 가정에서 사용하는 1년간 전기사용량을 충당할 수 있다.

지열 에너지

지역에너지는 대기와 땅속 온도의 차이를 이용하는 것이다. 땅속 온도는 항시 12~14℃ 정도로 일정하게 유지되기 때문에 열펌프를 사용해서 겨울에는 난방을 위해, 여름에는 냉방을 위해 지열을 활용할 수 있다.

시추공과 대수층 난방, 냉방 시스템은 여름에 시스템 한 부분에서는 냉기를 흡수하고, 다른 부분에서는 열을 저장함으로써 작동된다. 이러한 과정은 여름 동안 저장했던 열을 겨울에 재사용하기 위한 것이다. 주거 밀도가 낮은 지역의 경우 열펌프는 정원 밑 2m 깊이의 지하터널에 설치된 코일을 이용하게 될 것이다. 주거 밀도가 높은 건물의 경우는 파일을 통해 지열을 끌어올릴 수 있다.

대수층 냉방과 난방은 지하수 자원을 가진 지역에서만 실현 가능하다. 그것은 고효율의 에너지를 생산하면서도 적은 공간을 차지한다. 투자 비용이 높다는 단점이 있지만, 그 대신에 높은 효과를 볼 수 있는 장점이 있다. 지열 에너지는 높은 냉방요구량을 필요로 하는 대형 복합용도개발에 이상적인 방법이다.

031

지속가능한 배수시설SUDS: Sustainable Drainage Systems의 계획

노샘프턴, 업튼Upton, Northampton

1998년 큰 홍수 피해를 입은 노샘프턴Northampton은 업튼Upton 지역으로의 도시 확장을 위해 효과적으로 치수 문제를 해결해야 했다. 잉글리시 파트너십Enblish Partnerships은 빗물을 자원으로 활용하고 제어하기 위해 지속가능한 배수시스템SUDS 계획이 디자인 과정에서 미리 고려되어야 한다고 판단했다. 다음의 요소를 계획하여 빗물을 제한하고 조절할 수 있게 되었다.

- 공용 빗물 배수시스템으로의 배출 제한과 옥상녹화, 침투성 바닥재 및 빗물 저수조의 사용
- 우수를 운반하고 걸러내어 희석시킬 수 있는 배관 설비와 습지 조성
- 배수 관리에 앞서 하수관거에 연결된 저수지와 주변부의 공터를 배수 시설로 연결

대상지의 비교적 가파른 경사(약 1:30)는 저수탱크의 설치와 활용에 있어 극복해야 할 과제 중 하나였다. 조성된 습지는 저장량과 침투 표면적을 최대로 하기 위해, 가능한 한 등고선과 평행하게 정렬되었다. 이것이 불가능할 경우에는 경사면을 따라 정렬하거나, 강물의 흐름을 돌리기 위해 낮게 막은 둑을 일정한 간격으로 계획하였다. 이는 지표수를 유지하고, 저장량을 증가시키며, 유지 · 관리를 용이하게 한다.

배수 시스템 계획은 국립공원에서 공공영역에 이르기까지, 다양한 식물이 자랄 수 있는 연못 및 습지 네트워크에 의해 조성된 양질의 우수한 공공녹지를 제공하며, 지역의 생물종을 다양화한다.

계획 감독관이 지속적으로 참여하여 진행된 계획 및 설계과정에서 최우선 과제는 건강과 안전이었다. 빗물의 위험에 관해 주민들의 이해도를 높이기 위한 유지 · 관리 전략이 적용되었다.

업튼Upton 지역의 공공영역 품질과 생물 다양성은 다양한 연못과 습지들을 조성함으로써 향상되었다.

2.2.4 물

빗물

기후변화로 인해 점점 빈번해지는 호우로 인해 배수시설과 홍수 관리 체계에 문제가 되고 있다. 기후변화가 여름 가뭄을 더 자주 발생시키는 가운데 물을 효율적으로 이용하고, 재사용하는 것도 중요하다. '지속가능한 도시 배수 시스템SUDS' 과 자연적인 수로의 이용은 생물의 다양성을 풍부하게 할 뿐만 아니라, 흘러내려가는 빗물의 양을 줄일 수 있다.

SUDS설계 시 고려될 사항으로는 대상지의 지형을 어떻게 최대한 활용할 것인지, SUDS가 조경설계를 어떻게 증진할 수 있게 하는지, 유지 관리 요구 조건들이 어떻게 디자인으로 통합될 것인지를 생각해야 한다.

지붕녹화는 빗물을 처리하는 데 도움을 준다. 또한 지붕녹화는 건물에서 발생하는 여름의 열취득량과 겨울의 열손실량 감소, 대기오염 감소, 자연서식지 조성과 같은 이득을 가져다준다.

중수도

중수도 시스템은 샤워나 손을 씻기 위해 욕실에서 사용한 물을 수세식 변기에 사용하거나, 지붕에서 흘러내린 지표수를 공동정원에 이용하는 것을 포함한다. 여과 및 소독 과정도 필요하다. 현재 중수도 시스템이 개별 건물에 사용 가능한지 여부는 확실치 않다. 그러나 조경에 사용될 수 있는 소규모 중수도 시스템 설치는 매우 간단하므로 권장된다.

2.2.5 쓰레기

분리수거 시스템

중앙 및 지방정부에서 주 관심사로 생각하는 재활용 비율을 높이려면 폐기물 분리수거 시스템이 필수적이다. 이러한 시스템에 필요한 공간과 조직 체계는 (주택과 거리의 규모에 따라) 신중하게 고려되어야 한다.

지하에 매립된 쓰레기 수거 시스템

지하에 매설된 파이프를 통한 폐기물 수집 시스템은 개발과 관련한 디자인에 매우 중요한 영향을 미칠 수 있다. 이러한 시스템을 갖추면 휴지통에 쓰레기를 모으는 것과 쓰레기 수거를 위해 근린주구 내로 쓰레기 수거차량이 들어올 필요가 없어진다. 지하 폐기물 수거 시스템은 전체 근린주구에 사용할 수 있는 것으로 쓰레기를 다양하게 분리하여 열병합 및 전력설비시설로 직접 전송할 수 있는 공통의 지하 덕트를 이용한다. 이러한 시스템은 유럽 전역의 여러 나라에 걸쳐 사용되고 있다. 신주거지역 내 밀도가 헥타르당 30가구가 되는 곳에 설치될 때 경제적이며, 쓰레기 수거차량을 없애야 할 필요가 있는 도심밀집 지역에 적용할 수 있다.

2.2의 핵심 내용

가. 지속가능한 개발을 위해서는 폭넓은 도시설계적 고민이 필요하다.
나. 도시설계와 지속가능성에 대한 고려는 새로운 것은 아니다. 건물설계는 미기후를 반영하도록 요구된다.
다. 효율적인 자원 이용과 관리방법은 반드시 설계 과정에 반영되어야 한다.

참고문헌

1. Building a Greener Future: Towards Zero Carbon Development. 2006. CLG

2.3
복합용도개발

도시는 다양한 사람들이 서로 교류하고 만날 수 있게 만들어졌다. 우수한 도시설계는 다양한 사용자들에게 사회적 · 경제적 · 환경적으로 활기찬 장소에서 다양한 용도로 교감할 수 있게 매력적인 환경을 만드는 것이다.

다양한 사람들이 밤낮으로 활동할 수 있도록 하는 것은 복잡하면서도 다양하고 안전한 장소를 만드는 데 도움을 준다. 근린주구에 다양한 용도를 유치하는 것은 상점이나 도시기반 시설로 보행을 촉진하고, 지역 상권에 도움이 되는 사람들을 끌어모으며, 일할 수 있는 기회를 제공하고, 다양한 사람들이 활동에 참여하거나 사람을 만날 수 있는 장소를 만드는 등 지속가능성을 높여준다.

복합용도Mixed-use MXD 근린주구는 필수사항이다. 복합용도개발을 어떻게 설계하고 촉진하며 효과적으로 관리할 것인가에 대한 포괄적인 이해가 필요하다. 복합용도센터가 성공하기 위해서는 적합한 연결성을 가지고 올바른 곳에 위치해야 한다. 복합용도센터는 시설에 접근하고 이용하는 모든 사용자들의 관점에서 설계되어야 한다. 용도에 대한 유연성이 적용되어야 하며 이를 통해 수요가 변화할 때 건물은 이에 적응할 수 있게 된다.

이러한 원칙은 복합용도 건물과 근린주구센터로부터 다용도 환경에 이르기까지 다양한 범위에 적용된다.

2.3.1 배치

동선과 토지이용

전통적으로 도시와 마을은 접근성이 좋은 곳에서 발전되어 왔다. 도시 형태가 주된 도로에 의해 결정되기도 하였다. 새로운 장소를 설계할 때, 우리는 주변의 길과 가장 잘 연결된 곳에 가장 많은 고객을 필요로 하는 소매점과 같은 용도를 배치해야 한다. 연결성은 중심성과는 다르다. 중심에 위치하고 있으나 연결성이 좋지 않은 대상지의 경우, 목적성 매력이 조성되지 않으면 충분한 고객을 확보하지 못한다. 어떤 용도는 연결성이 좋지 않더라도 장소로 오게 하는 구심력이 있다. 이러한 장소에는 동선이 교차하는 지역에 주거개발이 포함될 수 있다.

복합센터

복합센터Multi-Use Center는 반드시 쉽게 접근할 수 있어야 하고 우수하게 설계된 공공장소로서 역할을 하여야 한다. 이런 목적을 달성하기 위해서는 다음과 같은 요건이 충족되어야 한다.

- 동선이 교차하는 지역에 위치하거나 또 다른 장소로 가기 위한 도로 위에 위치
- 대중교통 이용 가능
- 가로를 향해 있어야 하며 가로로부터 인지 가능
- 접근성이 좋고 사용하기 좋은 곳
- 가능하면 커뮤니티 시설들과 근접
- 도심센터가 아니라면 주차장 이용 편리

다기능 근린주구

근린주구가 하루 24시간 안심하고 안전하게 사용되려면 근린주구 내 주거가 필요하다. 다른 용도들은 주거지를 바탕으로 중첩돼서 배치되어야 한다. 따라서 근린구역은 쇼핑, 서비스, 비즈니스 또는 오락과 같은 용도에 의해 특성화되기도 하지만 주거공간으로서 역할을 해야 한다.

최선의 도시설계방법은 근린주구가 작동하는 곳에 서로 다른 용도들을 배치하는 것이다. 우리는 보충하거나 대조적인 필요성을 가진 용도를 발견하고 이러한 것들을 적소에 배치할 필요가 있다.

다기능 조경공간

조경공간은 생태서식처, 식량생산공간, 여가공간으로서 다양한 혜택을 제공할 수 있다.

2.3.2 복합시설

커뮤니티 시설

가능하면 초기 단계에서 계획의 중심 위치에 커뮤니티 장소를 마련한다. 거주인구가 증가하는 곳이라면 추후에 주민이 증가함에 따라 본래의 용도로 전환할 수 있는 작은 상점과 같은 것을 임시 시설로 마련한다.

편익시설과 서비스

새로운 지역에 복합용도 센터를 만들려면 특별한 고려가 요구되며, 복합용도가 활력이 있으려면 인구 밀도가 적정해야 한다. 표 2.3은 주요 시설들이 생존하기 위한 한계치를 나타낸다. 편의점과 서비스 업종은 도보로 5~10분(약 400~800m) 내에 충분한 인구를 필요로 한다. 주거개발을 위해서는 편익시설과 서비스에 충분한 면적을 제공해야 한다. 근린주구 내에 이러한 시설들을 모든 주민이 적절히 사용할 수 있도록 하는 특별한 노력이 필요하다. 서비스의 질과 더불어 콤팩트한 밀도를 확보하는 것이 중요하다. 건조 환경의 품질과 편리성이 적정하게 되었는지도 중요한 요소이다.

복합용도센터의 공급을 통해 자동차 사용을 줄일 수 있고 직주근접의 기회를 제공할 수 있다.

2.3.3 복합용도개발 활성화

새로운 근린주구에서 필요로 하는 시설들이 초기 단계에 활성화 되기는 불가능하다. 따라서 복합용도센터가 초기 단계에 어떻게 만들어져야 하는지 고려할 필요가 있다. 대지가 비어 있지 않도록 하며 단기 및 중기적으로 점유되도록 계획해야 한다.

새로운 개발지역 내 잠재적인 점유자나 이용자가 이용할 수 있으면서도 접근할 수 있도록 수많은 시설과 기회를 제공하면 그들은 장소가 주는 삶의 질에 대한 인식이 높아질 것이다. 양질의 환경은 부동산 가치를 증진시키고 외부사람들이 방문하고 싶어 하는 장소를 만들 것이다.
이러한 노력들은 결국 복합용도를 좀 더 활성화할 것이다.

교차자금공급Cross-Funding

일반적으로 초기단계의 평가는 이익창출을 위해서 수익이 적은 용도를 폐기할 것을 요청한다. 그러나 편의점과 서비스 시설, 카페와 같은 시설을 제공하는 것은 장소의 매력을 증진시킬 수 있기 때문에 초기단계에서 필요하다.
사업초기에 저렴한 임대비용으로 운영되는 소규모 상업공간을 설치하기 위해 필요한 비용은 주변지역의 개발로 인한 수익금을 사용하는 것이 가능하다. 중심지 활성화를 위해 특정 용도를 우선 입점시키는 것도 필요하다.

필수 시설들은 개발자가 건물을 완공하는 시점과 같이 확보되어야 한다. 복합용도 개발을 촉진하는 것은 개발자와 커뮤니티 모두에게 커다란 이익을 안겨 줄 것이다. 계획의무제가 하나의 대안으로 고려될 수 있다.

복합용도 건물

직주근접유닛Live-Work Unit은 복합용도를 수용하는 데 도움이 될 것이다. 직주근접유닛은 1층 상업 공간들이 비워지는 문제점을 최소화할 수 있는 대안이다. 2층에 거실을 가지고 1층에는 주거와 사무실로 쓸 수 있는 타운 하우스를 설계하는 것도 필요하다. 주거나 상업 공간 모두를 수용할 수 있도록 설계함으로써 세월이 지나 고객 수가 증가할 때 1층이 상업적 용도로 사용될 수 있다. 설계 시 고려사항은 아래와 같다.

- 지상 층의 천정고가 1층에서 적어도 3m 이상
- 자유로운 단위 평면을 가진 넉넉한 유닛의 크기
- 변화가능한 건설시스템
- 시각적 개방감과 프라이버시 확보

다양한 용도를 수용하는 건물들은 점진적인 재생할 수 있는 기회를 마련해주기 때문에 오랜 시간 동안 지속될 수 있다. 만일 유연한 계획적 인허가가 가능하다면 직주근접 건축물은 제약이 아니라 긍정적인 요소가 될수 있다.

도심부는 변화되는 요구에 적응 가능하도록 설계 되어야 한다. 융통성 있는 건물은 다양한 용도를 오랜 시간 수용할 것이다.

용도의 연결

어떠한 용도들이 서로 의존하고 있는지를 조사해야 한다. 의사의 수술은 약사에게 조제를 가능하게 하고, 초등학교는 유치원을 필요로 한다. 서로 인접함으로써 이익을 얻거나 시설들을 공유할 수 있는 전문가집단의 클러스터를 위한 기회를 제공해야 한다. 그러한 용도는 공유되는 매력과 상호 연계되는 기회를 제공함으로써 힘을 얻을 수 있게 된다.

032

새로운 복합용도Mixed-Use의 근린주구 조성

데번포트Devonport

데번포트Devonport 마스터플랜의 목표는 새로운 도심지역을 창출하는 것이다. 따라서 고품질의 주거 · 업무 · 상업 공간과 휴식처를 제공하며, 보도로 접근하기 쉬운 매력적인 근린주구의 조성을 계획하고 있다.

이 계획은 공공공간과 사적 공간을 나누기 위해 주변의 경계블록을 활용하고 있다. 또한 잘 연계된 보행도로는 데번포트와 주변 및 배후지역의 도시구조와 개발지 후면을 유기적으로 연결시켜주고 있다. 지역 주민들과의 공약을 바탕으로 만든 이 마스터플랜 프로젝트는 데번포트의 중심가로를 따라 업무공간, 상업 공간, 경찰서 등을 포함한 복합용도개발을 추진하고 있다. 이를 통해 데번포트 중심가의 시각적 접근성이 향상되고 공간들의 유기적 연결 통로가 확보된다. 주거공간은 한 블록 뒤에 조성되는데, 이는 교통량이 적고 조용한 공간을 제공하기 위함이다. 또한 노상 주차On-Street Parking가 용이하고 새롭게 조성된 공원을 조망할 수 있다. 전통시장과 가용주택은 별도로 분리시키지 않으며, 60%의 주거와 나머지 부분을 정원으로 구성한다. 환경의 질을 향상하고자 기존 시장 주변에 고품질의 새로운 광장을 조성하였다. 그리고 지역 근로자들을 위해 고품질의 업무 공간과 약 40개 이상의 병실을 갖춘 관련 의료보건시설Extra Care Facility도 함께 계획하였다.

데번포트Devonport 지역 사우스야드South Yard의 마스터플랜Master Plan은 약 450여 가구의 고급주택과 함께 지역사회의 보건시설, 새로운 상업시설, 공공오픈스페이스, 사무실, 업무 공간 등은 물론이고, 역사를 지닌 전통시장Market Hall까지도 성공적으로 결합시켰다.

033

마을 중심의 재활성화

타폴리Tarporley

다수의 영국인들은 우수한 삶의 질을 제공하는 마을의 조건으로 적정밀도와 형태, 용도복합, 전원으로의 접근성 등을 인식하고 있다. 하지만 이러한 것들은 미화된 견해에 불과하다. 대규모 슈퍼마켓과의 경쟁에서 비교우위를 확보할 수 없는 마을 상가와 편의시설들이 문을 닫는 상태가 지속되고 있다.

체셔Cheshire의 타폴리Tarporley는 런던과 주변 배후지역을 연결하는 주요도로인 A49를 따라 성장해왔는데, 태피스트리Tapestry 형태의 시설들이 시내 중심가를 따라 선형으로 개발된 모습을 띄고 있다. 1980년대 후반에 건설된 우회도로는 도로의 안전과 이동시간을 개선시켰다. 그러나 우회도로가 건설되면서 통과교통이 감소하였고, 이는 마을 편의시설 감소와 삶의 질 하락, 경제후퇴로 이어져 예견치 못한 결과를 초래하였다.

1990년대에 이르러, 베일 왕실 의회Vale Royal Council는 시민의 반대에도 불구하고 새로운 개발을 허가하기로 용단을 내렸다. 이에 따라 적정한 규모와 성격, 품질을 지닌 새로운 골프장 시설과 많은 주거 프로젝트들의 개발이 승인되었다. 벨 메도우 폴포드Bell Meadow Pulford ltd라는 한 개발업체는 퇴색해가는 상업 중심지를 성공적으로 재생하였다.

다양한 스타일과 규모, 양질의 자재와 세부 설계는 정확하고 세심하게 고려한 82개의 주거와 7개의 상업지구 환경을 조성하였다. 2개의 침실을 갖춘 복층아파트부터 5개의 침실을 갖춘 단독주택에 이르는 다양한 주거의 혼합은 마을 생활을 지속시키고 지역 인구를 증가시키는 데 일조하였다.

성공적인 마을 중심의 재활성화는 옷가게, 정육점, 빵집과 같은 기존의 시설들을 유지시키면서 타폴리를 인기 있는 마을로 만들어 줄 수 있는 카페나 음식점 등과 같은 새로운 시설이 들어올 수 있도록 했고, 이는 결국 타폴리를 체셔에서 가장 살고 싶은 타운으로 변모시켰다.

타폴리Tarporley의 신개발 사업은 마을의 상점을 독립적으로 유지시키고 새로운 투자를 이끌어낸 성공적인 사례로 평가받고 있다.

034

융통성 있는 건축물 조성
앨러턴 바이워터 밀레니엄 커뮤니티Allerton Bywater Millennium Community

앨러턴 바이워터Allerton Bywater의 밀레티엄 커뮤니티Millennium Community는 복합용도개발을 위한 수요 창출에는 한계가 있었지만 다양한 용도와 이용자를 수용할 수 있도록 계획되었다.

과거 탄광 부지였던 대지에 시작된 이 프로젝트는 커뮤니티를 융합하는 데 목적이 있다. 이를 위해 기존 건물들에 커뮤니티 기능을 다시 부여하고, 지역의 성장과 발전에 수반되는 사회 · 경제적 변화를 훌륭히 수용할 수 있는 융통성 있는 건물을 제공하였다.

유연한 삶을 장려하고 기업과 근로자들을 위한 기회를 증진시키기 위해 다양한 접근 방법들이 채택되었다. 마을광장을 마주한 건물들은 높은 천정고의 건물로 디자인되었고, 가변적 평면은 수요의 증가에 따른 상업적 용도의 적용이 쉽도록 계획되었다.

앨러턴 바이워터 프로젝트의 디자인 지침은 다수의 독특한 건물 계획이 가능토록 유도하고 있다. 공공 오픈스페이스를 마주보고 있는 3개 층의 타운하우스가 그 좋은 예이다. 이 건물의 작업실은 주거영역의 후면에 있는데, 차고와 자전거 주차를 위한 공간으로 대체 가능하고, 1층 공간은 거주자의 필요에 따라 놀이방, 사무실, 체육관, 작업 공간 등으로 사용할 수 있다. 즉, 가변적인 요구를 수용할 수 있는 유연성을 지니고 있다. 이 유닛들의 개발은 꽤 성공적이어서 개발을 담당한 밀러 홈즈Miller Homes 표준 주거 유형으로 채택되었다.

또한 이 개발사업은 도시형태와 유기적으로 연계된 16개의 작업공간, 지상층의 직주 공용 공간, 향후 사무실 및 업무 공간으로 사용 가능한 소형 유닛들을 제공하고 있다.

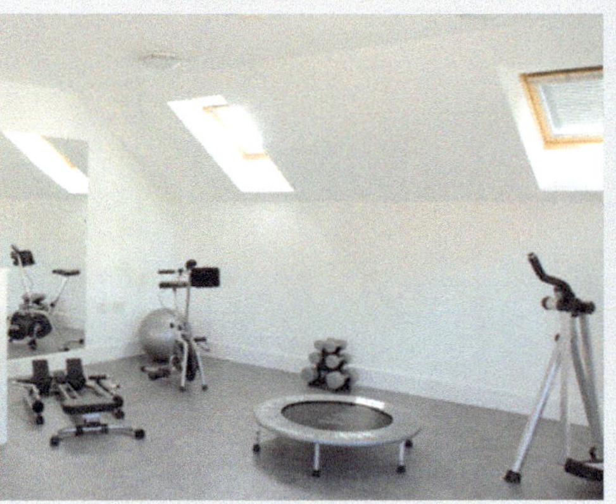

마을 광장을 마주하는 앨러턴 바이워터 밀레니엄 커뮤니티Allerton Bywater Millennium Community의 건축물들은 가변적인 생활 공간이 가능한 작업실을 제공하고, 상업적 용도로 변경하는 것이 유용하도록 천정고를 높게 설계하였다.

주차

적절한 주차 공간은 복합용도센터가 작동하기 위해 필수적인 조건이다. 주차장이 차지하는 공간은 업무시설, 쇼핑시설(주로 낮에 이용)과 주거시설(저녁 시간에 주로 사용)이 공유함으로써 최소화할 수 있다. 주차 공간은 편리하면서도 길을 점거하지 않도록 해야 한다. 가로와 통합되고 조경과 가로시설들에 의해 분절된 잘 설계된 노상 주차장은 가로 이용을 촉진하고 하루 종일 거리를 활력있게 한다. 보행전용거리는 잘 사용되지 않거나 어떤 지역에서는 오히려 안전하지 않은 곳으로 인식되곤 한다.

마케팅

영업과 마케팅 전략은 프로젝트의 초기 단계에서 검토되어야 한다. 초기 단계에서 중개상과 운영자를 일찍 접촉하고 적합한 관리 조직을 마련토록 한다. 복합용도개발은 고품격 삶의 개념을 상품화해야 한다. 초기 단계에 시설들을 공급함으로써 이러한 삶의 방식에 대한 모습을 설정하는 것은 장기적 가치를 높일 수 있다.

유보지

바람직한 복합개발이 이루어질 수 있도록 일부 토지를 유보지로 설정해서 운영하는 것이 필요하다. 유보지는 가능하다면 공백으로 남지 않는 곳에 위치시켜야 한다. 건물 용도를 쉽게 바꿀 수 있도록 계획하는 것도 중요하다.

2.3.4 고용

복합용도 지역에서 발생하는 고용의 대부분은 복합용도 건물 또는 인접한 다른 용도의 사무실과 상업시설들에서 발생할 것이다. 하지만 설계 여부에 따라 몇몇 유형의 공장이 주거 지역에 유치될 수도 있다.

재택근무

어떤 분야에서는 정보 기술이 재택근무를 가능하게 하였다. 파트타임 또는 풀타임으로 집에서 근무하는 사람들도 점차 늘어나고 있다. 재택근무자 고용을 위한 대지면적 산출은 다음과 같은 방법이 사용되어야 한다.

만약 5%의 세대가 직주근접유닛형이고 10%정도가 한 주에 2일 정도 재택근무를 하는 경우, 주거지역에 근무하게 되는 평균 사람 숫자는 1,000명 중 90명 정도가 될 것이다. 1인당 적절한 업무 면적이 20m²이고 건폐율이 40%라고 한다면 0.5ha에 해당하는 업무환경이 적당하다. 최근의 탄력적인 근무패턴 경향을 고려한다면 이러한 견적 산출은 보수적인 예측 값이 될 수 있다.

용도와 시설	인구수	대지면적(ha)
교육		
탁아소	2,000	0.5
초등학교	4,000	0.9
보건 및 커뮤니티		
병원	4,000	0.08
약국	5,000	0.01
커뮤니티센터	4,000	1
소매점		
근린주구센터		0.15
지역 센터		0.07
술집	6,000	0.06
우체국	5,000	0.06
스포츠 또는 레저센터	24,000	1.0.
운송수단		
버스터미널		0.07
정거장 개발		0.07

표 2.3 사업성 확보를 위한 최소 인구수

복합용도건물

복합용도건물이나 블록은 대상지에 활기를 불어넣을 수 있고 가치를 높일 수 있다. 우수한 복합용도개발을 위해서는 다음과 같은 고려사항이 필요하다.

- 주차장을 포함하는 시설공유 가능성
- 양질의 공공영역과 효과적인 유지관리체계
- 다른 이용자들의 요구 관리

건물은 이윤을 남길 수 있도록 적극 활용되어야 한다. 중심지역에서는 평면적 용도복합, 수직적 용도복합 그리고 임대조건의 융통성을 제공함으로써 시장조건에 반응하면서 다양하고 활기찬 장소를 만들 수 있다.

035

복합용도 건물

런던, 옥소타워Oxo tower Wharf, London

옥소타워Oxo Tower Wharf는 사우스뱅크South Bank의 성공적인 복합용도Mixed-Use 건물로, 디자인Design을 통하여 사용자들 간의 마찰을 최소화시킬 수 있는 방법을 보여주고 있다.

15,000㎡의 옥소타워 워프에는 상점, 카페, 수공예 작업실 및 판매 공간, 전시장 및 이벤트 공간, 코인가 주택협회Coin Street Secondary Housing Association 78세대의 주거 공간과 2개의 유명 레스토랑이 있다. 이 건축물이 도전해야 할 가장 큰 과제는 다양한 사용자 그룹 간의 마찰을 최소화하고, 거주자, 작업장의 소유자 및 실제 사용자, 방문자들의 공존을 가능하게 하는 것이었다. 이러한 어려운 문제점들은 세심한 건물의 배치, 용도와 접근 동선의 분배, 서비스 전략을 통해 해결할 수 있었다.

건물 저층부의 2개 층에는 작은 상점들, 카페와 수공예 상점들이 배치되었다. 1층에는 코인가의 전시장 및 갤러리가 들어섰고, 2층은 푸드 코트와 33개의 디자이너 작업 공간으로 계획되었다. 주거는 상단의 5개 층에 들어섰는데 독립적인 출입구, 엘리베이터 및 주차장으로 설계되었다. 조망을 위해 모든 사람들에게 개방된 옥상에는 옥소타워 레스토랑, 바와 카페가 배치되었다.

10층 높이의 코어 3개(하나의 중앙 코어는 타워 하부에 위치하고, 두 개의 보조 코어는 건물의 양 끝에 위치한다)는 동선의 순환과 서비스 관리 측면에서 매우 중요했으며, 이 건물의 시각적 구성을 강화하는 역할을 하고 있다.

"그곳에 식당이 위치한 것은 매우 자연스럽다. 어떠한 전략이라도 지속가능하기 위해서는 수입원이 필요하며 그것을 다시 활용할 줄 알아야 한다. 이것을 로빈 후드의 접근법Robin Hood approach이라고 부른다!"

코인가 커뮤니티 건축회사Coin Street Community Builders의 대표 임원 이안 터켓Ian Tuckett은 앤드류 비비Andrew Bibby 기자와의 인터뷰에서 옥소타워의 성공 뒤에 숨겨진 경영전략을 이와 같이 밝혔다. 옥소타워는 CSCB에 의해 독립적으로 개발되었는데, 지속적인 상권 관리를 위한 전략적 방안이었다.

시우스뱅크South Bank의 옥소타워Oxo Tower Wharf는 주거, 상점, 작업장, 사무실 등이 한 공간 안에 결합된 성공적인 복합용도 건물이다.

2.3의 핵심 내용

가. 복합용도개발은 성공적인 공간을 만들기 위해 필요하다.
나. 복합건축물은 거리활력을 만들 수 있는 다양한 사용자를 끌어들일 것이다.
다. 건물과 거리는 서로 적응할 수 있어야 한다.

2.4
밀도

고밀도 건물은 토지효용성을 높일 뿐만 아니라 양질의 건물을 완성하게 한다.
사람들은 주변과 어울리지 않게 작은 아파트들 사이로 비좁게 고층빌딩들이 들어선 것을 고밀도라고 생각하고 있다. 신중한 계획과 디자인을 통해, 고밀도 계획이 다양한 주거 유형, 우수한 공간 기준과 매력적인 공공공간을 가진 성공적인 장소를 어떻게 만들어낼 수 있는지에 대한 폭넓은 이해가 필요하다. 매력적인 장소라고 간주되는 마을과 시장타운은 압축된 형태이며 다소 높은 밀도를 가지고 있다. 이러한 형태와 밀도는 상점, 서비스와 생활 편의시설에 대한 지원을 마련해 준다.
우수한 디자인은 각각의 독특한 장소에 적합한 밀도를 수립하도록 도와준다.

2.4.1 밀도와 품질

효율적 토지이용
토지의 효율적 이용은 개발을 좀 더 지속가능하게 한다. 이는 정부 정책에 명시되어 있다. 고밀도 개발은 토지를 적게 사용하면서 에너지공급과 교통을 포함해 다른 자원의 사용에 대한 효율성을 창출해낼 수 있는 잠재력을 가지고 있다.

고밀도 지역의 장점
근린주구에 대한 압축설계는 다음과 같은 장점이 있다.

- **편의시설:** 고밀도는 복합용도를 지원하며 5~10분 보행거리에 편의시설들이 균형 있게 분포하게 한다.
- **주택:** 주택재고는 다양한 주거 유형과 점유 형태를 제공한다.
- **교통:** 고밀도 개발은 시민들에게 보다 효율적인 대중교통 수단을 제공하는 동시에 자전거 이용을 촉진시킨다.
- **경제:** 고밀도 개발은 지역경제를 좀 더 활기 있게 한다.
- **사회:** 자연적 감시효과와 공공공간의 사회적 이용성이 확대된다.
- **에너지:** 지역에너지 시스템과 같은 효율적인 에너지 공급시스템을 제공할 수 있는 기회가 있다.
- **경관:** 농촌지역을 보존하고, 새로운 오픈스페이스를 제공할 수 있다.

주거밀도가 50/ha 또는 그 이상이 되면 지역 서비스를 지원하기에 적합하고 저탄소 에너지 공급이 가능하다. 이정도의 밀도는 '도시설계개론' 과 '템스 강 게이트웨이 사업의 고밀도 툴킷'(둘 다 헥타르당 70정도의 주거 밀도), '런던 주택협회의 고밀도 주택 설계지침(헥타르당 80정도의 주거밀도)' 보다 낮은 밀도이다.

2.4.2 밀도와 형태

밀도에 대한 인식
건물 높이, 단지 규모, 건물 유형 등은 지역 특성과 주거 밀도에 대한 사람들의 인식에 영향을 준다.

높이가 반드시 밀도를 증가시키는 것은 아니다.

고층건물은 순밀도 관점에서 보면 효율적이지 못할 수 있다.

랜드마크가 되기 위해 건물이 드시 높아야 할 필요도 없다.

고층건물이 가로경관에 기여할 수 있는지 여부는 지상 부분과 어떻게 연결되느냐에 달려있다.

고밀도 개발을 위한 요건
고층고밀계획은 다음과 같은 세부적인 사항을 고려해야 한다.

- **맥락:** 밀도는 주변 상황에 적합해야 한다. 밀도가 항상 주변 지역과 동일해야 됨을 말하는 것이 아니라 새로운 건물이 지어질 때는 주변상황을 고려해야 한다는 뜻이다.

036

매력적인 고밀도 개발계획의 창출

모어캠, 채즈워스 가든Chatsworth Gradens, Morecambe

랭커스터Lancaster 시의회는 잉글리시 파트너십English Partnerships과 함께 모어캠 웨스트엔드Morecambe's West End가 보유하고 있는 주택의 품질을 본질적으로 향상시키기 위한 개발공모를 실시하였다. 이 지역은 높은 범죄율, 저품질 게스트하우스, 복수점유권 등과 같은 복합적인 사회문제를 안고 있었던 지역이다.

프로젝트의 목적은 지속가능한 커뮤니티를 만들기 위해 필요한 새로운 가족 계층과 독신자, 커플의 유입을 유도하는 것이었다. 이와 함께 미래 도시재생에 대한 인식을 변화시키고, 지역 커뮤니티에 대한 염원을 높이는 데 촉매적인 역할을 하고자 하였다.

피터 바버 건축회사Peter Barber Architects는 해변으로 사람들의 생활공간을 이동시키는 혁신적인 대안을 내놓았다. 이 개발안은 기존 가로 네트워크에 적용이 가능하였다. 대부분의 사적공간은 옥상 테라스에 위치시키고, 독신자 주거의 블록 패턴을 계획함으로써 이따금 발생하는 공적 공간과 사적 공간 사이의 까다로운 상호작용에 대한 문제의 해결책을 제시하였다. 거의 모든 주택들은 부대설비, 쓰레기처리장, 창고, 자전거 주차장을 갖춘 마당을 가지고 있다. 그리고 마당은 현관, 넓은 주거공간, 옥상 테라스로 이어진다. 또한, 모든 주택들은 바로 볼 수 있는 인접한 곳에 노상주차 공간을 할당 받고 있으며, 두 곳의 쌈지 공원은 커뮤니티 공간을 제공함으로써 마을의 사회적 상호작용을 증진시키고 있다.

1.06ha의 규모의 계획안은 95dph, 101개 주택을 포함하는 개발계획을 제안하고 있다. 2개의 침실을 갖춘 31가구의 주택, 3개의 침실을 갖춘 39가구의 주택, 4개의 침실을 갖춘 4가구의 주택, 그리고 1개의 침실을 갖춘 18가구의 아파트로 구성되어 있다. 주택은 대부분 2층, 번화가는 3층, 랜드마크가 필요한 지역에는 5층의 건물을 배치했다. 9개의 주택은 직/주 혼합형 복층 주택으로 제안되었다. 계획된 모든 주택은 잉글리시 파트너십의 품질기준English Partnerships' Quality Standards에 부합하며, 고밀도 주거 개발에 반드시 고층 건물이 필요하지는 않다는 것을 명확히 보여주는 사례이다.

저층 · 고밀도로 제시된 채즈워스 가든Chatsworth Gradens 프로젝트는 강한 정체성, 넉넉한 전용 공간, 옥상 테라스와 마당에 편의시설을 배치하는 혁신적인 방법을 고안해냈다.

- **설계:** 충분한 크기와 양질의 재료로 잘 설계된 건축물
- **공공영역의 품질:** 알기 쉽고, 편리하며 활기찬 공공영역
- **사적 외부공간:** 양질의 공용 공간
- **주차:** 외부환경에 위압감을 주거나 혼란스럽지 않고 사용자 요구에 부응할 수 있는 주차공간
- **관리:** 거주자 모임, 주택협회를 포함하는 효율적인 관리시스템

최소기준

주택 규모는 누가 그곳에 살 수 있고 거주자들이 집을 어떻게 이용할 수 있는지를 규정할 수 있는 중요한 요소 중 하나이다. 주택 규모는 주거공간에서 생활하면서 사람들이 얼마나 편안함을 느끼는가와 사생활이 얼마나 잘 지켜질 수 있는가를 결정한다. 우수한 디자인과 창의적인 공간사용을 통해 적정밀도를 갖춘 양질의 공간을 제공할 수 있다.

충분한 공간기준을 갖는 주택을 제공함과 동시에 적정한 밀도를 확보할 수 있다. 영국은 일반적으로 유럽에서 가장 작은 공간 기준을 가지고 있으며, 평균 76㎡에 해당한다. 영국은 유럽에서 가장 낮은 주거 밀도를 가지고 있기도 하다. Georgian의 주거는 영국에서 가장 높은 밀도를 가지고 있지만 융통성이 있으며 적합한 주거공간을 제공하고 있다.

2.4.3 밀도 측정지표

밀도를 측정하는 방법은 다양하며, 각기 다른 정보를 제공해준다. 어떤 차이가 있고, 무엇을 측정하는지를 이해하는 것은 매우 유용하다. 가장 일반적으로 사용하는 측정 방법으로 다음과 같은 것들이 있다.

헥타르당 주택 수dph

가장 일반적으로 사용하는 밀도 측정지표로서 주택이 준공되면 바로 알 수 있기 때문에 모니터링하기 쉽다. 그러나 이 방법은 개발이 얼마나 조밀한지에 대한 유용한 정보는 주지 못한다. 60dph의 밀도를 가진 아파트는 30dph의 밀도의 차고를 갖춘 대형주택보다 작은 연상면적을 가진다. 마스터플랜에서 서로 다른 특징을 가진 지역들을 구분하기 위해 dph를 사용하는 것은 그 자체로서 신뢰성이 없다.

dph에 세대당 거주인 수를 곱하는 것은 지역 내 인구 규모를 계산하기에는 유용하지만, 이는 단지 개략적인 방법일 뿐이다.

헥타르당 평방미터

헥타르당 건물 바닥 면적을 측정하는 것은 얼마나 토지가 효율적으로 사용되고 있는지와 개발에 따른 시각적 밀도를 잘 표현해줄 수 있다. dph가 주택밀도를 나타낸다면, 헥타르당 평방미터는 개발의 강도를 나타낸다고 볼 수 있다. 개발자들에게, 이 방법은 수익을 창출하는 바닥 면적에 평방미터당 가격을 곱함으로써, 개발가치를 측정할 수 있게 해준다.

용적률FAR or Plot Ratio

전체 바닥 면적과 대지 면적 간의 비율을 나타낸다. 토지이용의 강도를 나타내고, 건물의 볼륨감을 보여준다. 용적률에 대한 최소치와 최대치를 규정하는 것은 때때로 개발 규제에 유용하다.

헥타르당 침실 수

이론적으로 dph 방법보다는 주거지역 내 상주인구를 확실히 측정할 수 있는 방법이다. 그러나 사용되지 않는 침실공간이 있을 수 있기 때문에 이 방법은 실질적 이용보다는 인구 수용량을 측정하기 위한 척도로 사용된다.

헥타르당 거주할 수 있는 방의 수

건물재고량과 토지이용의 효율성을 측정할 수 있는 유용한 방법이다. 헥타르당 침실 수와 거주할 수 있는 방의 개수는 거주인구와 수용 가능한 인구를 정확히 산출할 수 있는 지표가 된다. 이런 지표는 대중교통과 같은 생활편의시설과 서비스에 대한 개략적인 수요를 계산하는 데 유용하다.

037

밀도에 대한 인식의 전환

우수 사례 견학Best Study Tours

더 나은 품질의 새로운 주거 디자인을 위한 캠페인을 지원하는 시빅 트러스트Civic Trust는 디자인 포 홈즈Design for Homes, 잉글리시 파트너십English Partnerships과 함께 우수 사례 견학프로그램을 진행하였다.

이번 견학은 표준건축디자인Building for Life의 사례 연구에서 선택된 다양한 종류의 주택들을 직원과 회원들에게 보여주기 위해 진행되었다. 고밀도 주택에 대한 그릇된 믿음을 바꾸고, 지역 전반에 걸친 고밀도 계획이 어떻게 성공적인 장소를 구현할 수 있었는지를 입증하는 기회였다. 우수 사례 답사프로그램은 의원들의 신뢰를 형성하고, 고밀도 주거를 위한 건축계획의 올바른 적용을 위한 의사결정 능력을 배양하는 데 도움을 주고자 계획되었다.

라쿠나(Lacuna, 58.5cph)는 회원들에게 가장 인기 있는 답사장소였다. 260개의 주택(2, 3, 4 그리고 5개의 침실이 있는 집들)을 제공하는 복합용도개발이었다. 도시 중심부에 부적합하다고 여겨진 개발밀도가 교외지역에도 어느 정도 용인될 수 있을 것이라고 참가자들은 생각하게 되었다.

'go see' 견학이 고밀도에 대해 즉각적이고 긍정적인 반응을 가지도록 영향을 미치고 있다.

"이번 견학은 세심하게 준비된 계획을 통해 어떻게 고밀도 계획이 가능한지를 보여주는 계기가 되었습니다. 디자인은 중요합니다. 실수를 회피하지 말아야 하며 재료 역시 신중하게 채택해야 합니다." 견학에 참여한 어느 대표자의 말이다.

라쿠나Lacuna, 웨스크 메일링West Mailing, 켄트Kent 지역에 대한 견학은 높은 밀도를 가진 성공적인 장소를 구현하는 방법을 이해할 수 있도록 도왔다.

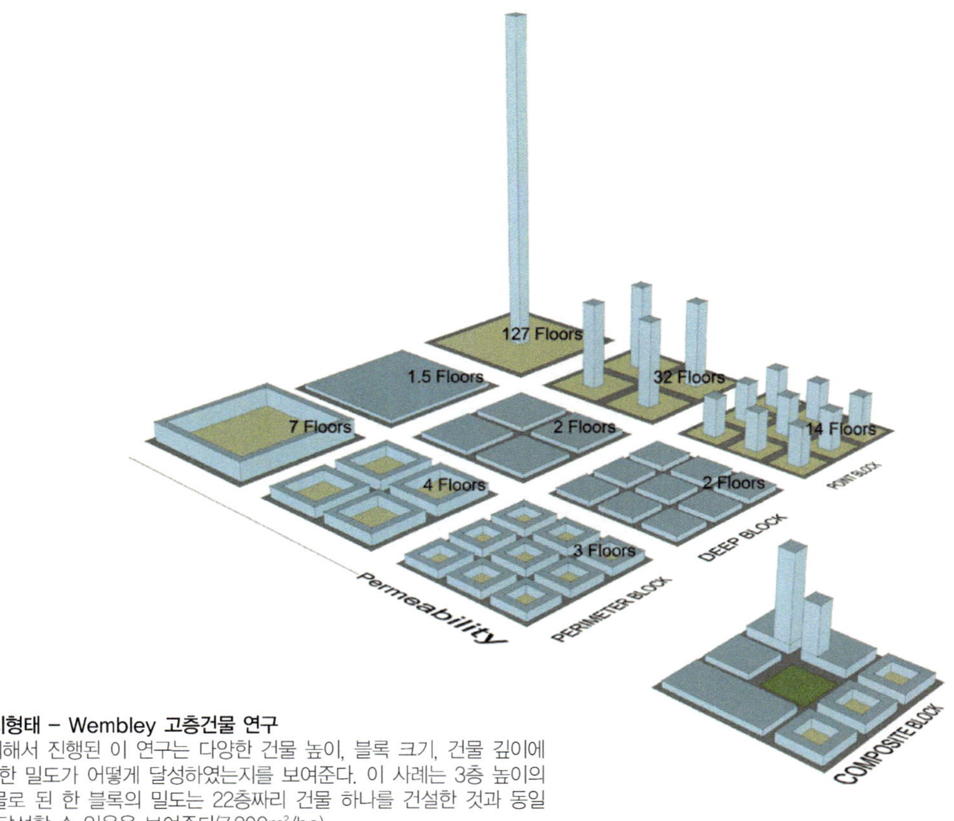

밀도와 도시형태 – Wembley 고층건물 연구
REAL에 의해서 진행된 이 연구는 다양한 건물 높이, 블록 크기, 건물 깊이에 의해 동일한 밀도가 어떻게 달성하였는지를 보여준다. 이 사례는 3층 높이의 중정형 건물로 된 한 블록의 밀도는 22층짜리 건물 하나를 건설한 것과 동일한 밀도를 달성할 수 있음을 보여준다(7,200m²/ha).

경제, 보건, 병리학

앞서 언급한 방법들은 도시 설계가에 의해 직접적으로 영향을 받는 물리적인 측면만 고려한 지표이다. 새로운 지역의 환경을 예측하거나 기존 지역을 조사하는 것은 다음과 같은 테마에 따른 밀도 지표를 사용해야 한다.

- **헥타르당 어린이 수:** 적정 학교시설 수요를 계산하기에 효율적일 뿐만 아니라 그 지역의 세대 프로필도 알 수 있다.
- **헥타르당 경제 활동인구:** 직업 수요에 대한 지표가 된다. 다른 요인과 더불어 발전과 쇠퇴를 나타내주는 지표가 된다.
- **밀도 프로필:** 다양한 밀도지표가 존재한다. 다양한 건조형태와 사회 · 경제적 이슈를 정확하게 이해하기 위해서는 목적에 맞는 밀도지표를 사용해야 한다.
- **대상지역:** PPS3는 주택밀도를 측정하기 위한 기준을 설정해 놓았다. PPS3는 지방정부에 순밀도를 사용하도록 권유하고 있다. 순밀도는 주택개발과 직접 관련된 용도를 위한 부지 면적만을 포함한다.

PPS3 순밀도에 포함되는 사항

- 대지로의 접근로
- 개인정원 면적
- 주차장 면적
- 오픈스페이스와 식재공간
- 어린이 놀이터(조성되었을 경우)

PPS3 순밀도에 포함되지 않는 사항

- 주요 분산도로
- 초등학교
- 넓은 지역에 걸친 오픈스페이스
- 조경 완충공간

038

고밀도 계획과 쾌적함 유지

캠브리지, 아코르디아Accordia, Cambridge

캠브리지Cambridge 아코르디아Accordia 지역의 주거 계획은 1헥타르당 47채의 주택 밀도로, 378채의 새로운 고품격 혼합 주거지를 만드는 것이다. 개발 초기에 지역주민들이 과잉 개발이라고 반대했지만, 주변 지역의 특성을 잘 이용하고 공원녹지와 효과적으로 연계된 계획안은 성공할 수 있었다.

개인 빌라, 테라스 하우스, 아파트들이 풍성한 수목과 함께 탁 트인 대지에 배치됨으로써, 다른 고밀도 개발 사례와는 달리 친환경적으로 느껴지게 만든다. 산책과 여가를 위한 넉넉한 오픈스페이스도 마련되었다.

각기 다른 건축가 3명이 디자인한 여러 종류의 주택은 건축적 다양성을 이끌어냈다. 이 계획의 가장 큰 특징은 전체적인 풍경과 어울리게 디자인한 높이감과 볼륨감이다. 고급 재료의 풍부한 조합 또한 드드러진다. 벽돌 소재와 차고의 문은 개별 주택에 알맞게 사용되었다. 단지 전체의 통일성을 확보하고 주변 풍경을 조망하기에 용이하도록 대형 유리창이 사용되었다.

대부분의 집들은 '표준건축디자인Lifetime Homes Standard'을 따라 설계되었다. 따라서 생활 패턴과 미래요구의 변화를 수용할 수 있다. 이러한 융통성은 가벼운 철골을 이용한 충전재와 가변형 칸막이로 이루어진 경계벽과 같은 건설기술의 적용을 통해 가능하다. 큰 규모의 주택들은 차고 윗부분 공간의 용도를 변경하거나 부가적인 배선설비를 통하여 직주 혼합형 용도로 사용될 수 있다. 아코르디아는 시공 품질과 건물 성능 면에서도 매우 높게 평가되고 있다.

탁 트인 대지, 풍성한 수목들과 넓은 오픈스페이스에 관한 설계 기준들은 아코르디아Accordia의 고밀도개발이 다른 과잉개발과 달리 친환경적으로 느껴지도록 돕는다.

039

변화하는 요구의 수용

밀턴케인즈, 타텐호 공원Tattenhoe Park, Milton Keynes

지속가능한 주거는 여러 세대의 사용자와 용도에 따라 변화하는 다양한 요구에 적응할 수 있어야 한다.

밀턴케인즈Milton Keynes의 변두리인 타텐호Tattenhoe 지역에 새로운 근린주구를 계획하면서, 밀턴케인즈 파트너십Milton Keynes Partnership은 매우 가변적인 주택개념을 장려하는 기본 계획과 디자인 지침을 제정하였다. 이들은 그 개발제안서가 변화하는 환경과 각기 다른 생활패턴을 충족시키기 위해 다양하게 활용될 수 있는지 입증할 필요가 있었다.

새로운 주택들은 비용 절감과 건설 공정의 변화를 통해 일반 주택에서보다 적용성과 확장성을 더욱 용이하게 하는 디자인 특징을 제시할 필요가 있다. 이를 위해, 어떤 유사한 관례에 의해 건축되었는지, 새로운 방법을 시도할지에 대한 설명이 이루어져야 할 것이다.

계획허가를 얻기 위한 융통성 있는 방식은 건물이 용도에 따라 적응되거나 확장, 분배, 합병 또는 변화될 수 있도록 하는 것이다. 융통성 있는 건물은 가족 규모의 성장과 감소, 작업 요건이 변화함에 따라 거주자들이 주택에 잘 적응할 수 있도록 도와준다. 그리고 융통성 있는 주택은 기술의 진보를 수용할 능력을 지니고 있어야 한다.

융통성이 매우 높은 주택Super-flexible Homes은 주변 밀도(헥타르당 인구수와 면적-평방미터)가 급격히 증가하는 것을 수용가능하게 한다. 이러한 관점에서 타텐호 공원 주거지 개발사업은 미래에 더욱 많은 사람들을 만족시키기 위해 유휴지를 제공하고 있다.

아래의 이미지는 타텐호에서 추진되고 있는 건축의 원칙을 보여주고 있다. HTA 건축회사에 의해 개발된 개념도는 가변성 높은 주택건축계획을 보여주고 있다. 이 주택은 요구되는 추가적인 공간을 제공하기 위하여 기존의 공간을 가변적으로 만들거나 세분화할 수 있는 잠재력을 지니고 있다.

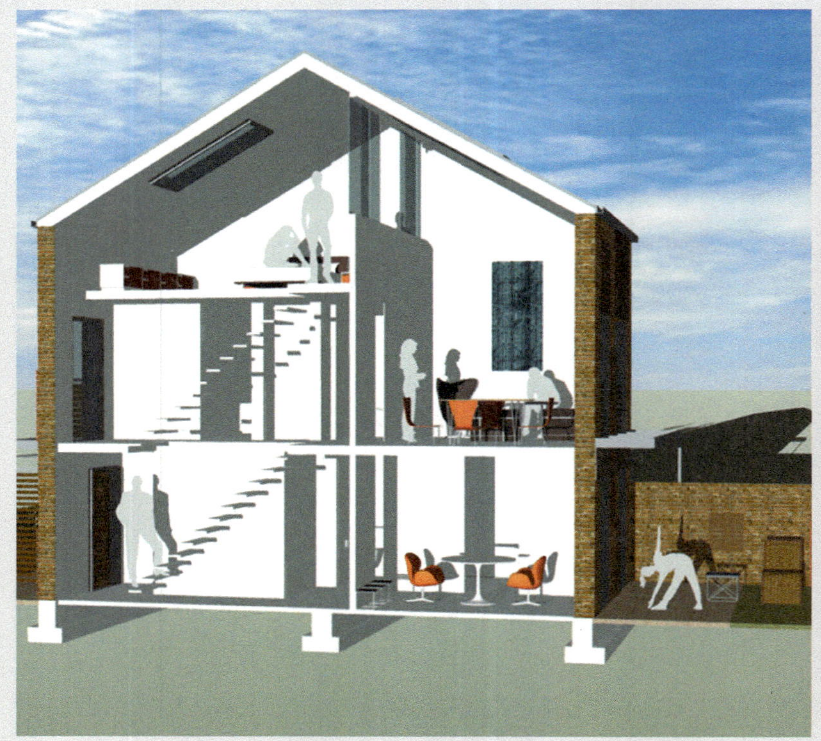

밀턴 케인즈Milton Keynes 타텐호 공원의 주택 중 최대 30%는 지속적인 확장과 적응이 용이하도록 융통성이 매우 높은 주택Super-flexible Homes으로 계획될 것이다.

2.4.4 적정밀도 결정하기

트란섹Transets

어떤 숫자가 상대적으로 고밀도인지 저밀도인지를 정확히 결정하는 것은 위치에 따라 다르다. 이때 트란섹 분석 방법은 매우 유용한 기준을 제공한다.

트란섹은 중심지부터 외곽까지 단면으로 그린 것이다. 이 용어는 처음에 생태학자들이 썼다. 이 방법은 도시 중심지부터 외곽까지 변화하는 도시 특성을 측정하는 도시설계에 유용하게 사용되었다. 동심원을 이루고 있는 지역은 극히 일부이기 때문에 도시의 다양한 트란섹은 각기 다르게 보일 수 있다.

밀도지도Mapping Density Profile는 트란섹 방법과는 다르게 도시의 특성을 한눈에 보기 쉽게 해주고 신개발에 대한 밀도목표를 계획하는 데 도움이 된다.

적정 주거 밀도를 결정하는 요인에는 다음과 같은 것들이 있다.

- **주변 건축물 형태:** 주변 건축물의 높이, 형태, 볼륨감, 이격거리 등
- **편의시설의 수용량:** 최대 수용할 수 있는 인구수 또는 최소 필요한 인구수
- **주거 유형:** 마스터플랜은 주거 유형을 결정하기 위한 가장 좋은 수단이다. 그러나 시장 여건은 주택시장을 왜곡하기도 한다. 예를 들면 현재는 소형유닛이 가장 수익성이 좋다.
- **다양한 주거:** 크기, 점유형태, 유형
- **복합 밀도:** 부지 면적이 1/2헥타르보다 큰 경우에, 밀도가 점진적으로 변화하는(부지 반대편은 평탄한 밀도를 보이는 것과 대표적으로) 밀도띠Density Eands가 타당할 것이다. 밀도띠의 원리는 도로위계에 따른다(주도로 인근은 고밀도, 제3의 또는 보조도로 인근은 저밀도). 부지 면적이 1/2헥타르보다 작은 경우에는, 인접한 부지의 밀도를 참조하여 제안된 개발 규모에 적합한 건물 형태를 선택하는 것이 타당할 것이다.

2.4.5 밀도와 시간

진화

밀도는 오랜 기간 고착화되어서는 안 된다. 밀도는 개발의 필요에 의해 변화될 수 있도록 계획되어야 한다. 축적된 밀도는 지역이 진화하거나 성숙해지면 변하는 것이다. 변화와 증대할 수 있는 용량은 마스터플랜, 가능하다면, 개별 건물들의 설계와 건축을 통해 구축되어야 한다.

이때 가능한 방법은 생애주기주택이라는 개념으로 접근하는 것이며, 이것은 변화되는 사용자의 욕구를 반영하여 설계와 건설이 이루어지도록 해 준다. 개조나 확장을 하는 주택(위층 공간의 사용, 기존 공간을 다른 규모의 방으로 바꾸는 것, 혹은 후면 · 측면 · 상부를 확장하는 것을 통해)은 사회인구학적 변화에 대응하는 것이며, 그렇게 함으로써 사용에 있어 좀 더 지속가능하게 된다. 공간이 나누어질 수 있는 가변형 주택을 포함하는 것은 밀도를 점차적으로 증가시키는 것을 도와준다.

2.4의 핵심 내용

가. 고밀도는 지역산업과 서비스, 편의시설을 지원한다는 측면에서 성공적인 장소를 만들 수 있도록 도와준다.
나. 고밀도는 건물들이 고층화되는 것을 의미하는 것은 아니다. 우수한 디자인은 다양한 건물과 배치를 통하여 고밀도가 달성될 수 있도록 한다.
다. 고밀도는 작은 유닛을 건설하는 것을 의미하는 것은 아니다. 고밀도에서도 우수한 디자인과 볼륨감, 빛과 외부공간을 창조적으로 사용함으로써 여유 있는 공간을 만들어 낼 수 있다.

참고문헌

1. www.east-thames.co.uk/highdensity
2. Higher Density Housing for families: a design and specification guide. 2004 London Housing Federation
3. Unaffordable Housing, Fables and Myths. 2005. Policy Exchange
4. Planning Policy Statement 3: Housing. 2006. CLG

2.5
공공공간

'거리 만들기 지침'에 기술되어 있듯이, 도로의 본질적인 주요 기능은 차량교통의 움직임을 수용하는 고속도로가 담당하는 반면, 가로의 여러 기능 중에서는 장소 기능이 가장 중요하다. 이점이 거리와 도로의 기능에서 구별되는 점이다. 공공영역인 거리의 질이 높아지면 사람들의 삶이 개선되고, 이 장소에서 시간을 보내려는 사람들의 욕망도 커질 것이다. 공공영역의 성공 여부는 어떻게 다양한 이용자의 욕구를 충족시킬 것인지, 그리고 어떻게 주변 지역과 조화를 이루게 디자인할 것인지에 달려있다.

거리는 또한 이동, 접근 및 주차와 같은 다른 기능도 수용한다. 이동은 도시 중심에 있어서 중요한 역할을 한다. 전통적으로 활성화된 거리는 매력적이고 편리한 공공영역을 만들면서 가로 이용이 활성화되도록 승용차, 버스의 주차를 종종 허용하곤 한다. 대부분 주요한 신개발은 보행전용 지역보다는 전통적으로 활성화된 거리에서 배운 기법들을 적용하여 이동결절점 주위에 새로운 근린주구를 계획한다.

도시설계는 거리가 이러한 기능을 효과적으로 실행할 수 있도록 하는 중요한 역할을 담당하고 있다.

2.5.1 공공영역 디자인하기

성공적인 장소 만들기

마스터플랜에 담긴 공공영역에 대한 열망이 성공적으로 수행되도록 특별한 관심을 가져야 한다. 다음 사항은 제안된 공공공간의 품질을 예측하게 하고 성공적인 공공공간이 될 수 있는지를 검토해주는 검토사항이다.

- **맥락:** 공공공간의 위치는 공간이 얼마나 집약적으로 미래에 사용될 것인지 결정하는 중요한 요소이다.
- **인접한 활동:** 주변 토지이용, 대지의 폭, 이웃한 건물의 기능 등은 공공공간이 향후 얼마나 매력적인 공간이 될 수 있는지에 영향을 준다. 가장자리는 일반적으로 공공공간에서 가장 인기 있는 장소로 사람들은 그곳에서 일상의 활동들을 보고 싶어 한다.
- **공간 안의 활동:** 공공공간은 1년 365일 다양한 활동들을 수용하기 위해 설계되어야 한다.
- **미기후:** 사람들은 바람을 피할 수 있고 뜨거운 날 그늘에서 햇살을 즐길 수 있는 장소를 찾는다.
- **규모:** 공공공간의 크기는 기능에 적합해야 한다. 무조건 크다고 좋은 것은 아니다. 너무 큰 공간은 불충분한 활동으로 재미없는 장소가 될 수 있다.
- **균형:** 공공공간의 균형감은 공간이 얼마나 잘 통제되었는지에 따라 결정된다. 만일 공공영역에 아무런 통제도 없다면 어떠한 유형의 장소성도 상실될 것이다.
- **시설물:** 나무, 높낮이 변화, 공공예술은 사람들이 이러한 시설들을 중심으로 모일 수 있게 한다.
- **관리:** 공공영역은 품질이 유지되고 장소가 안전하고 안심할 수 있다고 느끼도록 철저한 관리가 요구된다(5.1절 참고).

2.5.2 공공영역 디테일 디자인

공공영역의 디테일은 장소의 품질에 막대한 영향을 끼친다. 따라서 설계 단계부터 실행 및 관리까지 효과적인 조화가 요구된다. 현재 영국에는 가로 공사를 하거나, 장비를 설치하거나 또는 인허가를 해주는 권한을 가진 기관이 약 25개 있다.
공공영역의 장소성이 혼돈과 혼란으로 감소되는 것 없이 잘 확보되어야 한다.

040

활기를 되찾은 공공공간

런던, 트라팔가 광장Trafalgar Square, London

철저한 사전조사를 바탕으로 설계된 트라팔가 광장Trafalgar Square 재생은 시민들을 위한 공간을 매우 성공적으로 조성하였다.

트라팔가 광장 재생은 포스터 앤 파트너즈 국제광장 개발사업 Foster & Partners World Squares for All Masterplan의 첫 단계로 차량과 사람 간의 마찰을 감소시키는 것이 목적이었다. 교통 및 보행 동선에 관한 연구와 폭넓은 조사와 자문을 바탕으로 설계가 이루어졌고, 공간구문론Space Syntax의 보행 동선 모델을 기반으로 디자인되었다. 이 프로젝트는 런던 시민과 관광객들이 광장을 효율적으로 활용하지 못하는 이유를 규명하고, 설계 해법의 개발을 공식적으로 알리는 계기가 되었다. 광장 북쪽 모서리에 폐쇄된 도로는 기존 광장과 함께 내셔널 갤러리National Gallery로 연결시켰고, 이를 통해 고립된 교통섬이 도시의 주요 공간으로 변모하였다.

완공 이후, 광장 자체 내의 보행자 수는 250%까지 증가하였고, 지역 통행량 또한 100% 증가하는 등 보행 패턴이 긍정적으로 변화하였다. 게다가 광장을 가로질러 이동하는 사람도 전체의 1.3%에서 9%로 증가하였다. 트라팔가 광장을 목적지로 방문하는 런던 사람들의 비율이 재생 이전에는 겨우 1.9%에 머물렀던 반면에 현재는 17%까지 증가하였다. 완공 이후부터, 광장의 여름the Summer in the Square Programme과 같은 무수한 공공행사가 광장에서 개최되었고, 현재는 런던 도시구조 내의 핵심 공공공간으로 자리매김하였다.

트라팔가 광장Trafalgar Square 재생은 과거 고립된 교통섬에 불과했던 공간을 활동량 250%를 증가시킴으로써, 도시의 주요 공공공간으로 탈바꿈시켰다.

가로시설물

가로시설물은 기능에 적합해야 하며, 혼란을 최소화해야 한다. 가로시설물을 설치할 때 스폰서십을 받을 수 있다. 가로시설물을 만드는 디자이너는 시설물의 품질이 추후에 개보수 등에 의해 떨어지지 않도록 가로시설물 관리를 책임지는 기관과 협력해야 한다.

가로 위의 시설물 중 없어도 되는 것들이 많다. 따라서 수량보다는 품질을 고려해야 하며 필요한 시설은 집단화시킨다. 특히, 간판과 조명은 기둥과 전봇대를 제거함으로써 깨끗하게 정돈될 수 있다. 예를 들면 간판과 가로등을 건물에 설치하는 계획을 건물이 완공되기 전에 세우고 법적으로 계약이 이루어진다면 건물에 직접 설치하는 방법도 있다.

가로수

가로수는 바람 속도를 줄이고, 공기를 깨끗하게 하며, 가로 형태를 개선하고 서식지를 만든다. 기후 변화와 더불어 가로에 그늘을 만들어주는 가로수 역할에 대한 가치는 점차 증가할 것이다. 영국과 미국에서 정부기금으로 수행된 연구는 가로수가 정연한 거리의 가치를 밝혀냈는데 성숙한 나무는 주택가격의 18% 정도를 증가시킬 수 있다고 하였다. 디자이너는 가로수 선정과 관련된 문제들을 극복하기 위해 지방정부와 초기 단계부터 함께 작업해야 한다.

조명

공공영역과 건축이 협동하여 조화된 조명 전략을 수립한다면 혼란을 줄일 수 있다. 조명 수준은 균일하게 하는 것보다 가로 위계에 따라 디자인하는 것이 효율적이다. 조명이 내뿜는 공해를 최소화해야 하지만 중요 건물의 건축 조명은 사람들이 길을 찾아가는 데 도움을 준다.

2.5.3 거리활동 강화하기

가로는 광범위한 용도들을 수용해왔다. 20세기 가로의 우선순위는 이동과 자동차 주차에 있었다. 오늘날 우리는 가로를 21세기의 필요성에 부합하는 다기능 공간으로 재확립할 필요가 있다. 가로의 장소 기능 재발견은 지역사회의 모든 사용자를 위한 장소로 만들고자 하는 '가로 만들기 지침' 에 의해 지원되고 있으며 가로는 아래 사항을 포함해야 한다.

- 가로가 서비스하고 있는 공동체를 만들거나 강화하는 데 협조
- 인클루시브 디자인Inclusive Design 원리를 실현하여 모든 사용자의 필요성에 부합
- 잘 연결된 네트워크 형성
- 매력적이고 독특한 자신만의 개성 유지
- 건설과 유지 대비 비용 – 효율적일 것
- 안전

다중교통수단 가로

사람들에게 걷기, 자전거 타기, 대중교통 이용하기를 권장하고 이를 이용하게 하려면 접근성과 사용 편리성이 좋아야 한다. 가로공간에는 다양한 교통수단과 정류장을 배치해야 할 것이다.

공간을 효율적으로 이용하고, 다양한 선택을 제공하고, 가로를 따라 활동을 하기 위해 공유회랑Shared Corridor 안에 다양한 교통수단을 위한 공간이 만들어져야 한다. 이러한 노력이 가로를 안전하게 한다. 정차장소와 플랫폼은 소매상점들을 위한 이상적인 장소일 수 있다. 회랑에 대한 상세한 디자인은 가로의 성격과 위계에 기초해야 한다.

다양한 교통수단을 위해 서로 다른 교통수단이 같은 차선(회랑)을 사용할 수 있게 한다. 그러나 각각의 교통수단을 위해 단순히 차선 폭land-width을 추가하는 것은 극단적으로 넓고 불편한 가로를 만든다. 서로 다른 교통수단들이 하루 중 어떤 시간대에, 또는 일주일 중 어느 요일에 같은 공간을 공유할 수 있는지를 고려하는 것이 필요하다. 예를 들면, 어떤 지역은 저녁 시간에만 승용차를 다니게 하거나 또는 버스 전용차선은 출퇴근처럼 피크시간에만 이용하게 하는 것이다.

041

성공적인 도시공간의 창출

셰필드 피스 정원Sheffield Peace Gardens

셰필드 시티 센터Sheffield City Centre 중심부 곳곳에 위치한 도시정원은 시민들에게 훌륭한 녹지공간을 제공하고 있다.

과거 철거된 성 바울St Paul 성당의 대지에 계획된 피스 정원the Peace Gardens은 매우 번화하고 인기 있는 장소로 재생되었다. 복합용도로 둘러싸인 도시의 심장부에 위치한 이 장소는 성공을 위한 발판을 제공해주었다. 근처의 타운 홀Town Hall과 윈터 가든Winter Gardens, 그리고 밀레니엄 갤러리Millennium Galleries 또한 피스 정원에 다양한 활동과 활력을 공급하고 있다.

종합적 차원의 공공협의 활동에 기초하여, 정원에는 분수, 벤치, 잔디와 식재들이 도로 레벨의 1.5m 아래에 배치되었다. 이로 인해 경계가 만들어지고, 자연과 닮은 안식처 공간이 생겨났다. 또한 이 레벨의 차이는 주변 도로들로부터 시각적 · 청각적 구분이 가능하게 하여 보다 독립적인 공간을 제공하고 있다.

예술가들은 정원의 필수적인 요소로 자리 잡고 있으며, 셰필드 산업 및 공예 부분의 문화유산을 상기시키기 위해 공공조형물의 제작을 위임받았다. 도시 가로 시설물들을 따라 자리 잡은 공공조형물들은 석재, 금속, 세라믹으로 만들어졌으며, 모든 직업군 및 연령대의 사람들에게 모임이나 조용한 명상을 위한 공간을 제공하고 있다.

피스 정원 프로젝트는 새로운 도시 공간과 고품질의 건물을 구성하고, 도시 중심부 개발에 긍정적인 변화를 가져온 셰필드의 도심에 위치한 핵심 개발 프로젝트Sheffield' s Heart of the City Project의 일부분이다.

차량통행으로부터 시각적 · 청각적 분리를 가능하게 한 레벨의 차이와 지역 정체성과 문화유산을 반영한 예술 작품들을 만들어내는 지역 예술가들의 활용은 셰필드 피스 정원Sheffield Peace Gardens이 성공적인 장소로 자리매김하도록 이끌었다.

가로 위계

가로배치를 설계하고 차선 단면을 디자인할 때 다음과 같은 점을 고려해야 한다.

이동량 위계

- 교통량
- 서비스되는 주택 수
- 가로를 이용하는 차량 종류
- 사유지로의 직접 출입 가능 여부

시각적 위계

- 스케일(건물 정면으로부터의 거리)
- 위요(건물 높이에 결정된 것에 따라)
- 수송 방향과 보도 폭
- 가로를 다른 지역으로 세분할 수 있는 가로 수

교통량이 많으면서 잘 연계된 가로는 넓은 차선을 가질 필요가 없다. 대로가 번화가 역할을 하게 되는 곳에서는 좁아지는 것이 공통적 현상이다. 가로 단면은 이동차선의 요구조건에 적합해야 한다. 주로 이동보다는 장소로서의 기능을 하고 있는 가로들을 파악하는 것이 중요하다. 이러한 가로는 주거지와 일부 시내 중심 도로를 포함할 것이다. 가로 설계시 어떻게 장소성을 향상시킬 수 있는가를 고려해야 할 것이다.

디자인을 통한 운전자 행동 수정

운전자는 비록 국가와 지방도로의 제한속도와 불일치하더라도 운전자가 안전하다고 인식하는 속도 — 특정도로에서는 적합하다고 느끼는 속도 — 에 따라 운전한다. 도로 배치, 전망과 풍경의 디자인은 법적 제한속도와 운전자 인식하는 안전속도 간의 차이를 줄일 수 있다. 물리적 디자인의 제약과 심리적인 숙고가 고려되어야 한다.

주거존Home Zones에서는 모든 사용자에게 동일한 우선권을 주는 다기능 가로를 달성하려면 설계 속도와 물리적 디자인 제약을 모두 사용한다. 좀 더 세부적인 사항은 4.3 가로 및 도시기반시설에 언급되어 있다.

2.5.4 지속가능한 교통수단 디자인하기

광역교통 전략은 신개발이 기존 대중교통 체계에 연결되기 위한 맥락을 제공한다. 교통량 발생과 수단 선택은 혼잡 문제뿐만 아니라 에너지 사용 및 이산화탄소 방출과도 밀접하게 관련되어 있다.

밀도와 복합은 여러 유형의 교통수단을 필요로 하는 데 중대한 영향을 줄 것이다. 가로 공간에 명확하고 읽기 쉬운 공간을 가진 대중교통 노선과 주요 장소로 연결된 명확하고 읽기 쉬운 도로망은 버스나 전철과 같은 시스템이 혼잡하지 않게 운영될 수 있고 좀 더 많은 사용자들을 유인할 수 있다는 확신을 준다.

대중교통 노선 디자인

계획은 가로 체계의 상위 수준에 따라서 이용자들이 대중교통 노선을 쉽게 알도록 해야 한다. 마스터플랜은 미래의 교통수단 선택에 대한 잠재적인 변화를 수용하기 위해 유연성 있게 계획되어야 한다. 다른 교통수단과의 차선 공유는 이러한 변화를 가능하게 만들 수 있다.

대중교통에 대한 사항은 4.2절에 자세히 나와 있다.

042

각양각색의 용도가 공존하는 가로 설계

브라이튼, 뉴 로드New Road, Brighton

새롭게 단장한 뉴 로드New Road는 브라이튼Brighton에서 가장 중요한 거리 중 하나이다. 비록 적은 공용 면적을 가진 비주거용 도로이지만 다양한 쓰임새가 돋보이는 것이 특징이다. 이 프로젝트는 브라이튼과 호브 시의회Brighton & Hove City Council에 의해 발의되었으며, Gehl Architects and Landscape Projects의 주도하에 추진되었다. 시민들이 산책과 여가를 위해 방문하는 브라이튼의 로얄 파빌리온Brighton's Royal Pavilion과 정원은 역사적으로 매우 민감한 장소이다. 따라서 주변 환경과 사람들의 대지 활용에 대한 세밀한 이해를 바탕으로 프로젝트가 진행되었다.

기존 이용자들과의 협의를 바탕으로 폭넓게 수립된 도시생활을 위한 뉴 로드의 새로운 비전이 실현되었다. 서로 다른 이용자 그룹의 흥미를 공유하면서, 사람 중심의 공공공간 프로그램을 제공하고, 서고, 걷는 활동들을 장려하고 있다. 자동차는 항상 이용 가능하지만 거리의 신호는 보행자를 우선시한다.

계획의 초기 단계부터 가로 이용자들의 입장을 고려하며 함께 작업했던 조합Partnership이 계획을 성공적으로 이끌었고 이익을 창출하게 했다. 심지어 거리의 상점들은 공사 진행으로 인하여 그들의 사업이 일시적으로 방해를 받았는데도 프로젝트에 대해 긍정적이었다.

프로젝트의 성공 여부가 결정되기까지는 오랜 시간이 걸리지 않았다. 이 거리가 사회의 새로운 중심 공간이 되고, 지역 행사들을 위한 장소를 제공하며, 기존의 주변 술집과 레스토랑들의 매출을 증가시키면서 프로젝트의 성공이 자연스럽게 알려지게 되었다.

Brighton & Hove 시의회의 프로젝트 총책임자인 시장 짐Jim Mayor은 다음과 같이 전했다.

"정치적 지지의 부재가 '기존의 관습을 깨는' 유사한 계획들을 주저앉혔던 것에 반해, 이 계획은 사실상 어떤 방해도 받지 않았다."

브라이튼Brighton 뉴 로드New Road의 공공공간 개선사업은 거리가 사회적 활동을 위한 새로운 중심지가 되도록 이끌고 지역 비즈니스를 활성화시켰다.

주차장	도심 (주로 공동주택)	도시 (테라스주택 및 공동주택)	교외 (단독주택 및 타운주택)
부지 밖			
다층	● 초록	● 주황	● 빨강
지하Underground	● 초록	● 주황	● 빨강
지하실Undercroft	● 초록	● 초록	● 빨강
포디움	● 초록	● 초록	● 빨강
기계식	● 초록	● 주황	● 주황
정원 앞	● 빨강	● 초록	● 주황
정원 뒤	● 주황	● 초록	● 초록
좁은 길Mews Street	● 초록	● 초록	● 초록
도로 위			
중심보존Central Reservation	● 초록	● 초록	● 초록
90°	● 초록	● 초록	● 초록
각도	● 초록	● 초록	● 초록
평행	● 초록	● 초록	● 초록
주택지 광장	● 초록	● 초록	● 초록
부지 위			
좁은 길 광장	● 주황	● 초록	● 초록
Chauffeur Unit	● 빨강	● 주황	● 초록
통합 주차장	● 빨강	● 주황	● 초록
결합된 주차장	● 빨강	● 주황	● 초록
Cut Out or Drive Through	● 빨강	● 주황	● 초록
후면 광장	● 빨강	● 주황	● 초록
주차장	● 빨강	● 주황	● 초록
포장 주차장Hardstanding	● 빨강	● 주황	● 초록
독립된 주차장	● 빨강	● 빨강	● 초록
정면에 독립된 주차장	● 빨강	● 빨강	● 초록

● 빨강: 거의 적절하지 않은 장소 ● 주황: 위험요소가 제거될 경우 작동할 수 있는 장소 ● 초록: 상시 적절한 장소

표 2.5 주차장: 장소별

보행친화적 근린주구

가로 패턴과 연결성 정도는 보행 친화적인 근린주구를 만드는 데 국내외적으로 매우 중요하다. 관련 연구에 따르면 사람들은 그들이 가고자 하는 곳의 원경을 제공하는 길을 좀 더 걷고 싶어 한다고 한다. 또한 안전성은 사람들이 걷거나 자전거를 타는 데 매우 중요한 결정요소이다. 안전한 가로를 만들기 위해서는 디자인할 때 보행자를 위해 다음 사항들이 포함되어야 한다.

- 보행로는 공유차선 그리고 차도 공간의 일부분이어야 한다.
- 건물 정면(정문과 거주하는 방의 창문)은 가로를 따라 정렬되어 있어야 한다.
- 저녁시간대의 안전을 위한 가로 조명
- 저녁시간대 중심지에 차량을 허용하는 것은 좀 더 많은 활동을 유도하고 자연스러운 감시 효과를 낼 수 있다.
- 신체조건에 관계없이 모든 사용자들이 가로로 접근할 수 있는지를 확인한다.

자전거를 매력적인 수단으로 만들 것

차량속도 저감Traffic Calming은 자전거 이용자들과 차로를 공유할 수 있게 한다. Sustrans사社의 자전거를 위한 길 만들기는 다음과 같은 사항을 권고하고 있다.

"교통수단 분담률이 초기상향변경을 할지라도 자전거 사용을 촉진하기 위한 정부정책은 자원을 효과적으로 할당하고자 모니터링에서처럼 교통수단 분담 목표가 필요하다."

차량의 수용

대체 교통수단의 사용을 증진시키는 것은 승용차 사용을 줄일 수 있다. 그럼에도 차량소유 비율이 아직 높은 수준이므로 공공영역 내에 주차공간을 마련하라는 요구가 종종 있다. 이러한 요구들을 어떻게 수용할 것인가는 공공영역의 품질과 이용에 중대한 영향을 준다. 만일 주차공간이 올바르게 설계되지 않는다면, 사람들은 주차공간으로 지정되지 않은 주변 공공영역에 주차를 하게 될 것이다. 주차는 편리해야 하지만 그 지역을 지배하는 요소가 되면 안 된다.

정면 접근로에 주차하는 것은 이러한 문제점 중의 대다수를 극복할 수 있게 하고, 가장 효과적이고 매력적인 주차 해결방안이 된다. 사람들은 이런 방법이 어떻게 작동하는지, 또 얼마나 편리한지, 더 나아가 얼마만큼 가로의 활동과 안전을 높일 수 있는지를 이해한다.

디자이너는 노상 주차가 어떻게 적절한 가로 폭을 제공하면서 극대화될 수 있는지 고려해야만 한다.

이것만이 유일한 허결 방안은 아니다. 각각의 장소는 가로에서 제공될 수 있는 것들에 대한 균형 있고 신중한 평가와 효과적인 방안을 실천하기 위한 계획이 요구된다. 표 2.5는 특히 주거지에서의 자동차 주차문제를 해결하기 위한 적합한 방법을 예시해주고 있다. 이 자료는 특정 지역에 대한 주차해결 방안을 보여주기 위해 24개 사례를 설명하고 있는 EPDH의 보고서 중 car parking: what works where를 인용하였다.

2.5의 핵심 내용

가. 공공공간 디자인은 잘 읽히고, 효과적이면서도 활발한 환경을 만들어야 한다.
나. 공공공간은 서로 다른 교통수단의 이동을 수용할 수 있도록 계획돼야 한다.
다. 혼란 없이 공공공간이 조화되도록 설계하려면 초기에 모든 주체의 참여가 필요하다.

참고문헌

1. Manual for Streets. 2007. CLG and Department for Transport
2. Chainsaw Massacre. 03/05/07. The Guardian
3. Inclusive Design. 2007. English Partnerships
4. Making ways for the bicycle. 1994. Sustrans
5. Car parking: what works where.

03

우수한 디자인 DELIVERING QUALITY AND ADDING VALUE

우수한 디자인은 경제적 가치를 창출한다. 우수한 디자인은 사람들이 시간을 보내고 싶은 장소를 창조하고, 부동산시장을 변화시키는 데 도움을 준다. 잘 디자인된 장소들은 경제적인 가치를 제공하는 것 이외에도, 사람들이 살고 싶고 일하고 싶은 장소, 사람들이 걸어 다니기 안전한 장소, 오픈스페이스, 대중교통, 기반시설과 취업기회에 우수한 접근성을 가진 장소를 창출한다. 우수한 디자인은 사회적 · 환경적으로 다양한 이익이 생산될 수 있도록 도와준다. 상기와 같은 목적을 달성하기 위해 높은 기준의 디자인을 성취하려는 약속이 필요하며 우수한 도시설계는 더 높은 가치로 전환될 수 있다. 도시설계 원칙을 적용하는 것이 꼭 비용 증가를 초래하지는 않는다. 도시 구조물의 정열, 건물 간의 공간, 그리고 사려 깊은 조경은 추가적 비용 발생을 요구하지 않기 때문이다.

훌륭한 장소를 만들기 위해선 장기간의 자금조달과 실행이 요구된다.

3.1
우수한 디자인?

사람들이 살고 싶고, 시간을 보내고 싶게 디자인된 장소는 경제적 가치를 창출해 낸다. 몇몇 개발자들은 이러한 것을 이해하며 높은 보상을 받고 우수한 품질을 달성하기 위해 시간과 자원을 투자한다. 우수한 도시설계 원칙에 따라 디자인된 장소의 가치는 단지 경제적 측면에서의 가치보다 광범위하다. 계획 과정에서 장소 만들기를 위한 원칙을 구현하는 것은 그곳에 사는 사람들의 삶의 질을 향상시킬 뿐만 아니라 사회적 · 경제적 가치를 구현한다. 따라서 우수한 도시설계 계획원리를 이해하고 우수한 도시설계는 부가적인 가치가 뒤따른다는 것을 확신하는 것은 토지소유자, 건축업자, 개발자, 지방정부와 기타 공공부분 담당자 등 모든 주체들에게 필요하다.

우수하게 디자인된 장소가 얻는 부가가치를 참여하는 서로 다른 이해관계자들에게 다양한 방법으로 증명할 수 있다. 모든 이해관계자들이 증명한 부가가치가 무엇인지를 인지하는 것은 매우 중요하다. 장기적인 사회적 · 환경적 이익은 손에 잡히지 않고 쉽게 간과되기 때문이다. 표 3.1은 우수한 도시설계로 가치를 얻은 수혜자들을 명시하고 있다.

3.1.1 경제적 가치

우수한 도시설계에 대한 투자는 새로운 경제적 가치를 만들어 낼 수 있다. 때때로 단기적 이익추구가 장기적 이익을 도외시하게 한다. 비용을 최소화하기 위해 또는 계획인허가를 획득하기 위해 요구되는 최소한의 비용으로 디자인을 하기 위해 선투자를 제한하려 한다. 그러나 현명한 개발자들은 프로젝트에서 총괄적 수익을 지속시키거나 증대되는 높은 가치와 수익결과를 예상하며 선투자를 좀 더 하게 된다. 많은 사례에서 우수한 디자인은 토지소유자나 개발자가 사업계획 기간 동안 받게 되는 금전적 보상을 증가시키고 있음을 보여주고 있다. 또한 최근의 분석 결과 장소 만들기에 투자하는 토지소유자들과 기획사들은 중장기에 걸쳐 보다 높은 개발가치와 토지가치를 기대할 수 있다고 보여주고 있다. 국제적인 연구에 따르면 올바른 디자인 원칙에 입각한 개발은 가치를 10~15% 높여준다는 결과가 있다. 최근 English Partnership(지금은 the Homes and Community Agency)과 Savills의 연구 결과에 따르면 우수한 도시설계와 관련된 가치 프리미엄이 존재한다는 것이 확인되었다. NWD/RENEW에 의해 수행된 2007년 연구를 보면 우수한 도시설계는 임대 또는 자산가치를 15~20% 상승시킬 뿐만 아니라 임대료와 매매가격을 상승시킨다고 발표했다. 이러한 연구들은 CABE에서 수행했던 우수한 디자인의 가치에 대한 연구 결과를 입증한다.

도시설계에 대한 투자와 관련해서 상당한 수준의 논쟁이 벌어지고 있다. Building for Life에서 금상을 받은 건물의 약 65% 정도는 공공지원 없이 이루어졌다. 즉, 고품질 설계를 추구하고자 하는 결정은 상업적 토대 위에 만들어진 것이다.

우수한 도시설계는 아무것도 없던 곳에서 장소성을 창출할 수 있으며 본질적으로 좋은 곳에 위치한 부지에 재산 가치를 구축할 수 있다. 디자인을 잘 하는 것은 계획 합의를 촉진하고 토지에 가치를 부여하고(3.2 부분 참조), 빠르게 자산의 판매나 임대를 할 수 있게 하며 개발자의 명성과 브랜드를 향상시킨다. 이러한 사항은 다른 계획들을 넘어 경쟁적 우위를 제공하므로 수많은 신개발이 경쟁적으로 동시에 이루어지는 성장 지역에서 특히 중요하다.

우수한 도시설계는 시장의 인식과 행동을 변화시킬 수 있는 잠재력을 가지고 있다. 우수한 도시설계가 가진 능력은 아무것도 존재하지 않았던 곳에 시장을 창조하거나 형성하는 데 도움이 된다. 도시설계는 최근 관련 법안의 주요 이슈가 되었다. 맥락, 도시구조, 연결성, 상세한 투자와 관리에 대한 충분한 이해가 버려진 장소를 사람들이 다시 찾기 원하는 공간으로 만들도록 도와준다.

이해당사자	단기 가치 (사회, 경제, 환경)	장기 가치 (사회, 경제, 환경)
토지 소유자	증대된 토지가치 잠재력	
자금 제공자(단기)	시장 상황에 의존하는 투자의 안정성에 대한 잠재력	
개발자	빠른 인허가(비용 절감, 사업 불투명성 감소) 공공지원 상승(감소된 반대) 높은 판매 가치(이익) 차별화(대단위 생산 차별화) 증대된 자금 잠재력(공공/민간) 개발하기 어려운 지역의 난재 해소	좋은 평판(상승된 자신감/미래협력 용이 /트레이드마크 가치)
설계가	고품질로 인해 증대된 업무량 증가와 반복되는 위원회, 안정된 고객	향상된 전문가적 평판
투자자 (장기)	높은 임대 수익 증대된 자산가치(차입을 해올 자산) 감소된 운영자금 경쟁력 있는 투자우위	가치/수입 유지 관리비용 감소(전체 기간) 재판매 가치 확보 고품질의 장기 임대자
관리 업체		고품질 자재일 경우 용이한 관리
거주자		행복한 직장(양호한 고용과 유지) 양호한 생산성 증대된 업무(고객) 신뢰 갑작스러운 이사 감소 다른 용도/시설에 대한 우수한 접근성 보안 지출비용 감소 증대된 거주자 위상 감소된 주거 비용(에너지 사용)
공공 이익	재생산 잠재력(다른 개발 고취) 공공/민간의 불일치 감소	감소된 공공지출(범죄예방/도시 관리/도시 운영/보건) 긍정적 계획을 위한 풍부한 시간 이웃한 이용/개발기회로 인한 증대된 경제적 활력 증대된 지방세 좀 더 지속가능한 환경
공동체 이익		양호한 보안과 범죄 감소 증대된 문화적 활력 공해 감소(건강 증진) 스트레스 감소(건강 증진) 삶의 질 향상 좀 더 포괄적인 공공장소 좀 더 공정하면서도 접근성 있는 환경 높은 시민 자긍심(공동체 의식) 강화된 장소성 높은 자산 가격

표 3.1 도시설계에 따른 가치 수혜자

자료: 도시설계가치 CABE/DETR 2001

043

우수한 디자인의 가치평가

브리스톨, 포티쉐드, 마린 항Port Marine, Portishead, Bristol

크레스트 니콜슨Crest Nicholson(영국건축회사)은 수요가 낮은 지역에서 대규모 프로젝트를 시행하려면 개발 초기 단계부터 확고한 디자인 개념을 가진 공간창조가 필요하다는 것을 인식하고 있었다. 이러한 인식을 통해 개발자들과 지역 입주자들로 부터 프로젝트에 대한 높은 신뢰를 이끌어 낼 수 있고, 프로젝트는 장기적 가치를 창출할 수 있었다.

크레스트 니콜슨사社는 마린 항Port Marine의 오염된 폐쇄 발전소 부지를 3,420채의 주택과 69,680m² 규모의 업무지구, 60,390m² 넓이의 상업지구로 구성된 복합용도 및 복합소유 지역으로 전환시켰다. 활력 있는 거리, 특별지구, 공공 · 사적 · 반半사적 공간, 대규모의 다양한 조경 공간, 공공예술, 다양한 종류의 건물 을 제공함으로써 저가치 부지를 좋은 입지 여건으로 조성할 수 있었다.

크레스트 니콜슨사의 대표이사 스티븐 스톤Stephen Stone은 회사가 다른 개발자들보다 보통 10~20% 정도의 건설비를 더 투자하고 있으며, 이 건설비는 통상 판매가의 50% 수준에 그친다고 설명했다. 크레스트 니콜슨사는 밀도를 높임으로써 건설비를 낮추고, 계획가들은 우수한 품질의 주택을 제공하고 있다. 많은 사람이 좋은 환경에 투자하기를 원하므로 매각 가치는 실제 시장에서 15~20% 정도 더 증가할 것으로 예측하고 있다.

크레스트 니콜슨사는 외부 건축가를 활용하여 맞춤형 계획안 생산에 전념하고 있다. 공간을 창조하는 일은 경제적인 보상뿐 아니라 우수한 개발자로 명성을 쌓을 기회이기도 하다.

Stephen Stone은 다음과 같이 전했다.

"각 단계에서 매출의 속도를 높일 수 있는 자산의 적절한 조합이 중요하다. 좋은 계획안은 완공 전에 부동산의 판매가 가능하게 한다. 판매율은 현금수익만큼이나 중요한데, 이는 하락세가 빨리 찾아오기 때문이다. 이러한 사실은 간과되기 쉬운 부분이다."

브리스톨, 포티쉐드의 마린 항Port Marine, Portishedad, Bristol의 고품질 계획과 균형 잡힌 부동산의 조합은 투자가치가 낮은 지역을 개발 최우선 지역으로 탈바꿈시켰다.

3.1.2 우수한 도시설계의 사회적 · 환경적 편익

우수하게 디자인된 장소는 다양한 사회적 · 환경적 편익을 가져다 준다. 이러한 편익에는 사회에 가치를 부여하는 긍정적인 외부성(예: 저탄소 감소)뿐만 아니라 소비자에게 생애비용의 절감(예: 범죄 감소의 결과로 낮아진 보험료)에 따른 이익도 준다.

NWDA/RENEW Northwest 연구에 따르면 잘 관리된 다양한 용도와 소유 유형을 지닌 오픈스페이스와 좋은 접근성을 지닌 우수한 디자인의 근린주구는 다음과 같은 효과를 나타낸다고 한다.

- 시민 자부심
- 사회적 유대감
- 범죄에 대한 공포 감소
- 범죄율 감소
- 비교적 높은 수준의 육체적 · 정신적 건강유지
- 토지 발자국Land Footprint 감소
- 차량 의존율 감소
- 쓰레기 발생 감소
- 웰빙감과 소속감 향상
- 활력 증가

우수한 개발은 환경적 절감을 폭넓게 가져다줄 수 있다. '지속가능한 주택에 대한 코드the Code for Sustainable Homes' 도입으로 발생되는 소비자와 사회에 대한 환경과 에너지 절감 편익이 코드 도입으로 인해 발생하는 추가적 건설 비용보다 더 크다는 것을 보여는 평가 보고서가 있다.

복합용도, 고밀도, 보행 중심의 근린주구는 지역 서비스와 공동체의 상호작용을 북돋우며, 더 안전하고 건강하면서도 매력적인 장소를 만들어 준다.

3.1.3 화폐가치와 최우선 고려사항

공공부문에서 토지를 처분할 때 가치를 평가하는 방법은 개별 토지소유주의 평가방식과는 다르다. 공공부문은 단순히 토지에 대한 재무적 가치보다는 화폐가치의 취득을 목적으로 한다. 이것은 공공 부분에서 우수한 도시설계를 촉진하는 방법으로 토지를 처분하고, 이러한 방식이 가져올 폭넓은 편익을 살펴볼 수 있다.

중앙정부 부처와 공공기관들은 투자 · 처분과 관련한 돈에 대하여 사회적 · 경제적 · 환경적인 가치를 고려해야 한다. 재무부와 회계부에서는 '우수한 디자인은 화폐가치를 얻는 데 필수적이며, 우수한 건물 프로젝트는 환경에 공헌하고, 광범위한 사회적 · 경제적 편익을 가져다주며, 장래 용도에 부합되어야 한다.' 는 사실을 인지해야 한다.

재무부의 그린북(중앙정부의 평가정책, 프로그램과 프로젝트에 대한 체계를 마련해주는 지침서)에는 계획의 편익을 평가하는 데 디자인의 품질이 비재무적인 측면에서 중요한 고려사항이라고 명시했다. 또한 화폐가치는 계획의 전체 생애주기에 걸쳐 평가되어야 한다고 기술하였다. 이는 처분 및 비용 · 편익분석은 단순히 구매자와 직접적으로 관련된 것이 아니라 사회 전체적 관점에서 판단되어야 함을 보여주고 있다. 정부는 현재 화폐가치를 평가하는 데 있어 개별적인 조직보다는 공공부문 전체에 걸친 명확한 지침이 제공되길 기대하고 있다.

1972년 지방정부법에 의해 지방정부는 토지 활용방법에 최대한 고려할 것을 요구받고 있다. 최근 사회적 · 경제적 · 환경적 웰빙권이 도입되면서 광범위한 웰빙 목표를 실행하고자 한다면 국무비서관Secretary of State의 동의 없이 200만 파운드까지 저평가한 가격에 토지를 처분할 수 있다.

044

디자인을 통한 가치 창출

버밍엄, 브린들리 플레이스Brindley Place, Birmingham

"브린들리 플레이스Brindley Place의 중요한 건물 디자인을 위해 우리는 3명의 서로 다른 건축가 Porphyrios, Stanton Williams and Sidell Gibson을 고용하였다. 이러한 점을 개발투자자들이 선호하였다. 비록 두 빌딩은 투자의 목적으로 지어졌고 다른 하나는 사전 임대되었지만, 법률 및 회계 자문회사와의 논의를 통해 우리 회사는 앞으로 나아갈 자신감을 얻었다."라고 아전트 그룹Argent Group의 공동 최고 경영자인 로저 매들린Roger Madelin은 말했다.

로저 매들린Roger Madeline은 디자인 수준의 향상을 통해 긍정적인 방향으로 논의를 이끌어 낼 수 있다고 믿는다. 이러한 믿음은 우리의 논의에 불을 붙였고, 계획의 초기단계부터 임대 전 과정에 다소 공백이 생길지라도 좋은 개발 사업을 추진할 수 있다는 것이 매우 자랑스러웠다. 사람들은 좋은 디자인이 그들의 사업에 긍정적인 영향을 끼칠 것이라 생각한다. 1%의 임대료로 인해 비즈니스 효율성이 상승된다.

디자인에 투자를 꼭 해야 하는가에 대한 질문에, 로저 매들린은 다음과 같이 대답했다. "좋은 디자인은 사업적인 측면에서 매우 유익하다. 다양한 단계의 프로젝트를 진행하는 데 우리는 더 나은 결과를 창출하기 위해 많은 돈을 건물에 투자한다. 단지 초기의 임대료가 아니라 건물이 장소에 준 기여도에 비용을 지불하는 것이다. 이를 통해 프로젝트 전체의 가치는 높아진다."

아전트사社의 장기적인 접근방식은 브린들리 플레이스의 모든 디자인이 초기수익을 극대화하는 것을 의미하지는 않는다. 갤러리와 같은 문화 · 편의시설 제공을 위해 초기투자비용이 요구되었고, 이는 수익의 일부를 포기하는 것이었다. 하지만 사업 환경의 개선과 함께 장소의 질이 향상되었다. 이처럼 훌륭한 재생 계획안은 프로젝트 자체의 가치창출뿐만 아니라, 지역 전반에 걸친 지속가능한 가치 상승도 함께 유발한다.

"당신이 잠시 동안 주변을 둘러본다면(사업적 관점에서), 좋은 디자인은 충분히 투자할 만한 가치가 있다."라고 로저 매들린은 말한다.

공공영역과 문화 · 편의 시설의 질에 선행투자를 하여 브린들리 플레이스Brindley Place는 새로운 비즈니스 장소로 선택받을 수 있었다.

045

창조적 기업의 유치

리즈, 홀벡 어반 빌리지Holbeck Urban Village, Leeds

이글루 제너레이션Igloo Regeneration사社는 공공부문의 파트너들과 협력하여 영국 20대 도시 중심부에 대한 투자를 진행하고 있다. 투자대상은 좋은 디자인과 복합용도를 지향하면서도 자원 효율적인 특징을 지닌 창조적인 지역사회이다. 이글루 제너레이션사社는 좋은 디자인과 사회적 책임을 다하는 투자 정책에 열정을 쏟아붓고 있다.

홀벡 어반 빌리지Holbeck Urban Village 프로젝트에서 이글루 제너레이션사는 리즈Leeds 시 중심부 변두리의 버려진 홍등가를 창조적인 디지털 미디어 기반의 새로운 업무 및 주거 커뮤니티로 변화시켰다. 2004년 12월에 완료된 1단계 사업에서 500만 파운드 수상에 빛나는 라운드 파운드리 미디어 센터Round Foundry Media Centre와 통합된 레스토랑/바, 스튜디오, 1~2개의 침실을 가진 주택 등의 시설들이 들어섰다. 미디어 센터는 높은 사양의 사무 환경을 제공하고 있어 Rockiffe, Moves Recruitment, Branded 3, New Media Collective와 같은 회사들이 투자에 관심을 보이고 있다. 향후 10년 이상에 걸쳐, 총 200만 제곱피트 규모의 업무 공간 창출이 기대되고 있다.

어반 빌리지 내에 만들어진 질 좋은 환경에 힘입어 개발 대상지는 창조 산업의 유치를 위한 최적의 장소가 될 수 있었다. 상호작용이 가능한 장소에 비슷한 산업군이 직접 형태로 위치함으로써 전매 분양이 가능하게 되었고, 새로운 기업의 성공적인 발전에 긍정적인 영향을 끼쳤다.

이글루 제너레이션사의 크리스 브라운Chris Brown대표는 회사의 철학을 다음과 같이 설명한다.

"만약 우리가 도급업자들의 방식대로 디자인을 했다면, 우리는 이곳에 형편없는 건물을 만들었을 것이다. 그리고 그 건물들은 단지 평범한 거주민들에게 분양되었을 것이다. 하지만 우리는 역동적이고 질좋은 디자인을 독립적 및 주도적으로 창조 기업 임차인에게 위탁 및 제공하고 있다. 홀벡 어반 빌리지의 더 라운드 파운드리The Round Foundry는 우리가 소유하고 투자하는 건물의 좋은 사례이다. 이는 요크셔 포워드Yorkshire Forward와 리즈 시의회Leeds City Council로부터 지원을 받는 CTP 세인트 제임스St. James와 같은 개발업자들에게 투자를 이끌어 내어 성공적으로 새로운 마을의 창조하는 데 일조하였다."

브라운Brown은 "창조 산업은 경제 성장의 원동력이 되고 있다."고 말한다. "산업의 성장을 돕고, 전 세계의 비슷한 장소들과 경쟁하기 위해 디자인 기술을 마을과 그 주변에 사용하는 것은 매우 중요한 일이다."

이글루 제너레이션Igloo Regeneration사는 홀벡 어반 빌리지Holbeck Urban Village의 라운드 파운드리Round Foundry에 독립적이고 디자인 주도적이며, 창조적인 기업 임차인들을 유치할 수 있는 디자인에 투자했다.

3.1.4 저급한 디자인에 따른 대가는 무엇인가?

프로젝트에서 장기적 이익을 추구하고자 하는 사람들에게 디자인 투자의 필요성을 인식시켜주는 방법은 디자인에 실패한 장소를 관리하고 재생하는 데 소요되는 잠재적 비용을 보여주는 것이다. 건설그룹 Wates의 보고서는 지난 20여 년간의 성장 및 재생과 관련한 투자에 대해 일련의 좋은 예와 나쁜 예를 살펴보고 있다. 특히, 생애 전반에 대한 비용과 편익을 염두에 두지 못한 근시안적 생각과 단기이익의 추구에 따라 장기적으로 지속가능하지 않은 공동체로 쇠퇴하는 경향이 있다고 결론지었다.

CABE에서 출판된 '저급한 디자인의 대가the Cost of Bad Design' 에서는 저급하게 디자인된 장소는 이용자와 이웃, 사회에 비용을 지불토록 한다는 것을 지적하고 있다. 쾌적성을 훼손시키고, 잠재적으로 법적 책임을 물도록 한다. 물리적 단절, 대중교통의 형편없는 연결, 저조한 직원 모집 및 고용 유지, 저급하게 디자인된 공공공간은 사회적 가치를 감소시키고 소모적인 비용을 발생시킨다.

사회적 비용은 저급하게 디자인된 공간을 부수고 다시 건설하는 물리적 비용만을 말하는 것은 아니다. 저급한 디자인은 거주자와 지방정부 모두에게 낡은 주거, 높은 범죄율, 공공기물 파손과 형편없는 보건 등을 해결하고, 공공서비스의 품질을 향상시키고자 지속적인 비용을 부담하게 한다. 1997년에 7.6%의 주택이 거주하기 적합하지 않은 것으로 판명되었고, 이것은 300만 파운드에 달하는 건강관리 비용, 180만 파운드에 달하는 범죄와 120만 파운드에 해당하는 소방 관련 비용을 발생시켰다.

1998년에 제정된 '범죄와 무질서에 관한 법률the Crime and Disorder Act' 과 2000년에 제정된 '인권에 관한 법률Human Rights Act' 은 건조 환경을 디자인할 때 결정 과정에서 범죄와 안전에 대해 충분히 고려하고 적절한 대응을 하도록 도덕적이고 법적인 의무를 관련기관들에 부여하였다. Huddersfield 대학에서 연구한 내용을 보면 SBD의 원리에 따라 디자인된 곳은 범죄와 범죄에 대한 두려움을 상당히 감소시킨다고 하였다. 우수한 도시설계는 SBD에서 요구하는 잘 연결된 장소, 잘 관찰되는 가로와 명확하게 보호되는 개인공간과 관련한 원칙을 달성하는 데 도움을 주고 있다.

3.1의 핵심 내용

가. 우수한 도시설계에 투자하는 것은 장소에 경제적 가치를 부가할 수 있다.
나. 우수하게 디자인된 장소는 사회적 · 환경적 편익을 달성한다.
다. 저급하게 디자인된 장소는 장기적으로 개인과 사회에 고비용을 발생시킬 것이다.

참고문헌

1. Steuteville et al 2001. Eppli and Tu 1999. FPD Savills. 2002
2. Valuing Sustainable Urbanism. 2007. The Prince' s Foundation/English Partnerships(now the Homes and Communities Agency)
3. Economic Value of Urban Design. 2007. NWDA/RENEW Northwest
4. The Value of Good Design. 2002. CABE
5. Proposal to introduce a Code for Sustainable Homes: Regulatory Impact Assessment. 2006. CLG
6. Getting Value for Money from Construction Projects. 2004. NAO
7. Green Book, Appraisal and Evolution in Central Government. 2003. HM Treasury
8. Circular 06/03: Local Government Act 1972 general disposal consent (England) 2003 disposal of land for less than the best consideration that can reasonably be obtained. 2003. ODPM
9. Failing communities: Breaking the cycle. 1006. Wates Group
10. The cost of bad design. 2006. CABE
11. The Real Cost of Poor Homes: Footing the Bill. 1997. RICS
12. Source: Strathclyde Police website

3.2
디자인을 통한 가치 부여

도시설계는 선행투자를 요구하지만 다양한 종류와 방법으로 가치를 부가할 수 있다. 건물과 가로, 조경을 어떻게 배치할 것인지에 관한 결정은 토지이용을 최적화시킴으로써 가치를 창출한다. 우수한 디자인은 지역과 부동산 시장의 인식을 변화시킬 수 있으며, 사람들이 살고 싶어 하고, 일하고 싶어하고 시간을 보내고 싶어 하는 뛰어난 장소들을 창조할 수 있다. 따라서 이러한 장소들은 사회적 · 환경적 편익도 동시에 가져다준다.

3.2.1 토지에 대한 가치창출

최근 English Partnership(현재는 the Homs and Community Agency)과 Savills의 연구에 따르면, 우수한 도시설계는 최적의 토지이용, 적절한 밀도, 공공공간, 용도와 건물들의 적절한 배열을 통해 가치를 창조하고, 효율적인 건조발자국Built Footprint을 만들 수 있다고 지적하고 있다. Urban Design Compendium의 원칙에 따르면 적은 비용 또는 추가 비용 없이도 훌륭한 장소를 만들어 낼 수 있다. 동일한 연면적, 거리와 조경을 가졌다 하더라도 배치에 따라 매력적이거나 혹은 매력적이지 않은 장소가 된다. 그러나 고품질의 도시설계를 달성하기 위해서는 기존의 개발 과정보다는 개발 초기에 더 높은 수준의 비용지출을 필요로 한다. 따라서 연구 결과는 초기투자비용대비 창출되는 가치가 더 크다는 것을 보여주고있다.

효율적인 계획

우수한 도시설계는 토지를 효율적으로 이용하고 장소성을 창출하기 위해 다양한 용도 및 건물을 계획하고 배분하는 과정을 통해 개발에 가치를 더할 수 있다. 환경의 질이 훼손되는 것을 피하기 위해 반드시 적절한 밀도의 유지가 필요하다. CABE의 연구 결과는 고밀도 계획에 의해 증가된 가치는 훌륭한 계획에 따른 건설비용의 증가분보다 더 중요함을 보여주고 있다. 성공적인 장소 대부분은 종종 밀도와 트러프Troughs로 특징지어진다. 밀도는 대중교통 정류장 또는 교차로 부근이나 근린시설부근에서 정점이 되며, 보행 영역권 안에 직장이 위치하도록 한다. 용도 배분은 용도가 창출할 수 있는 가치에 영향을 준다. 상업시설은 접근 가능한 곳에 위치해야 한다. 상업시설을 대중교통 환승역 근처에 위치시키는 것은 고객 수와 거리의 활력을 증가시킨다. 고객 이 많은 장소에 위치한 시설들은 이러한 장점을 최대한 활용하도록 고려해야 한다. 우수한 디자인은 도로포장 양을 줄여주고 서비스와 주차장에 대한 요구사항을 슬기롭게 대처할 수 있도록 도움을 준다.

훌륭한 오픈스페이스 만들기

광장, 공원, 수변지역과 같은 매력적인 공간은 사회적 · 환경적 편익을 제공할 뿐만 아니라, 주변 부동산 및 인근 지역에 경제적인 가치를 증가시킨다. 수변공원은 집의 가치를 11%까지 상승시킬 수 있으며, 수변 조망권 또는 인근에 호수가 있는 집의 가치는 각각 10%, 7%씩 상승될 수 있다. 공원 조망권은 8%까지 상승시키며, 공원 근처에 위치할 때는 6%까지 가치가 상승할 수 있다.

이처럼 잠재적으로 고부가가치를 지닌 부동산의 배치와 유형에 신중을 기해야 한다. 예를 들면 복합 용도를 가진 수변공간은 주거전용 단지 개발보다 더 높은 부지가치를 생성할 수 있다.

046

가치 상승을 위한 비용의 상쇄

런던, 아델라이드 워프Adelaide Wharf, London

하크네Hackney의 아델라이드 워프Adelaide Wharf 지역의 퍼스트 베이스First Base는 런던 전역에 있는 기업들(잉글리시 파트너십, 주택공사, CLG, 그리고 GLA) 간의 파트너십으로 리젠트 운하 옆에 새로운 고품격 도시환경을 제공하기 위해 노력해 왔다. 알포드 홀 모나간 모리스Allford Hall Monaghan Morris가 디자인한 계획안은 중앙 위락구역 주위에 있는 고품격 친환경 아파트 147채를 50% 저렴한 가격에 제공하는 것을 목표로 하고 있다. 아델라이드 워프는 지역의 안전성을 고려하여 활기 있는 거리를 만들고, 품질에 대한 신뢰를 높임으로써 지역사회 재생에 중요한 공헌을 하고자 한다.

퍼스트 베이스는 좋은 설계와 좋은 건축가들에게 투자하는 일은 경제적인 일이라고 말한다. 퍼스트 베이스와 CABE enabler 사의 투자 관리부서의 임원인 벤 덴튼Ben Denton은 건설에 필요한 추가지출이나 좋은 디자이너를 고용하는 데 들어가는 부가비용은 차후에 증가된 가치를 통해 되돌아온다고 확신하고 있다. 명성 있는 건축가는 일반 건축가들보다 약 2% 이상의 비용이 추가로 발생한다. 설계비용은 시공 작업을 통해서도 계산되는데, 시공은 일반적으로 전체 사업 비용가치의 약 40%를 차지한다. 따라서 매매 부동산의 자산 가치를 약 0.8% 이상 상승시켜야 부가 설계비용을 상쇄시킬 수 있다.

건축적으로 디자인된 빌딩은 건설 시 비용이 더 들 수도 있다. 하지만 강력한 발주자와 함께라면, 보통 약 40%의 개발이익 내에서 건축비용을 10% 이내로 유지할 수 있다. 따라서 이 부가적인 비용을 상쇄하기 위해서는 총 개발이익을 4% 증가시킬 필요가 있다. 따라서 비용 상쇄를 위한 부동산 자산 가치와 개발이익의 총합은 4.8%이지만, 수익과 간접비를 고려하면 가치가 6.5% 이상 증가해야 한다.

벤은 이러한 건축비용은 좀 더 빠른 매각을 통해서, 그리고 단위면적 또는 개별 주거당 가치를 높임으로써 쉽게 상쇄될 수 있다고 믿는다.

우수한 디자인에 비용이 더 든다는 것에는 의심의 여지가 없다. 하지만, 비용을 억제하기 위해선 강력한 리더십 또한 필요하다.

아델라이드 워프Adelaide Wharf의 증가한 부동산 가치는 '재고 비용'을 최소화시키고, 건축가의 고품질 디자인에 따른 부가설계비용을 상쇄시킬 수 있다.

047

종합적인 차원의 접근방식 이행

맨체스터, 디즈버리 포인트Didsbury Point, Manchester

Countryside Properties사社는 디자인을 통한 부가가치의 창출이 비용을 줄여 수익을 최대화하는 것보다 낫다고 확신한다. 이 개발회사는 경제성을 타당하게 하기 위해 표준화된 시방서와 평면도를 사용하면서도, 진보된 디자인 철학을 기반으로 고객맞춤형 기준을 개발하여 사업을 확장시켰다.

디즈버리 포인트에서 Countryside Properties사는 건축물의 품질에 대한 자신의 믿음을 보여주었다. 이 지역은 다음 세대에 지속적이고 영속적인 유산을 물려주겠다는 책임감으로 도시 확장을 계획하고 있는 곳이다. 수상작의 복합개발은 표준적인 구성을 세세히 적용함과 동시에, 독특하고 다양한 거리를 창조하기 위한 개개인의 노력을 통하여 현대적인 건물들로 조성되었다. 많은 주택들이 넓은 발코니와 테라스를 갖춘 크고 편안한 거실을 갖추고 있다. 이 개발은 지속가능할 뿐만 아니라 다양한 여정을 돕고, 지역 재생을 위한 이정표 역할을 할 것이다.

Countryside Properties사의 부사장인 리차드 체리Richard Cherry는 고품격 장소의 창출을 위한 회사 차원의 헌신을 점차 강화해 나아가고 있다.

사람들은 이전과는 다른 혁신을 선호한다. 하지만 디자인은 내부공간/조명과 환경친화적인 빌딩, 공공구역의 품질을 의미하기도 한다. 계획은 속성상 건물의 외관만을 지나치게 강조하고 있다. 또한 미래 에너지 소비는 주요 논점으로 자리잡고 있다. 공공공간은 종종 논외로 간과되며, 조경에 대한 관리 역시 형편없다. 좀 더 종합적인 차원의 접근방식이 요구되고 있는 실정이다.

Countryside 기업의 경영 철학은 다음과 같다.

- 비용감축보다는 디자인으로 부가가치를 창출하는 개발자를 지원하라.
- 디자인에 영향을 준다면 임대목적 부동산 규모를 제한하라.
- 거리환경, 에너지 소비, 그리고 경관도 입면도만큼 중요하다.
- MMC는 경제의 표준화를 위하여 요긴하게 적용될 수 있다.

디즈버리 포인트Didsbury Point에 있는 현대식 주택은 표준화된 시방서, 구성 요소, 평면도 등을 통해 통합적 접근방식이 사용되었다.

조경이 높은 품질을 가진 경우 그 가치는 최대가 될 것이다. 따라서 모든 공공오픈스페이스에 대해 명확한 관리계획을 수립하는 것이 중요하다.

3.2.2 장소 만들기

초기 단계부터 도시설계 개념을 가시화하는 것이 중요하다. 대규모 부지의 가치를 극대화하려면 개발될 장소의 품질을 초기단계부터 입증해야만 한다. 이러한 노력은 사용된 자재의 품질, 공공영역과 디테일의 품질을 통하여 증명될 수 있다. 대상지가 새로운 근린주거 센터를 필요로 하는 크기의 부지라면 개발자는 대중교통 · 상점 · 서비스와 기반시설들을 어떻게 거주자들의 요구에 맞게 제공할 것인지 초기 단계에서부터 지역 관계기관과 긴밀히 협의하여야 한다. 이러한 작업은 초기 비용을 증가시킬 것이나 거주자들은 결국 이러한 시설들이 공급되는 장소를 선호하게 될 것이다.

고품질 자재

고품질 자재는 부지매입과 건설을 포함한 전체 비용에서 큰 부분을 차지하지는 않는다. 디자인 작업이 시작되기 전 자재 목록이 구체화되어야 한다. 그렇지 않다면 추가적 비용 지출이 많은 부분을 차지할 것이다.

고품질의 공공영역

우수하게 디자인된 공공영역은 명료하고 즐거운 장소를 창출한다. 좋은 디자인을 지닌 장소들은 사업하기에도 좋다. CABE가 시행한 공공장소의 가치에 대한 연구 결과는 공공장소를 잘 계획해서 개선하면 상업적 가치가 40%까지 증가함을 보여주었다. CABE의 또 다른 연구는 가로 디자인의 품질을 향상시키면 주택가격과 임대료가 약 5%상승함을 밝혔다.
공공예술은 버려진 건물과 토지를 재생하고, 지역에 대한 자부심을 고취하며, 타운센터에 대한 지역적 소유감을 증가하고, 뚜렷한 문화적 정체성을 발전시키는 데 도움을 줄 수 있다. 공공예술에 대한 투자는 사업장소 위치 선택에 영향을 줄 수 있다. 사업자들이 건물을 어떻게 선택하는가에 대해 연구한 결과 점유자의 62%는 그들이 건물을 결정하는 데 공공예술이 큰 기여를 하고, 64%는 공공예술이 건물을 특색 있게 만든다는 것에 동의했다. 투자자 대부분은 공공예술이 건물을 선택하는 데 중요한 역할을 했으며 임대를 용이하게 하고 리스크를 줄인다고 확신하였다.

브랜드화

랜드마크 건물은 장소의 이미지와 문화를 증진시킴으로써 가치를 증진시킬 수 있다. 이것은 사업자가 특정 지역에서 사업 위치를 결정하는 데 중요한 요소가 될 것이다. 또한 관광객을 늘리고 방문객을 증가시켜 지역경제에도 이바지할 것이다.

3.2.3 개발비용 절감

신속한 계획

계획 인허가 지연은 개발비용을 크게 증가시킬 수 있다. 사업 시작부터 지방정부 및 주요 투자자들과의 협력은 개발자들에게 무엇이 필요한지 분명하게 답해 줄 것이다. 초기에 디자인 원칙에 대한 합의는 계획 과정 시 공사 지연을 피할 수 있게 도와준다. 시간 투자와 자원의 선투자는 종종 디자인에 대한 상충과 재작업을 피할 수 있게 한다. 요구되는 디자인의 질을 확신하는 것은 사업이 빠르게 완료될 수 있게 한다.

디자인코드는 개발자들에게 코드 요구사항에 부합하는 계획안을 만들어서 제출할 경우 인허가를 좀 더 신속히 얻을 수 있다는 확신을 줄 수 있다. 그리고 이웃한 토지들에게도 동일한 기준을 적용할 것이라는 확신을 줄 수 있다.

048

공공예술 접목하기

엑세터, 프린세스헤이Princesshay, Exeter

Land Securities Group plc사社는 개발 사업의 일부로 예술을 접목시키는 데 괄목할 만한 이력을 가지고 있는 기업이다. 이 회사는 소매 및 상업시설의 일부분에 공공예술을 접목시키는 사업을 우선적으로 시행해왔다. 공공예술을 접목시키려는 시도는 자선활동에서 출발한 것이 아니라, 공공예술이 회사Land Securities와 그 지역사회에 이득을 가져다줄 것이라는 믿음에서 출발한 것이다. 특정한 장소성을 갖는 예술작품은 특색 있는 개발을 유도할 뿐만 아니라, 장소에 가치를 더하며 건조환경에 부가적인 품격과 섬세함을 더해줄 수 있다.

'프린세스헤이Princesshay'는 특징적인 장소성을 갖는 예술작품의 성공을 보여주는 좋은 예이다. 접목된 공공예술 중에 하나인 패트리샤 맥킨넌Paricia Mackinnonday의 작품인 'Marking Time'은 중세 양식을 본뜬 일련의 유리문을 찾아볼 수 있다. 이 작품은 초기 빈민구호소였던 곳에 설치되어 있다. 고고학적인 발견을 함축하고 있는 이 유리문은 초기 공예품인 아래 부분부터 최근의 것인 위 부분까지 연대순으로 배열되어 있다. 또한 빈민구호소에서의 생활상을 반영하는 'The Chapter Act' 기록의 인용문은 반암판에 모래분사로 새겨져 있다.

개발되기 전 빈민구호소는 마약환자들의 소굴이었고, 초기 개발안은 단순히 주변에 울타리를 두르는 것에 그쳤다. 하지만 예술품을 접목한 즉 Land Securities사가 진행한 조명배열과 조경은 이곳을 엑세터 시에서 매우 인기 장소로 탈바꿈 시켰으며 많은 방문자들을 끌어들였다. 그 결과 빈민구호소가 내려다보이는 카페도 베드퍼드 광장Bedford Square에 새롭게 생기게 되었다.

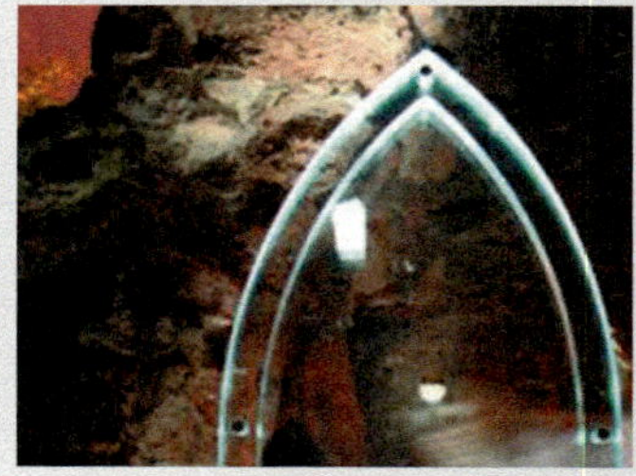

프린세스헤이Princesshay의 새로운 공공예술은 지역사회의 정체성을 증진시키고, 건축의 품질과 가치를 향상시켰다.

049

공동 작업하기

게이츠헤드, 시테이시즈 사우스 뱅크Staiths South Bank, Gateshead

테일러 윔피Taylor Wimpey사社는 사업 방식을 바꾸고자 한다. 현재 영국에서 가장 큰 건축회사인 이 회사는 지방정부와 공동으로 협력하고, 몇몇 관계기관들과는 강한 유대관계를 키우고, 계획 시스템을 통해 신속한 고품질 계획을 수립하는 것들의 가치를 인식하고 있다.

지방정부들과 협력하고 있는 테일러 윔피사는 체크리스트 평가방식의 개발 사업진행은 피하려 한다. 지방정부들은 종종 한정된 재원을 계획과 무관하거나 상반되는 곳에 소비하고, 그 결과 양쪽 모두에게 효과 없는 부정적인 결과를 초래하게 되는 경우가 있다. 이는 개발자에게 있어 사업의 지연과 높은 비용의 지출을 의미하며 시장에도 좋지 않은 영향을 미친다.

시테이시즈 사우스 뱅크SSB 지역에서 새로운 고품격 주거환경을 제공할 수 있다는 것을 보여주기 위해 테일러 윔피사와 헤밍웨이 디자인Hemingway Design사가 협력하였다. SSB는 다양한 종류의 집과 공공공간 및 반사적 공간을 구분하여 제공하고 있다. 거주자들이 영국에서 가장 큰 'Home Zone'에서 이웃과 만나고 교류할 수 있게 계획되었다. 이러한 계획은 역동적이며, 현대주택의 새로운 이미지를 타인 강River Tyne에 심어주기에 충분하고, 게이츠헤드의 부흥을 이끄는 모델이 되기도 한다.

SSB 지역의 사례처럼 개발자가 지방정부들과 협력하면 우수한 건축 구조물을 지을 수 있는 기회가 생기고, 비용소요가 많은 사업지연을 피할 수 있으며, 더 나아가 투자자들을 만족시킬 수 있다. 만약 위와 같은 협력방식을 활용하고도 품질이 유지된다면, 미래의 개발 사업에 게이츠헤드 의회는 더욱더 신뢰를 보내게 될 것이다. 테일러 윔피사는 해당 지방정부들이 저급한 계획을 지양하고 안전하고 좋은 개발 사업에 우선권을 줄 것이라는 것을 인식하고, 이러한 시도를 전국적인 개발 사업으로 확대 시행하고 있다. 디자인과 협력에 노력을 기울인 개발업자들은 대립만 하는 이들보다 큰 경쟁력을 얻을 수 있다.

SSB 지역의 공동협력은 우수한 지역공동체의 창출에 핵심적인 역할을 하였고, 첫 개발 단계에 있는 공동처가 4시간 만에 전매되는 성과를 이끌었다.

성공적인 계획들을 수행한 경험이 있는 개발자들은 품질에 대한 신뢰를 통해 지방정부와 빠른 협상이 가능하고, 이를 통해 이득을 본다는 것을 알고 있다.

매각 속도

우수하게 디자인된 계획은 좀 더 빠른 판매와 임대라는 혜택을 받는다. 시장에서 다른 상품들과 견주어 경쟁력을 가질 것이고, 자산 시장에서 생기는 위험에 좀 더 강력하게 대처할 수 있을 것이다.

3.2.4 앞서 생각하기

개발업계는 시장에서의 잠재적 변화, 소비자의 요구변화 그리고 정부 정책의 변화를 포괄적으로 고려해야 한다. 변화가 요구되는 사항 중 특히 긴급한 분야는 개발과정에서 소요되는 에너지 소비를 감소시키는 것이다. 이러한 변화는 정부정책이 주도하고 있지만, 소비자들의 요구도 높아지고 있다. 에너지 가격 인상과 기후 변화의 영향에 따른 인식은 소비자들에게 에너지 효율성을 고려하도록 하고 있다. 신규 주택에 에너지 등급표시를 요구하는 것처럼, 환경문제에 대응하는 개발은 가격 프리미엄을 얻을 수 있다.

에너지 등급표시가 2008년까지는 상업용 건물에 적용되지 않았지만 시장은 이전부터 에너지 소비를 적게 하는 지속가능한 건물을 요구해 왔다. 이러한 노력은 운영 비용을 감소시킬 수 있을 뿐만 아니라, 기업이미지를 제고할 수 있다.

3.2의 핵심 내용

가. 토지의 효율적 사용은 부가가치를 창출할 것이다.
나. 장소성 창출은 부가가치를 창출할 것이다.
다. 지방정부와 협력은 계획 과정을 진행하는 데 도움이 될 것이다.

참고문헌

1. Valuing Sustainable Urbanism. 2007. The Prince's Foundation/English Partnerships(now the Homes and Communities Agency)
2. Design Coding in Practice: an evaluation. 2006. UCL/Bartlett School of Planning/Tibbalds
3. The Value of Housing Design and Layout. 2003. CABE
4. The Value of Public Space. 2004. CABE
5. Paved with gold. 2007. CABE
6. For Art's Sake: public art, planning policies and the benefits for commercial property'. 1995. Roberts and Marsh

3.3
프로젝트 협력체계

고품질 개발을 성공적으로 달성하기 위해 효과적인 시행체계가 요구된다. 한 프로젝트에서 각각의 이해당사자나 동업자의 역할과 책임은 동업의 유형 또는 실행 과정에 따라 달라질 것이다. 가장 적절한 방안은 프로젝트의 규모와 목표, 각 동업자의 기여도, 사용 가능한 자원에 달려 있을 것이다.

이해관계자들은 서로 다른 목적을 가지고 개발사업에 참여한다. 공공부문은 주택, 일자리, 장기적인 경제 · 사회 · 물리적인 재생에 관심이 있을 것이다. 민간부문은 이러한 목표들에 협조하지만 투자자에게 생기는 위험을 최소화하면서 단기 또는 중기적인 수익을 극대화하는 것에 더욱 관심이 있을 것이다. 공공부문이 직접 개발하고 시행하는 것은 법으로 금지되어 있을 수도 있다. 민간 개발자는 위험을 공유하거나 필요한 기반 시설을 공급하는 것을 돕기 위해 파트너가 필요할 수도 있다.

3.3.1 팀 구성하기

체계가 효율적이려면 각 참여자의 역할과 책임에 대한 명확한 합의가 필요하다. 토지주 외에도 주 참여자는 프로모터, 개발자, 필지 개발자(단계별 계획에 대한), 기반시설 제공자와 등록된 사회적 지주가 될 수 있다. 프로젝트 참가자는 장기간에 걸쳐서 개발이 어떻게 진행될 것인지에 대한 고려가 필요하다(5.1절 참고).

이해당사자들이 개발의 목표와 비전을 공유하는 것은 중요하다. 이 목표를 효율적으로 달성하기 위해서 필요한 자원과 기술, 기여에 대한 명확한 이해가 선행되어야 한다. 성공 여부는 목표의 조정과 현실적인 기대치를 유지하는 모든 당사자에게 달려 있다. 당사자들이 합작 투자나 작업 과정에 참여할 때 갈등 해소를 위한 절차가 초안부터 마련되어야 한다.

비전을 확립하고 이해당사자들을 조정하는 명확한 리더십이 있는 프로젝트는 품질의 유지가 용이하다. 이런 역할은 프로젝트에 개입하는 공공기관이 담당하게 되며, 공공의 개입은 개발에 부가가치를 만들어 낼 것이다. 이러한 가치는 품질 수준 향상, 구입 가능한 집 또는 일자리 창출 그리고 절차의 가속화 등으로 나타난다. 또 공공부문은 어떻게 지속가능한 디자인을 할 수 있는지를 보여주는 시범 프로젝트에 참여할 수도 있다. 이것은 위험과 혁신, 효율, 공급체계와 관련된 쟁점들을 탐색하기 위해 민간부문과 함께 작업하는 것을 포함한다.

조정 수준은 프로젝트의 크기와 복잡함에 달려 있다. 공공부문의 역할은 부지합병과 개선 작업, 마스터플랜 수립, 설계 규정화, 기반시설과 공공영역에 대한 선행투자와 같은 현장준비 작업(특히 규모가 큰 현장에서)의 수행을 포함한다.

3.3.2 위험 분담하기

프로젝트의 프로모터는 위험과 수익을 어떻게 공유할 것인가를 결정해야 한다. 이러한 생각은 사업 매커니즘을 어떻게 구성할 것인가를 결정할 때 중요하다. 개발 품질 관리를 위해 얼마나 많은 시간이 걸릴지를 판단하는 것이 가장 중요한 관점이다.

고품질 개발에 강한 의지가 있는 프로젝트 프로모터는 부지합병과 개선, 기반시설 작업, 마스터플랜 수립, 설계 규정과 같은 현장준비 작업을 착실하게 수행한다. 이러한 사전 작업은 프로젝트가 높은 품질의 개발을 목표로 진행되고 있다는 확신을 줄 수 있다.

프로젝트 프로모터는 개발자가 위험을 분산할 수 있도록 현장의 포트폴리오를 통합할 수 있다. 개발자와 투자자에게는 확신이 필요하고 이는 부지가치를 증대시킨다. 위험이 줄어든 현장에서는 개발자가 설계 품질에 더욱 전념하도록 도와줄 것이다.

대규모 사업에서 스폰서는 필지별 개발자에게 단계별로 토지를 공급함으로써 개발사업의 품질을 통제할 수 있다. 이러한 토지공급방식은 토지주에게 고품질로 개발사업이 진행될 것이라는 확신을 갖게 할 것이다. 이를 위해서는 토지주의 확신과 노력이 필요하다.

토지주가 스스로 계획인허가 확보와 개발이 언제든지 가능하도록 부지를 준비하기 위해 가용자원을 사용하면 할수록 더 높은 가치를 만들 것이고 잠재적 개발 파트너의 위험을 더 줄일 수 있다. 사업 스폰서는 이를 통해 일관적인 품질의 실행성을 확보할 수 있다고 확신할 수 있다. 다양한 이유로 종종 많은 프로젝트의 초기 비용(예를 들어 기반시설)을 파트너에게 떠넘기는 것이 쉬울 수도 있지만 그것은 단기간의 경우일 때 해당된다. 그러나 이러한 작업과정에서 요구되는 중장기적 비용을 완전히 이해하는 것은 재정과 품질관리 측면에서 중요하다.

프로젝트 스폰서가 요구하는 통제 수준은 설계 품질과 프로젝트 스폰서의 기여도, 재원의 수준, 그들이 요구하는 보상 수준에 따라 고려되어야 한다. 개발에 대한 높은 수준의 통제권 확보는 고품질의 설계를 이루는 데 도움이 되겠지만 많은 재원투자와 기여를 요구한다. 그러나 개발자에 대한 위험을 줄이고 품질을 확보함으로써 최종 단계에서의 이익을 높일 수 있어야 한다. 프로젝트 스폰서가 개발에 있어서 최소한의 통제권만을 유지한다면 설계 품질에 영향을 줄 수 없을 것이다. 이러한 방식은 위험 수준이 낮지만(지주가 사전에 부지에 대한 수익을 받으므로) 수익은 줄어들 것이다.

대부분의 매커니즘은 이러한 두 가지 극단 간의 균형을 이루고 위험 공유를 통해 품질을 높이고자 한다. 이것은 공동통제와 공동수익을 제공한다.

3.3.3. 자본

대규모 사업의 현금 흐름은 장기간에 걸쳐서 관리가 된다. 현장을 개선하고 주요 기반시설을 제공하는 것은 5년에서 10년이 걸리고, 최대 3년에서 25년까지 걸릴 수 있다. 초기 자산 투자금이 부분적으로 또는 완전히 보상되기까지는 상당한 시간이 걸릴 수 있다. 수익에 대한 보장은 없으며 수많은 개발 과정과 금리 변동을 견뎌야 할 것이다.

위험을 줄이고 재정적 효율성을 확보하면 수익을 창출할 수 있다. 공공과 민간 참여에 관한 신중한 예측은 단기간 자금조달에 도움이 될 수 있다. 사업 모델을 신중하게 운영하는 것은 사업성을 확보하고 설계품질을 달성하게 하는 열쇠가 될 것이다.

다단계로 진행되는 개발 프로젝트에서 개발 가치는 정체성을 가진 장소를 만드는 것에 따라 시간이 지나면서 급격히 상승할 수 있다. English Partnerships과 Morley Fund Management를 위해 IPD에서 진행한 연구결과가 여러 부문에서 도시재생 지역이 인접지역보다 가치가 월등히 증가하는 경향이 있다고 밝힌 것처럼, 개발 가치상승은 재생계획에서 특히 두드러진다. 이를 위해서는 도시기반시설, 고품질의 공공영역과 다양한 생활기반 시설에 대한 선투자가 필요하다. 이후 단계에서부터 가치를 확보하기 위해서는 개발자가 장기적 전망을 가져야하는 것처럼 전통적인 주거지 개발과는 다른 수익모델을 필요로 한다. 중장기적 기간에 최대한의 수익을 창출하려면 '자본Patient Equity(수익을 위해 기꺼이 기다리고자 함)' 에 대한 투자가 필요하다.

아래 그림에 나타나듯이 품질을 확보하려면 노력과 헌신이 필요하다. 초기에 더 많은 위험이 개입될 수 있지만 장기적으로는 더 많은 이익이 발생할 수 있다.

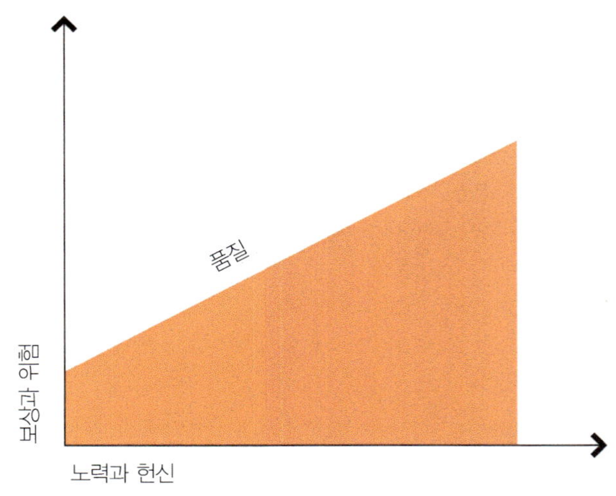

050

적합한 참여자들 참여시키기

옥스퍼드 캐슬사社 / 옥스퍼드셔 주의회 / 옥스퍼드 보전 트러스트Oxford Castle Ltd/ Oxfordshire County Council/ Oxford Preservation Trust

옥스퍼드 캐슬Oxford Castle사社의 도심재생 프로젝트는 공공, 민간 및 자발적 부문의 참여를 통해, 사용되지 않는 옥스퍼드 캐슬 유적지를 호텔, 레스토랑, 주택 및 새로운 공공공간으로 둘러싸인 복합용도단지로 전환하였다.

1996년 교도소 폐쇄 당시, 옥스퍼드셔 주의회OCC는 크라운 프로퍼티Crown Properties로부터 부지를 매입하여 시장(부동산 시장)에 내놓고 개발 파트너로 트레버 오스본 자산그룹Trevor Osbourne Property Group을 선정하였다. 이후 개발업자는 옥스퍼드 캐슬사Oxford Castle Ltd를 설립하고, 토지소유주인 OCC로부터 개발 협약을 체결하여 200여 년간 다양한 개발사업의 착수를 위한 임대를 승인받았다. 결정적으로 역사적 건축물의 복원과 새로운 건설을 포함하게 되었다. 옥스포드 보전 트러스트Oxford Preservation Trust는 헤리티지 로터리 펀드Heritage Lottery Fund로부터 보조금을 획득하였다. 그 결과 토지소유주인 OCC와 개발사인 옥스퍼드 캐슬사, 옥스퍼드 보전 트러스트 사이에 파트너십이 형성되었다. 또한 프로젝트는 SEEDA와 잉글리시 헤리티지English Heritage, 옥스퍼드셔의 환경단체로부터 보조금을 승인받게 되었다.

부지의 일부분은 OCC에게 다시 임대가 되었는데, 주의회는 그것을 다시 옥스포드 보전 트러스트OPT에 임대하여 관광지, 교육센터, 공공공간으로 운영될 수 있도록 하였다. 프로젝트에서 OPT의 지속적인 참여를 통한 관리는 높은 수준의 질을 유지하는 데 보탬이 되었다.

이러한 규모의 복합용도개발을 전개하기 위해서는 상상력과 결단력, 협력이 필요했다고 옥스퍼드 보전 트러스트의 데비 댄스Debbie Dance가 분명하게 이야기했다. "우리 중 그 누구도 서로의 협력 없이는 할 수 없는 일이었다."

개발사와 지역 당국, 지역 이익단체들의 협력은 옥스퍼드 캐슬Oxford Castle의 성공적인 복합용도개발을 이끌어낼 수 있었다.

051

유효 자원과 기술을 최대화하기 위한 협력

블루프린트사Blueprint 社

이스트 미들랜드 부동산 투자기금East Midlands Property Investment Fund: EMPIF으로 알려진 블루프린트Blueprint사社는 영리적인 테두리 내에서 사회적 · 경제적 · 환경적인 이익을 창출하도록 설립된 부동산 재생 합자회사Partnership이다. 이스트 미들랜드 개발기관(East Midlands Development Agency, EMDA) (25%)과 잉글리시 파트너십English Partnerships(25%), 몰리 자금 운용Morley Fund Management의 이글루 재건 기금Igloo Regeneration Fund(50%)으로 구성된 50 대 50의 공공과 민간으로 구성된 합자회사는 투자, 소유권, 위험, 이익들이 조합 간에 동등하게 공유된다.

블루프린트사의 소관은 바람직한 설계와, 재생적이고 다용도이며 환경적으로 지속가능한 주거지 개발을 통해 쇠퇴한 지역을 부흥시키는 것에 있다. 이는 창조 · 지식산업 창출에 중점을 두는 경제 변화의 촉진을 포함한다. 블루프린트사는 현재 진행하고 있는 개발사업 지구를 유럽 최상위 20개 지역 중 하나가 되는 것을 목표로 삼고 지역당국과 긴밀하게 협력하여 개발에 착수할 예정이다.

블루프린트사는 환경적 지속가능성과 재생, 도시설계 등을 포함하는 사회투자 정책Socially Responsible Investment Policy에 관한 모든 계획들을 평가하고 있다.

블루프린트사 조직은 영향력 있는 공공 및 민간부문과의 협력을 통하여 주요 자원과 높은 수준의 기술을 공동 활용함으로써 이점을 얻고 있다. 또한 재무구조는 지난 10년간의 목표달성을 위한 성과를 바탕으로 장기적인 전망을 가능하게 한다.

블루프린트Blueprint사社의 프로젝트 중 하나인 더비Derby의 역사적 도심재생 사업은 혼합용도 주거와 상업지 개발을 통해 경제성장을 뒷받침하고 지역적 특성을 최대한 살리는 것에 목표를 두고 있다.

개발자와 자금 제공자에게 발생할 수 있는 위험을 부담하도록 설득할 수 없을 경우, 정부보조 규정을 적용받는 공공부문에 의해 위험성을 제거할 수 있다. 이때 공공부문은 투자금을 되찾기 위해 선순위 수익을 협상할 수 있다.

3.3.4 협력 방법

고품질 관리

한 지역을 재생시키는 중요한 프로젝트는 대부분 공공부문에서 진행할 필요가 있다. 가장 용이한 방안은 도시개발 회사와 같은 법적 기관을 설립하여 프로젝트를 수행하도록 하는 것이다. 이러한 공공기관들은 인허가를 받는 데 있어서 비교적 수월하다. 공공기관이 주도하는 사업방식은 다양한 개발사업이 함께 요구되는 중요한 프로젝트에 적합하다.

개발 기간 동안 "중심 프로모터" 역할을 하는 프로젝트 스폰서는 설계 품질에 대한 강한 통제력을 가지게 될 것이다. 이러한 방법은 프로젝트 스폰서에게 설계품질을 유지할 수 있는 기회를 제공한다. 또한 이전 단계에서 학습된 것들을 적용함으로써 설계 표준을 개선할 수 있는 기회를 제공할 수도 있다. 이러한 방법은 프로젝트와 주요 투자자에 대한 지속적인 관리를 필요로 하며, 각 단계를 입찰에 붙이고 관리 구조를 수립해야 하므로 상당한 재원을 요구한다. 그러나 프로젝트 스폰서는 최종 단계가 다가올수록 증가하는 가치로부터 편익을 받을 수 있다.

개발 품질은 개발 합의와 건축허가를 통해 제어될 수 있다. 대규모 또는 장기적인 개발의 경우, 계약은 계획이 진행됨에 따라 설계 품질기준이 올라갈 수 있는 가능성에 대비하여 충분한 융통성을 가져야 한다.

합작투자 협력관계

통제 권한이 필요한 경우, 토지주는 합작투자 협력관계를 고려할 수 있다. 합작투자 협력관계는 단일부지나 개발 포트폴리오를 포함할 수 있다. 이런 방법은 부지에 대한 장기간의 통제가 유지되도록 한다. 이러한 협력관계가 필요한 곳에서는 설계 목표와 필요사항, 이것을 어떻게 시행할 것인가, 수익을 어떻게 나누어 가질 것인가에 대한 당사자 간의 명확한 합의가 필요하다. 이런 사항들은 양해각서에 명기되어야 한다. 개발합의와 마찬가지로, 계획이 진행됨에 따라 설계품질기준이 상승될 수 있는 가능성에 대비한 충분한 가변성을 가져야 한다. 개발의 품질을 보장하기 위해서는 명확한 계약이 중요하다.

조건부 부지 처분

토지주가 자본적 수입을 최대화하거나 계획에서 나타나는 위험을 최소화하려고 한다면 직접 판매를 알아보는 것이 더욱 적합할 것이다. 설계 품질을 보장하기 위해 부지가 완전히 처분된 곳에서도 지주는 여전히 효과적인 역할을 할 수 있다. 마스터플랜과 가능한 디자인코드 개발이 여기에 포함될 수 있다. 이러한 사항들이 부지 매각에 포함되어 있다면, 준수할 재원과 품질을 보장할 법적 책임에 대해 주의 깊은 고려가 필요하다.

차선책으로는 설계 품질과 환경적 기능, 커뮤니티 관리와 같은 사항들과 관련된 특별한 기준을 인허가 기준으로 명시하는 것이 있다. 프로모터와 개발자가 수익을 나누는 협의Overage Agreement를 통해서 추가적인 개발 위험을 부담하는 개발자에게 인센티브를 제공할 수 있다. 프로젝트 스폰서는 품질을 보장하기 위해 법적장치 없이 판매를 입찰에 부치는 것은 피해야 한다.

파트너십

고품질 계획을 달성하기 위해서는 파트너십이 중요하다. 파트너십을 맺기 위해서는 일련의 선발과정을 통해 대상회사를 선발해야 한다. 이전 계획에서 우수한 성과를 만들어낸 경험이 있는 회사들도 우선적으로 파트너십 채결 대상이 될 수 있다. 추가적인 개발이 필요한 경우에도 품질과 효율성 수준을 달성한 협력회사가 우선 선정될 수 있다.

민간부문이 앞서 있는 경우, 공공부문은 우수한 장소를 만들기 위해 계획 절차를 사용할 수 있다(4.1절 참고). 이것은 종합적인 개발 구상에 대한 동의, 도시설계의 높은 기준이 마스터플랜과 디자인코드를 통해 수행될 것이라는 확신, 공공 어메니티를 공급할 것을 확신시키는 106조항의 협상을 사용하는 것을 의미한다. 공공부문 토지주와 마찬가지로 민간부문 토지주 또는 마스터 개발자는 개발합의와 건축허가를 통하여 하도 개발자에게 조건을 부여할 수 있다. 마스터 개발자는 종종 그들의 투자와 명성 모두를 보호받기 위해서 개발 전 과정에서 품질유지를 보장받기 원할 것이다.

052

공동의제의 개발

캐슬필드 재생 파트너십Castlefields Regeneration Patnership

홀튼 자치구 의회Halton Borough Council는 쇠퇴한 1970년대 빈민 지역에 대한 재생 방안을 마련하기 위하여 잉글리시 파트너십English Partnerships과 주택공사the Housing Corporation, CDS Housing, 북서부 개발 단체Northwest Development Agency, 리버풀 주택 트러스트Liverpool Housing Trust로 구성된 캐슬필드 재생 합자회사Castlefields Regeneration Partnership를 설립하였다. 합자회사는 종합적인 재생 방안을 마련하기 위해 추진되었다.

정기적인 미팅은 합자회사의 공동의제 개발을 가능하게 하고, 각 기관의 경험 및 전문성을 이끌어 내는 데 기여했을 뿐만 아니라 서로의 역할과 책임을 이해하는 데 큰 보탬이 되었다.
파트너십의 다섯 가지 주요 역할은 다음과 같다.

- 종합적인 비전 창출
- 캐슬필드 지역재생 지원
- 계획과 프로젝트의 조율
- 물리적이고 사회적인 프로그램의 개발과 운영
- 장기적인 의무와 관리에 대한 책임

파트너십은 향후 투자를 위한 기틀을 마련하고, 다양한 재생 요소의 통합을 보장하는 마스터플랜의 개발을 위해 지역사회와 함께 개발 사업에 착수하였다. 파트너들은 이 계획을 실현하기 위해 총 4,500만 파운드 이상을 승인하였다.

또한 합자회사는 협력사가 함께 작업할 수 있는 방법을 수립한 장소 만들기 계획안을 제공하였다. 장소성 강화와 함께 전반적인 환경 품질을 증진하고자 작성되었다. 장소 만들기 계획은 지역사회의 요구를 충족시키기 위한 개발 단계를 설정해 주고, 장소성을 만들기 위한 서로의 상호보완 방안을 알려준다. 또한 캐슬필드 디자인 팔레트Castlefields Design Palette 지침서도 개발되었다.

이러한 프로젝트에는 성공적인 개발로 평가되는 피닉스공원Phoenix Park도 포함된다. 피닉스공원은 청소년 예술활동 공원으로서 전시관과 스케이트 공원, 암벽등반, 놀이터가 조성되어 있다. 또한 도시설계안은 지역주민들의 참여를 바탕으로 작성되었다.

파트너들의 공동작업 방법과 그들의 목표, 주도권의 조정, 프로젝트의 장기간 의무를 설정하는 장소 만들기 계획Place-making Plan은 예술활동 공원인 피닉스 파크Phoenix Park를 조성하는 데 많은 기여를 하였다.

053

개발사업 부지의 조건부 처분

텔포드 로울리Lawley, Telford

로울리Lawley는 지속가능한 지역사회가 어떻게 설계 · 창조되고 기존 지역과 통합될 수 있는지에 대한 기준을 제시한 획기적인 도시개발 사업이다. 70ha 규모의 공업단지 재개발 부지는 3,300개의 주거와 업무 및 상업시설, 초등학교, 공원, 레스토랑, 바 등으로 조성될 것이다.

2006년, 잉글리시 파트너십English Partnership은 부지를 개발하고 기반시설을 제공하기 위해서 조지 윔피George Wimpey와 퍼시몬 홈즈Persimmon Homes, 바렛 홈즈Barratt Homes 등에게 전체 개발부지를 공동입찰로 처분하였다. 따라서 토지는 건축법에 따라 개별토지 소유주에서 개발업자에게 양도되었다.

잉글리시 파트너십은 양질의 도시설계를 제공하는 도시개발을 촉진하기 위하여 의회와 공동으로 설계규정 수립에 착수하였다. 이 규정들은 보류된 문제들의 결정 및 해결을 목적으로 지방정부에 의해 활용될 예정이다. 또한 공동으로 개발된 설계원칙들이 개발사업 내에서 잘 적용되도록 도움을 줄 것이다.

지침 개발자인 EDAW는 독자적인 설계 컨설턴트로 잉글리시 파트너십 소속이다. 이들은 지방정부가 개발계획서를 평가할 때 도움을 주는 주요한 역할을 한다. 개발업자와 지역 당국 모두가 효과적으로 규정사항을 이해하고 대응할 수 있도록 지속적인 지원을 하는 것은 매우 중요하다.

이와 함께 106 협약Section 106 Agreement은 개발을 하는 동안 규정사항의 준수여부를 모니터링하기 위해 조성된 전담부서의 자금 지원도 포함하고 있다.

지역 당국의 설계규정과 마스터플랜Masterplan을 개발하기 위한 선행작업은 로울리Lawley의 발전을 보장하고, 양질의 도시디자인을 제공하는 데 도움이 되었다.

3.3의 핵심 내용

가. 이해 관계자의 효율적인 협력체계는 고품질 도시설계를 위해 필요하다.

나. 고품질 도시설계를 위해서는 시간과 노력이 필요하다.

다. 고품질 도시설계를 위해서는 장기적인 자본투자가 필요하다.

참고문헌

1. Urban Regeneration Index. 2007. IPD for English Partnerships and Morley Investment Fund

3.4
토지구획과 단계별 개발

대규모의 마스터플랜은 종종 개발의 속도와 가치에 따라 편익을 가져다줄 수 있는 개발 규모로 분할된다. 이것은 다양성과 같은 설계 이점 등을 창출한다. 마스터플랜에서 제시하고 있는 비전을 공유하고 경제적으로 활력 있게 하려면 분할된 개발 필지의 크기와 배열에 신중한 계획이 요구된다.

부지개발의 단계화는 계획의 성공에 중요한 영향을 미친다. 초기 단계에 공공영역과 필수적인 시설을 설치하는 것은 계획의 성공에 가장 중요한 영향을 미친다. 예를 들면, 초기에 대중교통과 커뮤니티 시설을 제공함으로써 차량에 의존하지 않고도 살 수 있다는 것을 초기 입주자들에게 확신시킬 수 있다. 그러나 그런 요소들을 실현하려면 일정 규모가 되어야 한다. 초기에 어떤 시설이 필요한지, 어디에 위치해야 하는지, 누가 설치할 것인지, 개발과 더불어 어떻게 증가될 것인지를 결정해야 한다.

3.4.1 토지구획

대규모 계획을 일련의 차별화된 개발 프로젝트로 분할하는 이점에는 다음과 같은 것이 있다.

분할개발의 이점

- **속도:** 여러 현장에서 동시에 진행될 수 있다.
- **가변성:** 취득하게 될 추가 토지 또는 취득할 이윤을 위한 시간을 줄 수 있다.
- **위험감소:** 초기 사업진행 성과를 보면서 후속 사업을 진행할 수 있다.
- **가치공학:** 극대화된 토지가치를 활용하는 비즈니스 모델을 운영할 수 있다.
- **복합용도:** 소매점이나 레저시설 같은 것들을 포함시킬 수 있다.

도시설계의 이점

- **다양성:** 다양한 디자이너가 함께 참여할 수 있다.
- **포괄성:** 소규모 개발회사와 건축가의 참여를 가능하게 할 수 있다.
- **혁신:** 작은 필지는 배치와 디자인을 혁신적으로 할 수 있게 도와줄 수 있다.
- **시각적 흥미:** 특색 있고 재미있는 장소가 되게 하며 인지도를 높일 수 있다.

토지개발자는 총괄적인 프로젝트 프로모터 역할을 해야 한다.

3.4.2 고려사항

개발의 특징 설정

초기에 맞춤형 계획을 만들고 개발의 특징을 설정하기 위해 전문화된 디자인 중심의 개발회사를 참여시키는 것은 대규모 공공부문 재생 프로그램에 편익을 가져다줄 수 있다. 처음 단계가 후속 단계에 대한 기준 역할을 할 수 있으므로 설계 품질이 중요하다.

우수한 디자인 품질을 확보하기 위해서는 후속사업으로 대규모 프로젝트는 우선순위를 어디에 두어야 하는지 확실히 하고 우수한 설계 성능은 계획에 참여하는 조건으로 남겨두어야 한다.

개발부지의 크기

개발자는 효율성, 용이성, 확실성 및 관리성과 같은 이유로 일반적으로 대규모 부지와 시공 방법에서 다양성이 최소화되는 것을 선호한다. 창조적 디자인은 심지어 표준화된 요소들에서도 재미있고 독특하며 특성 있는 장소를 만들어 낼 수 있다.

054

토지소유주에게 확신의 제공

할로우 뉴홀Newhall, Harlow

뉴홀의 설계 규정은 개발 비전과 마스터플랜의 수립을 통해 전개되어 왔다. 이 규정은 토지소유주에게 고품질의 디자인이 실현될 수 있다는 확신을 심어주고, 부당한 비용증가 없이 품질과 가치를 증진시키기 위해 고안되었다.

뉴홀의 규정사항은 다음의 세 가지 항목을 대상으로 한다.

- 동적인 도시구조와 공간체계
- 토지이용과 건물용적
- 건축 및 공공영역의 세부항목

뉴홀의 규정은 의무적인 건축선과 최소 건물높이, 주차 해결 방안, 시공사양 등 공공영역의 세부사항과 형태를 위한 명확한 요구사항을 제공한다. 하지만 규정 자체에는 마스터플랜 범위 내에서 건축적 표현을 위한 자율성을 상당 부분 허용하고 있다. 진입부 배치, 수동적인 감시와 공공공간을 위한 유효 가장자리에 대한 요구 사항 외에, 입면 외관에 대한 규제는 없다. 공공영역, 건물의 색채 및 소재에 대해서는 일관된 접근 방법을 제시하여 공간 간의 조화를 이루고자 하였다. 수제 벽돌, 화강암 및 슬레이트 등에 해당되는 건설 재료들은 대략적으로 건설비용의 25%를 증가시키는 것으로 추정된다. 입면과 지붕면, 바닥면, 건물 진입부에 예술가인 톰 포터Tom Porter와 함께 고안한 색채 팔레트Colour Palette는 의무사항이지만 모든 사람들이 적극적으로 지지하였다.

뉴홀Newhall의 새로운 설계 규정은 공공 디자인, 건물의 높이, 공공공간, 주차 공간 등에서 건축 입면에 표현적 자유를 허용했다.

055

규정을 통한 다양성의 성취

노샘프턴 업튼Upton, Northampton

업튼Upton의 설계 규정은 노샘프턴Northampton 외곽부에 지속가능한 도시 확장이라는 비전을 성취하기 위해 개발되었다. 복합용도개발계획은 대략 1,400채의 고에너지 효율 주택과 초등학교, 상점, 사무실, 카페, 레스토랑, 공공주택, 탁아소, 통역센터, 운동장 및 공원으로 조성된다. 부지는 환경영향을 최소화하기 위해 지속가능한 도시배수시스템Sustainable Urban Drainage System을 채택하였으며, 재생 공업단지 인접부와의 연계성을 위해 통합 기반시설과 토지점용 감소를 위한 고밀도 개발을 함께 진행하였다.

기본계획안은 설계과정상에서 핵심 이해관계자와 지역주민의 협업에 의해 수립되었고, 이와 함께 작성된 설계 규정은 협력사와 자문팀으로 구성된 프로젝트팀에 의해 구체화되었다. 업튼은 기본계획안과 설계 규정 두 도구를 연결하는 최초의 프로젝트였다.

설계 규정은 도시형태, 도로 유형, 건축 높이, 블록 원칙, 경계부 회복, 용도 구축, 배수 시스템, 공공영역 및 환경 기준의 구축 등에 중점을 두고 있다. 세부항목보다는 형태에 주력함으로써 변화하는 건축 양식에 다양하게 적용할 수 있도록 하였다. 이는 서로 다른 공간 간의 조화를 보완하고 시각적인 흥미와 특성을 제공한다.

이러한 설계 규정을 업튼 내의 다양한 유형의 부지에 약 8주간 세부적으로 시범 적용함으로써 더 좋은 디자인을 창출하도록 이끌었다. 이러한 성공적인 결과는 규정의 실질적인 적용을 위한 효과적인 계획 과정의 개발뿐만 아니라, 상당한 자원과 시간의 선행투자를 통해 달성되었다. 이제 이 설계 규정은 모든 관련 당사자들에게 명확한 지침을 제공하고 있다.

업튼의 설계 규정은 전통부터 현대에 이르는 다양한 건축적 양식이 개발사업 내에서 자리 잡도록 이끌어 주었다. 주택들은 게일 & 스노던Gale and Snowdon Ltd사社에 의해 계획되었다.

주거지개발에서 대규모 주택건설업자는 일반적으로 한 개의 개발 부지에 일 년에 50채 이상을 건설하고자 한다. 비록 세간의 주목을 받는 개발(고가 지역, 주된 개발자들은 좀 더 제한적인 개발기회를 고려할 것이다)과 같은 특별한 상황일 경우 좀 더 작은 부지들이 고려되지만 200~400채를 공급할 수 있는 대지는 개발가치가 있다. 규모가 작은 개발의 개발자는 20~50채 정도를 지을 수 있는 부지를 원할 것이다. 이러한 두 개의 시장은 분명하면서도 대지 규모와 마케팅에 대한 적절한 결정을 필요로 한다.

개발자들이 가장 수익되는 것들만 건설할 수 있도록 허용한다면 비용이 많이 들고, 가장 어려운 부분이 프로모터에게 남겨지거나 무기한 연기될 수 있다.

소유권 혼합

우수한 장소는 주택이 혼합될 수 있는 기회를 제공한다. 우수한 개발은 전 과정을 거쳐 소유권과 주택 유형이 혼합되게 하여야 한다. 서로 다른 소유권을 가진 주택이 건설될 때 서로 구별되어서는 안 된다. 임대주택을 배분함에 있어서 관리상 편리를 위해 분산식 또는 작은 그룹(6채 이하)으로 건설하는 것 간에 균형을 유지해야 한다. 이러한 방법을 채택하는 것이 토지 가치를 떨어뜨리지 않는다. Joseph Rowntree 재단의 연구 결과에 따르면 소유권 혼합이 재산 가치나 판매 비율에 영향을 미치지 않는다고 한다.

설계

의사 결정 시 가장 중요한 점은 필지가 어느 정도 규모여야 하며, 어디에 연결할 것인가이다. 건축 필지는 가로망 위계에 따른 필지 위치에 따라 크기가 결정된다. 조밀한 도시 조직을 만들려면 큰 필지는 가로 체계가 낮은 곳에, 작은 필지는 가로 체계가 뛰어난 위치에 입지시켜야 한다. 공간적 위계와 공간 규모의 중요도를 고려해서 공공공간과 인접건축물의 품질을 결정하는 필지구조를 결정해야 한다.

시공 기술

개발 필지는 건축필지와 일치할 수 있고, 단일 개발 필지는 몇 개의 건축 필지로 나누어진다. 만약 서로 다른 건축 필지(아마도 시공의 경제성 때문에)에서 동일한 시공 기술이 사용된다면 초기 단계 시 건축위원회에 이러한 상황을 설명하며 명확히 해야 한다.

개발필지

거주자들에게 공사 중 피해를 최소화하기 위한 순차적 개발이 필요하다.

낮은 위계의 도로에서는 시공의 용이성을 위해 도로를 따라 순차적으로 개발한다. 다양성이 요구되는 중요한 공공영역에서는 공공영역에 접한 소규모 필지들을 우선 개발한다.

기반시설

기반시설이나 공공영역에 대한 공사가 설계의도(그리고 지속적인 수용)에 부합하고 있음을 확인하는 것은 다양한 개발타입으로 나누어지는 토지에서는 어려워질 수 있다. 개발부지가 합병되는 곳에서는 더욱 심각한 문제가 발생될 수 있다. 이러한 잠재적인 붕괴를 최소화하고 연속성을 유지하려면 다음과 같은 세 가지 대안이 있다.

- 기반시설에 대한 세부적인 사양이 토지 매매 시 첨부되어야 하며 철저한 토지점검이 이루어져야 한다.
- 프로모터의 팀(도시설계, 엔지니어, 조경)을 운영한다.
- 프로모터는 도로를 포함한 기반시설들을 사전에 건설한다.

3.4.3 디자인코드

PPS3 디자인코드란 대상지 또는 지역의 물리적 개발에 관한 지침을 주거나 조언하는 것으로 그림으로 된 설계 규칙과 필수사항들의 집합체라고 정의된다. 코드 내 그래픽이나 구술된 내용들은 상세하고 정확하며, 마스터플랜 또는 다른 디자인, 대상지와 지역 내 개발체계 같은 설계 비전을 만든다.

디자인코드는 설계 요구사항과 관련하여 일련의 강제 사항과 차별 사항, 코드가 어디서 적용될 수 있는지를 정해 놓은 법적 계획으로 구성되어야 한다.

설계품질 유지

디자인코드는 이 책에 사례로 제시된 대규모 사업부지에서 높은 설계품질을 유지하는 데 사용되어 왔다. Newhall, Upton, Alierton Bywater and Greewich Millinnium Village와 같은 사례가 있다. 디자인코드는 다양한 건축적 스타일을 가지면서 일관된 장소를 만드는 데 도움을 주고 개발 필지 전반에 대한 고품질 설계를 확고히 하기 위해 필요하다.

품질을 유지하기 위해서 코드는 공통적인 원칙을 유지하되 서로 다른 방법으로 해석될 수 있는 일련의 설계 가이드라인을 제공하면서 다양한 스타일을 만들어낼 수도 있다.

디자인코드의 사용으로 이득을 받는 곳은 서로 다른 설계 팀에 의해 단계적으로 수행되는 큰 프로젝트이다. 코드 마스터플랜의 핵심사항을 상세한 설계 설명서로서 품질을 유지할 수 있게 도와준다.

코드는 또한 다양한 이해관계자들에게 추가 이익(3.4절 참고)을 제공한다. 코드는 이해관계자들이 설계 품질을 높이고자 노력하는 경우에만 효과를 볼 수 있다.

이해관계자	
토지소유자	• 토지의 이익을 최적화할 수 있도록 도움 • 계획의 설계 품질에 대한 확신 제공
개발자	• 초기부터 설계 요구사항들에 대한 확신 제공 • 계획인허가가 빠르게 진행됨 • 다음 계획도 비슷한 설계 품질을 유지할 것이라는 확신제공 • 개발에 따른 이익을 최적화할 수 있음
지방정부	• 개발이 커뮤니티의 목표를 달성시킨다는 확신 제공 • 계획의 설계 품질에 대한 확신 제공
커뮤니티	• 개발이 마스터플랜의 목표를 달성시킨다는 확신 제공 • 계획의 설계 품질에 대한 확신 제공

표 3.3 디자인코드의 이익

코드 내용

코드 내용은 맥락에 따라 다양하지만 Urban Design Compendium 1에서 제시되었던 도시설계 핵심 원칙들로 묶어질 수 있다. 예를 들어 맥락 이해하기, 도시 골격 만들기, 연결 만들기, 세부 특성계획과 투자 관리가 있다. CLG의 Preparing Design Codes: A Practice Guide는 가능한 설계 원칙들을 상세하게 설명하고 있으며 이러한 것들이 어떻게 코드화되는지 설명해주고 있다.

역할과 책임

디자인코드 팀의 역할과 책임에 대한 명확한 이해는 중요하다. 이것은 리더십과 자원, 시행과 같은 영역을 다루어야 한다. 코드는 일반적으로 지방정부와 기술 관련 이해관계자와의 협력하에 토지소유자를 대신해 도시설계 팀에 의해 개발된다. 그리고 코드는 세부적으로 구체화된 제반 사항들에 대한 요약서와 더불어 개별필지 개발자에게 제공된다.

실행과 집행

코드에서 설정된 설계 품질을 대상지에 반영시키기 위해서는 그들이 어떻게 실행되는지에 대한 심도 있는 고려가 필요하다. 코드는 개발 협약 또는 채택된 계획적 요구사항을 통해 시행될 수 있다. 어떤 체계가 가장 적절한 것인가는 프로젝트가 어떻게 진행되는지(3.3장 확인), 프로젝트의 진행 정도 그리고 기술과 자원에 달려있다.

자원과 기술

코드가 효과적이기 위해서는 진행 과정을 거치는 동안 가능하면 숙련된 스태프로부터 지원을 받는 것이 중요하다. 코드 개발에 참여한 스태프들은 필요시 개발자와 토지소유자, 지방정부 담당자에게 조언을 줄 수 있다. 이를 통해서 디자인은 코드에 부합될 수 있게 작성되며, 제안된 수정이 코드를 향상시킬 수 있을 것인가에 대한 판단을 용이토록 도와준다.

056

지속적으로 연계하기

네덜란드 암스테르담 보르네오 스포렌버그Borneo Sporenburg, Amsterdam, Netherlands

엄격한 설계 규정이 적용된 암스테르담 동부의 도크랜드, 보르네오 스포렌버그 지역 마스터플랜은 'West 8'에 의해 계획되었다. 이 설계 규정은 접근, 주차, 사유지의 오픈스페이스, 층 높이, 건물 폭 및 재료 등의 기준에 대한 범위 한도를 설정하고 있다. 특히, 이 규정에 주거는 건축가의 다양성을 토대로 디자인되어야 함을 구체적으로 명시하고 있다.

보르네오 스포렌버그 재생 계획의 일환으로, 설계 규정의 가이드라인에 따라 60여 개의 분할된 개별 필지 위에 각각의 토지 소유주들은 그들의 주택을 건축할 수 있었다. 소유주들은 각각 워크숍을 통해 건축가들에게 자문하고, 설계 규정에 대한 창의적인 대응을 통하여 건축가들이 자신들의 요구사항을 반영하도록 요구할 수 있었다.

설계 규정의 적용과 핵심 도시설계가들의 지속적인 참여를 통해 다양하고 혁신적인 계획을 보장할 뿐만 아니라 조화로운 발전을 가능케 할 수 있었다. 또한 암스테르담 운하 주거유형의 특징을 나타내는 대표적인 계획 사례로 자리잡았다. 이러한 보르네오 스포렌버그의 값진 경험은 네덜란드의 도시계획에 중요한 영향을 미쳤으며, 자유로운 개별 필지들은 새로운 도시계획의 일환으로 종종 통합되기도 한다.

보르네오 스포렌버그Borneo Sporenburg 개발에서 도시설계가의 지속적인 역할은 다양하고 혁신적인 계획을 보장하고 있다.

3.4.4 단계별 개발

단계별 계획

마스터플랜 작업 과정의 초기와 초기 대지검사(토지 소유권, 대지 상태와 제약과 권리 조사)가 끝난 이후부터 단계별 계획이 고려되어야 하며, 이것은 프로젝트의 사업계획에 영향을 줄 것이다. 프로젝트의 시점과 각 단계의 시행은 개발의 특정 요소들이 매매를 확보하는 것에 의존하는 것처럼 마스터플랜에 명기되어야 한다. 단계는 시장 여건 변화에 탄력적으로 대응할 수 있도록 만들어져야만 한다.

만약 프로젝트가 몇몇 개발자들에 의해 수행되거나 편의시설들이 마지막 단계에서 조성된다면, 초기 단계부터 비용을 확보하는 것이 필요할 것이다. 이러한 사항들은 비즈니스 모델에서 만들어져야 한다.

단계별 사업추진을 위해서는 다음의 세 가지 주요 구성요소에 대한 고려가 필요하다.

- 시공 순서와 기반시설 공급계획
- 편익시설 조성계획
- 초기수익 · 장기수익을 극대화할 수 있는 계획

단계별 개발

종합적인 개발은 적정한 시기에 필요한 기반시설을 확보하는 것이 중요하다. 여기에는 복합 용도에 대한 초기 투자도 포함될 것이다. 학교와 다른 공공 어메니티는 일반적으로 계획 동의 시 첨부된 106조 협약서에 따라 진행된다.

비즈니스 모델은 비용 프로그램, 재산과 토지가치 그리고 매매 속도와 관련한 투자 점들에 대한 영향을 이해하면서 개발되어야 한다.

대형 프로젝트는 상당한 투자를 필요로 하고 높은 위험을 감수하면서 계획과 설계 단계를 진행한다. 이러한 부담을 줄이고자 하는 프로젝트를 위해, 개발자는 초기 단계에 이익 창출 방법을 최적화하고자 모색할 것이다. 모든 관계자는 이러한 것들을 이해하는 것이 필요하다. 초기에 이익을 달성하고자 하는 욕구가 전체 프로젝트의 품질을 저하시키지 않도록 해야 한다. 단기적 이익은 중 · 장기간에 걸쳐 창출될 가치들을 희생시킬 수 있다.

3.4의 핵심 내용

가. 마스터플랜은 대지를 개발획지로 어떻게 분할할 것인지를 고려하여야 한다. 이러한 획지계획은 성공적인 도시설계를 성취하는 데 매우 중요하다.

나. 디자인코드는 장소성을 창출하고 개발획지 전반에 대한 고품질 설계를 확보하는 데 도움을 준다.

다. 프로젝트의 위험성을 줄이고 적합한 시기에 주민편익시설과 어메니티시설이 공급될 수 있도록 단계별 개발을 추진할 필요가 있다.

참고문헌

1. More than tenure mix: Developer and purchaser attitudes to new housing estates. 2006. Joseph Rowntree Foundation
2. Planning Policy Statement 3: Housing. 2006. CLG
3. Design Coding in Practice: an evaluation. 2006. UCL/Bartlett School of Planning/Tibbalds
4. Preparing Design Codes: A Practice Manual. 2006. CLG

3.5
우수한 파트너 확보하기

3.5.1 파트너 선정기준과 방법
3.5.2 제안서 평가기준과 방법

좋은 품질을 개발하려면 공공과 민간영역 모두가 프로젝트를 완료하기 위해서 함께 일할 수 있는 파트너를 확보해야 한다. 어느 영역이든 파트너를 확보하는 것은 새로운 도전이다. 그렇다면 서로의 목표와 비전을 공유하고 그 목표들을 효과적으로 수행할 수 있도록 도울 만한 적절한 파트너, 필요한 자원, 기술, 헌신을 가지면서 제삼자의 입장을 가진 적절한 파트너를 어떻게 찾아내고 확보할 수 있을 것인가? 아래 설명은 우수한 파트너를 확보하는 데 효과적인 방법을 명기하고 있다. 선택된 확보 방식이 프로젝트의 목적에 부합하는지 확신하는 것이 중요하다.

우수한 절차란 두 영역 간에 각자의 목적을 이해하고 자원과 위험을 최소화하면서 어떻게 프로젝트를 실행할 것인지에 대해 서로 이해하고 있다는 자신감을 극대화하는 것이다. 하나의 총괄적인 지침서는 모든 이해관계 당사자들에 의해 작성되고 동의되어야 하며, 이러한 지침서에 대한 결과물이 어떻게 평가될 것이고 모니터링 될 것인지에 대한 명확한 방법론이 포함되어야 한다. 투자그룹들 중 하나가 그 프로젝트에서 의견 일치를 보지 못하는 관심분야가 있을 때 (지방정부의 택지부서 혹은 도시계획부서와 같은) 지침서가 완료되기 전에 의견조율을 위한 합의 방안에 대해 동의를 구해야만 한다. 각 영역 간의 재정적이고 법적인 요구사항과 의무는 명확히 규정되어야만 하고, 모든 참가 예정 파트너들은 공평한 경쟁의 장에서 입찰할 수 있다는 신뢰가 마련되어야 한다.

3.5.1 파트너 선정기준과 방법

토지와 재산상의 이익을 처리하는 방법에는 여러 가지가 있는데 개인약정과 경매, 비공식적인 입찰, 공식적인 입찰, 타협된 입찰, 파트너십 등이 있다. 만약 입찰 진행과 관련하여 공식적 방법이 결정된다면, 입찰참가자들은 그들이 제안한 입찰(입찰 가격과 함께 제출) 자격의 품질을 상세히 기술해야만 하고 입찰참가자들은 제안서 내용을 달성하도록 계약된다. 비공식적인 입찰은 공사 자격과 입찰 가격이 결정되기 전에 어느 정도의 협상이 허용된다.

경쟁

우수한 품질을 확보하기 위해서는 개발자의 설계방법이 우수한지 평가하는 것이 중요하다.

개발자 간 경쟁은 입찰자들에게 구체화된 개발계획에 따라 부지개발에 대한 그들의 생각을 제안하도록 요구할 것이다. 경쟁은 프로젝트의 규모와 복잡성에 따라 종종 두 개 혹은 그 이상의 단계로 구성된다. 실행을 위한 단계별 과정을 가지는 것은 입찰 참가자들에게 전문가를 위한 비용 또는 내부 재원을 낭비하는 것을 피할 수 있게 하며, 좀 더 상세한 제안서를 요구하기 전에 그 프로젝트에 가장 적합한 잠재적 파트너들의 그룹을 파악하려는 노력이 필요하다. 사전 적격심사Pre-Qualification라고 불리는 이러한 접근법은 불필요한 비용 지출을 감소하는 데 도움이 된다. 일반적으로 진행되는 절차와 비교해볼 때, 이러한 방법은 완벽하게 실행할 수 있는 제안서를 제출하는 회사 수가 적어지는 경향이 있다.

사전 적격심사의 첫 번째 단계에서는 계획을 수행할 입찰참가자들의 능력(기술과 금융자산)과 유사 프로젝트 수행실적, 개발에 대한 그들의 일반적 접근 방식을 평가할 것이다. 이것은 초기 설계 작업을 어느 정도 요구할 수도 있고 그렇지 않을 수도 있다. 일반적으로는 입찰자들에게 이미 수행했던 프로젝트 사례들을 제출하도록 한다. 두 번째 단계의 입찰에서는 선별된 개발자들이 디자인과 세부적인 재정 상태에 대한 많은 양의 자료를 제출하도록 요청된다. 몇몇 프로젝트 스폰서들은 개발과 독점적인 기회를 부여할 경쟁력 있는 파트너들에 대한 선별 목록을 찾기 위해 사전 적격심사를 사용할 수도 있다.

개발 또는 컨소시엄 경쟁과 관련한 두 번째 단계에서는 입찰의 다른 측면들을 저울질하고 각각의 계획 요소를 경쟁력 있게 평가할 것이다. 사전동의경쟁력Pre-Agreed Competencies에 가장 잘 부합하는 낙찰자를 선정하고자 하는 목표는 프로젝트의 목적을 달성하고자 하는 것에 있다.

모든 입찰자들에게는 대상지에 대한 동등한 수준의 정보를 이용할 수 있는 권리가 주어져야 한다. 정보 전달 과정을 관리하기 위해 부지에 대한 일정표와 보고회의를 정하는 것이 유용할 것이다. 공평성을 유지하기 위해 개인 입찰자들과의 대화에서 도출되는 모든 주요한 사항은 모든 예정입찰자들에게 전달되어야 한다.

설계 품질에 대한 지침

좋은 지침서는 개발기회를 설명할 뿐만 아니라 개발 비전도 제시해야만 한다. 지침서는 프로젝트와 관련한 상세한 기술적 · 재정적 목표와 경쟁입찰규칙들을 서술해주어야 한다.

지침서에 의해 제공된 정보의 품질 및 이해도와 제출된 입찰서의 품질 간에는 직접적인 상관관계가 있다. 만약 프로젝트 스폰서가 각각의 입찰자들에게 유용하면서도 적절한 분량의 정보를 제공하기 위해 노력을 한다면 그들은 위험부담과 입찰 비용을 줄일 것이고 더 많은 양의 이윤도 얻게 될 것이다. 투명성이 높아질수록 입찰자들의 위험부담은 더욱 적어진다.

지침서에는 마스터플랜, 디자인코드, 설계 단계에서 입찰자들에게 기대하는 사항들을 제시하는 상세한 단지배치가 포함될 수 있다. 각 입찰자들의 제안서에는 어느 정도의 융통성 또는 혁신을 허용하는 것이 바람직하다. 규범적인 지침서가 항상 가장 좋은 해법은 아니다. 각각의 프로젝트에 적합한 규범과 융통성의 정도는 확보 과정 속에서 설계 품질에 나타나는 가치와 직접적으로 관련될 것이다. 일반적으로 평가 시점에서 설계 품질에 커다란 가치를 부여하면 할수록, 지침서 내에 디자인 관련 내용은 더 적어지게 될 것이다.

개발지침 작성을 위한 안내

다음은 개발지침 작성을 위한 표준 양식이다.

- **도입**
  개발부지와 부여된 기회에 대한 소개

- **배경 정보**
  프로젝트와 파트너들의 광범위한 목표

- **비전**
  제안된 계획들에 대한 설명과 목표, 개발과 관련하여 특정 선택사항에 대한 세부 내용

- **대상지 위치와 맥락**
  대상지 주소, 소유권, 위치, 설명과 적절한 지도
  부지에 대한 간단한 설명은 다음 사항을 포함해야 한다.
  –부지의 크기
  –부지의 접근성
  –부지에 존재하는 건물 상태
  –부지 내 건물 목록
  –관련된 계획들과 이미지
  –다른 지역과 부지와의 관계

- **대상지 제약사항**
  대상지의 제약사항에 대한 분석보고서가 포함돼야 함. 특이한 제약사항(오염, 생태학적 쟁점들과 석면들과 같은)에 대한 간단한 서술

- **관련 계획 역사**
  대상지와 관련하여 기존의 계획들에 대한 간단한 서술
  개괄적인 계획인허가 관련 세부사항
  –제출되었던 개괄적인 계획신청의 내용은 무엇인가?
  –부지에 106조항 관련 부분은 있는가?
  –부지와 관련된 기존의 마스터플랜은 있는가?

- **계획정책 맥락**
  국가적 · 광역적 · 지역적 계획정책 관점에서 대상지의 맥락을 기술
  다음에 대한 언급이 필요하다.
  –관계된 계획 정책 자료
  –지역공간 전략
  –준지역계획 자료
  –지방계획 자료
  –부가적 계획 자료

057

경쟁을 통한 파트너의 선정

글래스고, 크라운 스트리트 재생 프로젝트Crown Street Regeneration Project, Glasgow

크라운 스트리트 재생 프로젝트는 마스터플랜과 공정계획, 상세 설계 규정을 토대로 진행되었다. 개발자 – 건축가팀Developer-Architect Team은 디자인, 건설품질 수행력, 사업성을 설명하고 실행 가능성을 보장하는 두 단계의 경쟁을 거쳐 선정되었다.

마스터플랜과 설계 규정에 따라 수립되고 있음을 보여주기 위해 개발회사들은 개발협정을 맺고 정기적인 평가를 하겠다는 약속을 하였다. 뉴 고르발New Gorbals주택협회, 로리스톤Laurieston 지역의회, 허치슨 타운Hutchesontown 지역의회의 대표자들과 세 공공 파트너(스코티쉬 엔터프라이즈 글래스고, 글래스고 시의회, 스코틀랜드 지역단체연합)의 대표자들로 구성된 프로젝트 운영위원회의 개발 협정과 정기인 평가는 개발자 - 건축가팀이 약속한 품질 수준을 지키도록 주요한 역할을 하였다. 또한 이후에 설립된 크라운 스트리트 거주자와 세입자협회 대표들도 운영위원회에 포함되었다.

운영위원회와 프로젝트 매니저, 재생 프로젝트의 감독관은 건축가 및 계획 총괄자의 아이디어와 열망이 시공을 통해 실질적으로 현실화 되도록 보장하였다. 프로젝트 운영위원회의 투명한 운영 방식과 정치적인 반발의 부재, 무엇보다도 경쟁에서 승리한 개발자 – 건축가팀은 크라운 거리 재생 프로젝트의 주요한 성공 요인으로 꼽힌다.

개발자 – 건축가 팀은 그들이 제안한 계획과 건설품질, 수행력, 시장성, 계획원칙에 대한 신뢰를 토대로 크라운 거리Crown Street 재생 프로젝트의 시행자로 선정되었다.

- **디자인과 마스터플랜 작업**
  - 개발과 관련된 구체적인 지침서와 국가 지침서
  - 부지에만 적용되는 특이한 설계 기준
  - 향후 개발 관련 디자인과 배치를 위한 안내서
  - 요구되는 적절한 목표 기준을 목록화한 것
  - 구체적인 디자인 또는 마스터플랜 제안서들의 상세 내용들을 포함할 것
  - 디자인 또는 마스터플랜 작성과정에서 기존 또는 제안된 공동체 참여사항을 상세히 할 것

- **법적 정보**

  법적등록증과 관련된 쟁점
  - 개발을 위해 제공된 토지에 대해 등기된 등록증
  - 대상지 위에 부과된 검색물
  - 법적등록증에 부가적인 사항들에 대한 세부 내용
  - 대지의 처분과 관련된 기존의 협약

- **개발 파트너의 선택**

  개발 파트너에게 주어진 임무는 무엇인가?

  입찰 절차
  - 개발 제안
  - 재정 제안

- **제출안의 평가**

  평가기준 - 샘플 표제
  - 객관적 요구사항
  - 질적 평가
  - 재정 평가 기준

- **눈에 띄는 프로그램**

  대지에 대한 제안시점이 시작되기 전까지 개발설명서의 배포로부터 제안된 절차에 대한 눈에 띄는 개요

- **접촉 세부화**

  잠재적 개발자에게 제출하기 전 적합한 스태프와 함께 제안서에 대해 토의하도록 조언

제출 요구사항

지침서에는 모든 단계의 이행 과정에서 분명히 따라야만 할 것들, 즉 제출서에 담겨야 할 내용과 지켜야 할 형식 등에 대한 상세한 요구사항들을 담아야 한다. 지침서는 입찰자들에게 필요한 정보를 포함해야 한다. 여기에는 과거 작업들의 예시, 신원보증인, 주요 팀원들의 이력서, 회사 계좌, 프로젝트 재정 정보와 프로젝트 보고서 등을 포함할 수 있다. 지침서에는 도면의 숫자 및 축척(적절한 곳에서)을 분명히 나타내주어야 하고 모델이나 컴퓨터 렌더링 이미지들을 접수할 것인지 확실히 해야 한다. 3차원 제출물들은 권장되어야 한다.

제출물들은 디자인에 대한 개요를 포함해야 한다. 그리고 입찰자들이 어떻게 부지가 가진 역량을 극대화할 것인지 그리고 어떻게 정부나 부지와 관련된 구체적 요구조건들을 충족시킬 것인지를 나타내야 한다. 지침서는 고난도의 많은 작업량을 요구함으로써 입찰자들에게 재원을 소모하지 않도록 조심하게 하고, 관련된 정보만을 요구해야만 한다.

3.5.2 제안서 평가기준과 방법

프로젝트의 규모나 목표에 따라 평가를 위한 접근 방식은 다양할 수 있다. 어떤 방식으로 진행되는지 어떻게 또 누구에 의해 평가될지에 대한 설명이 지침서에 확실히 표현되어야만 한다. 설계 품질과 돈의 가치간의 균형을 위한 적합한 접근 방식을 위해서, 평가는 세 단계에서 검토되어야 한다.

목표 평가 / 정성적 평가와 품질 / 가격 평가

주요한 객관적 기준

객관적 기준은 모든 입찰서들이 따르도록 강제화되어야 한다. 이 기준들은 녹지 공간 조성과 공공주택 유닛, 밀도에 대한 고려 또는 CSH(Code for Sustainable Homes)와 같은 환경적 목표의 제공과 같은 일련의 요구사항들을 포함할 수 있다. 이 기준들은 모든 입찰서에서 동일하고 객관적이어야 한다. 프로젝트의 주요 목표에 대한 수용 그리고 이러한 사항들은 개별적인 접근을 요구하지 않고도 어떤 방식으로 부합시킬 수 있게 할 것인가에 대한 이해를 요구한다.

058

선정 절차를 통한 지역사회의 참여 유지

이스트 그린위치 중심가Heart of East Greenwich

이스트 그린위치East Greenwich의 중심가는 예전 병원부지 위에 런던의 첫 번째 탄소중립 개발사업Carbon Neutral Development을 추진할 예정이다. 탄소중립 개발사업은 CHP 바이오매스, 지열펌프, 열저장고, 태양관 발전, 가스보일러 등을 활용하여 독립적으로 열과 동력 생산이 가능한 지역사회 건설을 목표로 하고 있다.

이스트 그린위치 중심가의 개발자의 선정절차는 후보명단에 오른 모든 이들이 사업에 대한 열망을 지닐 수 있게 하는데 매우 효과적이었다. 최종 낙찰자는 환경적으로 혁신하려는 선구적인 기준을 세우고, 최첨단적인 개발로 새롭고 통합된 지역사회를 창조하는데 큰 역할을 할 것이다.

1단계 지침서는 문화적으로 다양하고 사회적으로 포괄적인 재생 원칙에 입각하여 이스트 그린위치의 새로운 중심가를 창조할 수 있는 비전을 제시하였다. 제출물들은 이러한 비전에 효과적으로 부합하기 위해 13가지의 목표로 구성된 SMART 전략(구체적이고, 측정가능하고, 도달가능하고, 실현가능하고, 시기적절한 것)으로 번안되었다. 이러한 전략은 광범위한 평가기준을 가지고 있고, 2단계에서는 입찰자들로부터 받는 요구사항들의 윤곽을 파악하였다.

2단계 지침서는 의무 기준과 설계 변수, 마스터플랜을 포함하며, 또한 개발자들이 사회적 성향을 평가할 수 있도록 잉글리시 파트너십English Partnerships이 운영하는 Previous Community Consultation Events로부터 상세한 피드백을 받았다. 개발자들은 공청회에서 그들의 계획을 발표해야 하며, 선정 절차의 마지막에는 제시한 아이디어를 공개 전시하게 된다. 이러한 지역사회 피드백은 개발자들로 하여금 자신들의 계획안에 대한 자체평가를 통해 개별 계획안들이 지역사회에 미치는 영향력을 세밀히 파악하고, 더 좋은 통찰력을 지니도록 도움을 주었다.

이러한 접근방법은 광범위한 논점에 대해 입찰자들이 효율적으로 대처할 수 있게 하고, 모든 제출물들이 프로젝트의 비전을 분명하게 반영하며, 지역사회 개입이 의사결정 절차 내내 지속적으로 반영될 수 있도록 하였다.

커뮤니티의 참여를 통해 도출된 피드백은 지역개발계획에 사회적 · 환경적 열망을 담은 First Base사의 당선을 가능케 하였다.

정성적 평가

일단 입찰서가 객관적 또는 의무 기준에 부합하는 것으로 간주되면 그 입찰서는 정성적으로 평가될 수 있다. 이와 같은 평가 단계에서는 여러 입찰서들 간에 취해진 접근 방법 구분과 프로젝트 목표에 얼마나 잘 부합하는가를 판단하는 것이 가능하다. 이것은 입찰자들에게 사업을 어떻게 수행할 것인지를 보여줄 수 있는 기회를 마련해 준다. 정성적인 평가는 적어도 아래와 같은 네 가지 사항을 언급해야 한다.

- 부지 관련 특이한 설계 쟁점
- 공동체 참여
- 장기적 관리
- 실행과 재정 능력

모든 입찰서들은 위의 내용을 다루어야 하고, 각각에서 정한 최저 점수를 통과해야 한다. 또한 모든 입찰자들에겐 입찰 과정에서 프로젝트 관계자들과 평가 위원회에 4가지 사항 각각에 대한 그들의 접근 방법과 프로젝트 목표에 대한 이해도와 관련하여 토론할 기회가 주어져야 한다. 모든 경쟁은 작성된 기준과 작업을 통해 위원회 또는 개별적으로 혼용된 위원회를 통해 일관성 있게 평가되어야만 한다. 평가위원회는 가능하면 지방정부와 주요 이해당사자들의 대표자를 포함해야만 한다.

각각의 정성적 분야에 대해서는 최소 기준이 설정되어야 한다. 또한 무모한 점수이동이 허용되어선 안 된다. 이를테면 만약 어떤 계획안이 디자인의 질적 측면에서 최소 기준을 초과했으나 실행성에선 기준 미달일 경우에는 검토되지 말아야 한다. 입찰서는 각각의 영역에서 일관성 있는 수준을 유지해야 한다.

각각의 정성적 부분에 대한 상대적 중요도에 따라 합의된 최소 기준점수에 대한 조정을 통해 프로젝트 간의 유동성이 마련될 수는 있다. 예를 들면 대규모 프로젝트는 상세한 설계 내용을 제출하게 하는 것이 부적절할 수 있다. 입찰자의 실행 가능성에 대한 접근 방식과 재정적 역량에 대한 상대적 중요도가 더 클 수 있다. 그러나 프로젝트의 규모와 관계없이 각각의 입찰자는 그들 프로젝트의 목표에 대한 그들의 이해도를 보여주기 위해 개발의 일부분을 어떻게 디자인할 것인지 표현하도록 요구되어야만 한다.

만약 프로젝트(또는 이러한 프로젝트의 특정 부분)가 매우 중요하고 향후 단계를 위해 벤치마크 역할을 할 것으로 기대된다면 전체적으로 더 높은 기준 설정이 적합할 수 있다. 예를 들면 정성적 평가와 관련하여 각각의 기준에 대한 최소한의 사항으로 하되 전체적으로 평균 70%를 요구할 수 있다. 이러한 것들을 통해 입찰자들은 선정의 다음 단계까지 가기 위해 하나 또는 그 이상의 부분에 대해 혁신적이어야 한다는 것을 인지하게 한다. 이러한 접근 방법은 시범 계획이거나 향후 단계에서 너무 복잡해질 가능성이 있을 경우 사용된다.

점수	
1~2	기대보다 매우 낮음
3~4	기대보다 낮음
5~6	기대에 부응
7~8	기대보다 높음
9~10	기대보다 매우 높음

표3.5 채점 기준의 예시

입찰자들과 평가자들은 기대치에 대한 확실한 이해를 갖는 것이 중요하다. 만약 제안서의 내용이 각각의 부문에는 부합하지만 어떤 면에서는 부지별로 최적의 해법을 찾으려는 열망이 기대치를 넘지 않았다면 이 제안서가 제대로 된 것이라고 간주하지 말아야 한다. 평가 절차에 참여하는 모든 사람들은 각각의 상대적 기준에서 요구되는 사항에 대해 확실히 이해해야 한다. 한 사람에게 50%의 설계 품질에 대한 평가는 다른 평가자에게 매우 다른 무엇인가를 의미할 수 있다. 그래서 기대에 대한 명확한 정의와 그들이 채점에서 어떤 관계에 있는지 규정하는 것이 중요하다.

재정 관련 사항

객관적 · 주관적인 평가를 거친 후, 절차상 세 번째 단계에서는 입찰자들의 재정 상태를 살펴봐야 한다. 이 단계에서 우리는 입찰서에서 제안한 품질과 프로젝트에 대한 재정적 비용 또는 수입과의 균형을 맞추어야 한다. 입찰서는 일관성 있게 검토해야 되고 유사한 것끼리 검토되도록 하는 것이 중요하다. 지침서는 재정평가가 어떻게 진행되고 어떠한 중요 재정 목표가 부합되어야 하는지를 명확히 강조해야 한다.

사람들이 마지막 부분을 작성할 때 고려해야 할 다수의 선택사항이 있다. 어떤 것이 선택되든 그것은 절차상 초기에 결정되어야 하고 끝까지 따라야 한다. 특정한 입찰을 수행하기 위해 방법을 바꾸는 것은 절차상 공정성 문제에 휘말리게 되고 공공부분 회계감사(국립회계소에 의해 수행되는 회계감사들과 같은) 혹은 민간을 대표하는 독립된 회계감사에 의한 회계 정밀 조사에서 문제가 된다. 마지막 분야와 관련한 다양한 방법에 대해 장점과 단점이 아래에 기술되어 있다. 최적의 방법을 선택함에 있어, 총체적으로 제안된 개발사업의 품질을 사회와 관련된 가격과 가치와의 관계에 있어 균형을 맞추는 것이 중요하다.

품질을 규정한 후, 비용에 따라 판단

이 방법은 품질에 대한 객관적인 측정을 필요로 한다. 이 모든 것들이 달성될 때, 성공적인 파트너란 프로젝트 후원자에게 최소한의 비용으로 최대한의 수익을 제공하는 자가 될 것이다.

이처럼 명확하고 간단한 방법은 개발 기회를 위해 지속적으로 입찰할 파트너들에게 효율성을 달성할 수 있게 도와준다. 후원자는 효율적인 비용으로 실행될 개발에서 최소한의 품질을 성취할 것을 확신한다. 그러나 이러한 것은 입찰자에게 구체화된 최소한의 품질을 크게 넘어서게 하지는 않을 것이고, 그 결과 프로젝트가 제공할 수 있는 기회를 최대화시키지는 못할 것이다. 입찰은 표준화될 것이고 부지와 관련된 특이한 쟁점들에 부합하지 않을 수 있다. 이러한 방법은 매우 경직되어 있다. 따라서 결정된 절차로 인해 프로젝트 후원자가 그들의 이상적 파트너를 선택할 수 없게 할 수도 있다.

가격을 규정한 후, 품질에 따라 판단

만약 프로젝트 후원자들이 그 프로젝트를 활력 있게 만들 최소한의 재정 조건을 가지고 있다면, 그들은 최소한의 기준으로 예상 입찰자들에게 공지함으로써 오로지 정성적인 사항들에 기초해서 입찰서를 판단할 수 있다.

이러한 방법은 혁신을 고취시킬 수 있다. 또 가격 범위 안에서 그 부지에서 가능한 최선의 해법이 성취되도록 입찰자들에게 용기를 북돋울 수 있다. 각각의 입찰자들은 최저가격으로 높은 품질을 달성할 방법을 제시하도록 동기부여를 받게 된다. 이것은 혁신의 주 흐름을 만들 수 있다. 이 방법은 프로젝트 후원자가 프로젝트로부터 재정적 수익을 예상하기 쉽게 만든다.

공공영역에서 이와 같은 방법은 품질에 지나치게 초점을 맞추는 것처럼 보일 수 있다. 충분한 품질이 훨씬 더 많은 수익과 함께 달성되었다고 하면 공공의 지갑에 최고의 가치를 제공한 것으로 보이지 않을 수 있다. 또한 이러한 방법은 가장 높은 품질을 결정하기 위한 평가자들에게 중요한 기술을 요구하기도 한다.

상대적 비용 또는 고정된 비율 대비 가중치를 부여하는 정성적 평가

총체적으로 프로젝트 또는 사회에 돈의 진정한 가치에 대한 올바른 대표성을 주기 위해서는 품질의 상대적 가치는 재정적 의미로 잠재적인 부가 가치에 대응하여 균형을 맞출 수 있다. 가격과 대표적인 품질의 상대적 중요성은 50대 50 비율, 시범프로젝트로서 70 대 30 비율로 품질 측면에 더 커다란 무게를 둔다든지 또는 시장이 그 스스로 시행해야 할 가치보다 더 크게 벤치마킹 상대로 그 중요성을 줄 수 있다.
이러한 방법은 프로젝트 후원자가 그들의 개별 방법을 프로젝트의 필요성 또는 열망에 부합하게 하는 것을 가능하게 한다. 그것은 입찰자들이 그들의 능력 범위에서 가장 낮은 비용으로 가능한 최대의 품질을 제공할 수 있도록 전문적인 판단을 하도록 요구하게 된다. 이러한 방법의 목표는 품질과 가격 측면에서 가장 최선의 것을 찾아내려는 시도이다.

이와 같은 방법은 너무 많은 변수들을 허용하고 입찰자들이 평가위원회의 사적 열망까지 이해할 것을 요구하므로 입찰자들에게 매우 많은 위험이 있는 것처럼 보일 수 있다. 품질에 대한 각 평가자의 해석은 매우 달라질 수 있다. 입찰자가 품질과 비용이라는 두 쟁점 사항을 완전히 이해하고 있음을 위원회에게 확신시켜주는 것은 일정한 비용을 초래하게 할 수 있다.

품질/가격 평가에 기초한 이해당사자 그룹으로 구성된 평가위원회에 의한 가치 평가와 정당한 제안

다른 접근법들의 변용으로서 이 방법은 객관적이고 정성적인 쟁점에 대한 평가를 포함할 수 있다. 그러나 이것은 제공된 정보에 근거하여 고정된 비율이 아닌 평가 팀 또는 이해당사자 집단에 의한 가치 평가에 의존한다.

이 방법은 평가위원회로 하여금 프로젝트 후원자에게 가장 큰 자본 가치를 제공한다고 느끼는 입찰서를 선택할 수 있게 하는 최대의 융통성을 준다. 이와 같은 방법은 입찰자들에게 그들의 방법이 가장 좋은 해법을 제시하고 있음을 납득시키기 위해 그들의 입찰서에서 고품질과 효율적인 정보를 제공토록 하는 강력한 동기를 부여해 준다.

이러한 방법은 평가 위원회에게 그들의 결정을 정당화하기 위한 무거운 짐을 지우게 한다. 일부 위원회는 그들의 책임이 너무 크게 됨을 인지할 것이고 각각의 경우에 혁신적인 계획보다는 안전한 계획을 선정할 수도 있다. 또 이러한 접근법은 회계감사 위원회에 대응하기 어렵게 만들 수 있다.

종합

프로젝트를 위한 올바른 해법을 장악하고 선택하면서 프로젝트 팀은 그들 팀의 기술력과 프로젝트의 목표, 그들 자신의 조직을 위해 소요되는 자금 가치를 고려해야만 한다.

3.5의 핵심 내용

가. 가장 성공적인 선정 절차는 가장 효율적이고 효과적인 재원 사용을 통해 가장 적절한 프로젝트 파트너를 발견하도록 도울 것이다.
나. 지침서의 수준과 접수한 입찰서들의 품질 간에는 직접적인 상관관계가 있다.
다. 프로젝트와 전체 지역사회를 위한 최대 가치 실현을 위해 품질과 가격 간에 최적의 균형을 추구해야만 한다.

04

사업수행 FROM VISION TO REALITY

계획과 기술적 승인을 확보하기 위해 세부 단계를 거치면서 프로젝트를 수행하는 것은 대단히 중요한 단계이다. 각각의 프로젝트는 지방정부의 도시계획, 고속도로공단, 시설관리공단, 건축법 및 시공기준 등을 포함한 많은 기관으로부터 인허가를 받아야 한다.

본래의 설계 개념을 향상시키면서 여러 가지 과정 속에서 관련 인허가를 받아내고, 계획을 손상시키거나 의미를 흐리게 하는 것보다 새로운 단계로 끌어올리는 계획이 되기 위해서는 인내심과 결단력이 필요하다. 정말로 어려운 것은 세부적인 것들을 다루는 것에 있다. 다수의 훌륭한 계획들이 이 단계에서 좌초되거나 초기 기대에 부응하지 못하고 실패하게 된다.

대규모 복합부지에서는 광범위한 협상이 필요할지도 모른다. 갈등을 해결하기 위해서는 확고한 프로젝트 관리와 효과적인 협동 작업, 모든 사람이 공유하는 비전이 요구될 것이다.

초기 단계에 – 이상적으로는 설계 단계가 시작하면서 – 모든 이해관계자들과의 협의는 필수적이며, 그것으로 인해서 모든 사람들이 세부적인 기술적 합의가 요구되는 시점까지 설계 개념에 헌신하게 된다.

협력을 통한 공동작업이 설계 품질을 떨어뜨리지 않는다는 것을 보증하기 위해 승인 단계에서도 지속되어야 한다.

대중교통, 가로 및 도시 기반시설의 가장 중요한 요소들은 단기 및 장기적으로 삶의 질을 향상시킬 수 있는 방법으로 공급될 것이라는 것을 확신시켜야 한다.

품질에 대한 관심은 시공 단계까지 지속되어야 한다. 이것은 현장과 현장 밖의 건설, 조성될 커뮤니티가 이용하게 될 계획 요소들의 조속 양도, 새로운 커뮤니티가 현장 주변에서 어떻게 살아야 하는지에 대한 관심에도 영향을 주게 된다.

MERCURY

4.1
설계품질관리

4.1.1 계획과정에서의 도시설계
4.1.2 핵심관리 요소
4.1.3 최종결과물
4.1.4 설계품질 조성을 위한 메커니즘

4.1.1 계획과정에서의 도시설계

도시설계는 모든 개발을 통해 고품질의 지속가능한 장소만들기를 목표로 한다. 공동으로 개발된 올바른 도시설계 원칙에 기초한 프로젝트는 계획 승인을 받기 용이하다.

고품질의 결과를 얻기 위해서는 많은 사람들의 지원과 참여가 필요하다. 언제, 누가, 무엇을 요구하는지를 이해하는 것이 중요하다. 설계 업무는 협력하에 올바르게 운영되는 작업 활동과정에 기반을 두어야 한다. 계획 속에서 설계 품질을 보호하고 조성된 장소가 이해관계자의 열망을 반영한 것임을 확신시켜 줄 수 있는 가능한 수단들을 이해하는 것이 중요하다.

개발조정 과정

계획 인가의 교부는 모든 개발에 있어서 중요한 목표이며 이정표이다. 모든 프로젝트의 이해관계자들은 법적 요구사항과 계획적 충고에 충실히 부합될 수 있는 자료들을 지원하면서 고품질의 결과물과 도시 기본계획의 적용을 향해 협동하에 일할 필요가 있다. 제출된 제안서 관련 문서는 충분하게 갖춰져야만 기술이나 절차상에서 제3자와의 잠재적 법적 다툼에서 위축되지 않게 된다.

제안서는 개요 또는 내용을 포함하거나 둘다 혼합한 방식으로 진행될 수 있다. 대형 복합 프로젝트의 경우 개요서 정도의 제안서를 통해 원론적으로 확답을 확보하는 것이 가장 적절하다. 모든 경우에 있어서, 계획 제안서나 동반된 자료의 실제적 내용은 무엇이 제안되고 있는지 명확히 해야 하며 장소 품질에 대한 확실성을 제시해 주어야 한다.

사전평가와 조정

사전 제안서 평가와 협상을 수행하는 것은 초기 단계에서 문제점을 찾아내고 나중에 인력과 비용에 중대한 영향을 미치고, 공사지연 방지에 도움이 될 것이다.

사후 모니터링

고품질의 장소만들기를 위해서는 사후 모니터링 과정을 분명하게 명시하고 운영할 필요가 있다. 주요 계획 단계는 표 4.1에 있다.

4.1.2 핵심관리 요소

- **프로젝트 비전과 목표**

  강력한 비전을 구축하는 것은 이해관계자에게 동기를 부여하고, 기대나 이해에 대한 공감대를 형성시키는 데 매우 중요하다. 비전은 설계 작업을 통해 점점 명확해지는 일련의 목표로 초기에 구체화되는 것이다. 개념은 합의된 비전 보고서 또는 디자인과 무장애보고서Access Statement* 와 관련한 초안에 기록될 것이다. 목표는 명료한 설계 아이디어로 발전되어야 한다.

- **협력 작업**

  협력 작업은 모든 참여자에게 취소될 수 있는 작업을 잠재적으로 제거하고, 프로젝트 진행 과정을 서로 공유하거나 보완하도록 한다. 새로운 공간계획 과정은 다양한 이해관계자들이 함께 개발 팀의 구성원이 될 수 있게 도우며 대규모 프로젝트는 단순한 물리적 토지이용 계획을 넘어선 쟁점들을 논의하고 이해하도록 돕는다.

* **무장애보고서**Access Statement
– 상업시설 및 서비스에 대한 정보를 공공에게 제공하여 장소의 접근성, 이용성, 편의성을 높이기 위한 계획보고서

프로젝트 평가	프로젝트 정의하기 초기 배경, 범위와 규모 평가하기
비전 및 목표 설정	비전 제시와 핵심 프로젝트 목표 설정하기 비전 검증하기
결과 예측	계획 제안으로 직접 가는 것인지 또는 계획정책처럼 중간 과정을 통해 채택으로 가는지 평가하기
프로젝트 관리	프로젝트 관리 및 의사결정 구조 프로젝트 책임자와 프로젝트 관리자 임무 조정 그룹과 주제별 전문 작업 그룹 구성원들과 포괄적 커뮤니티의 참여 프로젝트 계획, 위험분석과 관리
근거 기반 평가	프로젝트 복잡성과 문제의 범위 평가하기 근거 기반의 중요성Importance of the evidence base 이해관계자를 찾아내고 참여시키기 근거 기반 평가하기Evaluating the evidence base
대안 검증	주요 쟁점 이해하기 – 설계 영향 참여 – 협동적인 설계 과정 시나리오 전개하고, 보고하고, 테스트하기 선호 대안 다듬기와 최종화하기
계획의 최종화	계획 신청을 위한 자료 범위에 대한 동의 개발 관련 주요 특징 설정(개략적으로) 근거서류 – Planning Statement(계획보고서), Environmental Statement(환경보고서), Transport Statement(교통 보고서), Design and Access Statement(디자인과 무장애보고서), Social Infrastructure(사회기반시설) 기간관련 106조항
진행	수령과 유효 의사결정 – 절차 설정과 관리 법정의뢰인, 폭넓은 상담, 커뮤니케이션과 매스컴과 작업하기 기업 인식과 구성원들의 역할 계획위원회, 보고서와 결정 조건과 의무 전화 참가Call-Ins와 계획 어필
실행 및 모니터링	보류된 문제결정과 세부사항 제안 최초 허가와의 관계 106조항 임무수행과 모니터링 조건과 규정 시행

표 4.1 프로젝트 수행절차(출처: ATLAS Guide: Planning for Large Scale Development)

059

대규모 개발사업의 지원

ATSAS 지침The ATLAS Guide - www.atlasplanning.com

The Advisory Team for Large Application(ATLAS)은 대규모 개발 프로젝트의 진행 및 고려사항들과 관련하여 지방정부와 이해관계자들에게 독립적인 자문 서비스를 제공하고 있다.

ATLAS는 증가하는 개발 압력을 겪고 있는 지방정부들을 지원하기 위해 설립되었다. South East 지역과 런던에서 남동부 지역 전체에 이르는 사업 영역의 확장을 통해 그들의 성공을 가늠할 수 있다. 주택전문 연구기관인 바커리뷰Barker Review 보고서는 이러한 자문 서비스가 전국적으로 확대되어야 함을 제안하였다. 이에 ATLAS는 고품질의 지속가능한 개발을 지원하고, 개발이행 절차의 속도를 높이기 위해 계획이행결과에 대한 협약Planning Performance Agreements에 관한 연구를 착수하였다.

ATLAS는 실질적인 경험을 바탕으로 공식적인 계획 절차를 거쳐 대규모 복합개발 프로젝트를 수행하기 위한 포괄적인 가이드라인을 제시하였다. 이 가이드라인은 프로젝트의 성공을 위해 착수해야 할 몇몇의 핵심 주제에 대한 특정 지침을 제공하고 있다. 이러한 정보는 인터넷을 통해 제공되며, 새로운 정책 가이드라인, 실제 프로젝트 사례, 이용자 경험을 통한 지식공유 등 활발히 업데이트되는 웹기반 자료들을 실시간으로 활용할 수 있다.

www.atlasplanning.com에서 제공하는 ATLAS 가이드는 복합단지 및 대규모 프로젝트 수행 보조를 위해 설립된 지방정부를 위한 독립적인 자문서비스 사업이다. 여러 프로젝트를 통해서 얻을 수 있는 지식과 다양한 정보가 실시간으로 업데이트된다.

060

계획을 통한 협업

바킹리버사이드사Barking Riverside Ltd 社

바킹리버사이드사Barking Riverside 社는 런던의 가장 큰 도시 재생 부지에 20년 동안 10,800m²의 주거와 25,000명의 거주가 지속 가능한 공동체 개발 사업을 추진할 계획에 있다. 바킹리버사이드사BRL는 잉글리시 파트너십English Partnerships과 벨웨이 홈즈사Bellway Homes Ltd의 합작 벤처회사로 템스 강 게이트웨이 Thames Gateway 프로젝트를 추진하기 위해 조직되었다.

설계 가이드라인은 계획 개요에 대한 합의를 조건으로 구체화되었으며, 프로젝트 규모와 기간에 유연성을 부여하면서 동시에 기본적인 설계 원칙을 설정하였다. 계획 동의와 106조 협약서는 핵심적인 설계 기준을 상세하게 나타내고 있고, 개발 단계에 적합한 설계 절차를 중점적으로 수립하였다.

바킹리버사이드사BRL는 매우 복잡한 하부지원 절차를 간소화할 수 있도록 계획당국들과 함께 계획의정서Planning Protocal에 동의하였다. 이는 BRL의 설계팀과 협력하고, 계획당국들의 역할을 대신하여 GLA의 디자인 포 런던GLA's Design for London법에 따라 일련의 기본계획 마스터플랜의 추진을 의미한다. 또한 제조부문 전문가를 포함하는 공공 및 민간부문의 설계 전문가들로 구성된 자문위원회Design Advisory Panel는 프로젝트 기간 동안 디자인 요소들에 대해서 바킹리버사이드사에 조언을 아끼지 않을 것이다.

바킹리버사이드사는 사업부지를 고품질의 지속가능한 주거를 조성하고 임대할 능력이 있는 개발업자와 주택건설사들에게 판매하기 위해 관련 기반시설을 건설하고 투자할 예정이다.

계획 협정서는 설계 보조변수의 중재를 확보하기 위해 3개의 계획 당국을 대신한 Barking Riverside사와 Design for London의 지원 절차를 합리화할 것이다.

• **프로젝트 관리**

잠재적 공사 지연과 위험을 최소화하기 위해서는 확고한 관리 구조가 구축 및 시행되어야 한다. 개략적인 지원서가 만들어지고 그 계획안이 본 과정에 접어들기 전에 계획에 대한 신뢰와 합의치를 이끌어내는 것이 목표이다. 역할과 책임을 분명히 하고, 쟁점과 책임을 발견하며 프로젝트 계획과 작업 프로그램을 진행해야만 한다. 이미 시작된 프로젝트 결과물과 파트너에 대한 기대, 지역의 특수한 고려사항 등이 반영되어야 한다.

• **합의사항**

프로젝트 관리 구조 내 구성요소들은 지방정부와 개발자 또는 지원자 간에 만들어진 Planning Performance Agreement(PPA) 내에서 공식적으로 구체화될 수 있어야 한다. PPA는 계획신청 준비 및 평가와 의사 결정 과정에서 확실성을 더 높여준다. 주요 목적은 파트너들 간에 협력적이고 투명한 계획 과정을 달성하는 것에 있다. PPA는 처음부터 명확한 프로젝트 관리 과정을 설정하면서 프로젝트의 주요 요소들에 대한 합의 사항을 문서화할 것이다. 강력한 프로젝트 관리와 시간 투자, 자원, 민간 · 공공 분야의 정치적 의지와 관련하여 일관되게 접근할 수 있도록 도와줄 수 있다. 이것은 계획 과정에 좀 더 많은 확실성과 자신감을 부여하고 개발제안 및 결정과 관련하여 품질을 개선하게 한다.

4.1.3 최종결과물

이해관계자들은 필요한 기준에 적합한 문서나 결과물들을 담은 종합적인 결과물을 만들어내기 위해 공동으로 작업하여야 한다. 최종 문서는 다음 사항을 포함하도록 한다.

- 제안되고 있는 것이 무엇인지, 어디에 있는지를 분명히 밝혀야 한다.
- 사전신청 과정을 통해 협력 및 전개되어야 한다.
- 확고한 증거로 충분하게 정당화되고 지원되어야 한다.
- 고품질의 결과가 어떻게 성취될 수 있고, 성취될 것인지를 보여주어야 한다.
- 일관성 있는 메시지와 정보를 포함해야 한다.
- 타당하고 적절한 계획 과정을 통해 효과적이고 효율적인 의사결정이 가능해야 한다.
- 명확하고 간결하게 작성되어야 한다.

일반대중을 포함하여 다양한 사람들이 제안서를 이해할 필요가 있을 것이다. 따라서 실행요약서는 기술분석 보고서를 첨부하여 일반 시민들의 이해를 돕도록 한다.

제안서 발전시키기

종합적인 자료들은 지역 쟁점을 이해하는 데 필수적이며 지역 쟁점은 확고하면서도 효과적인 제안서를 만드는 기반을 마련해줄 것이다. 일단 모든 자료가 수집되면 다양한 범주의 대안들이 만들어져야 한다. 이러한 대안들은 배경 정보를 모아 실제 작동될 수 있는 공간 계획 해법을 만들게 될 것이다.

커뮤니티와 이해관계자 참여시키기

규모가 크거나 복잡한 프로젝트인 경우 계획 지침은 계획신청서를 준비하는 과정에 이해관계자들과 지역 주민들이 참여하도록 독려해야 한다. 이렇게 되면 다양한 지방정부 대표자들과 기타 이해관계자들(지역 커뮤니티 단체들을 포함하여)이 참가하게 될 것이다(1.5절 참고).

계획균형 이해하기

모든 개발은 동일하지 않지만 세밀한 평가가 필요하다. 주거, 고용, 사회 기반시설, 오픈스페이스, 소매점 및 레저시설과 같이 토지이용과 관련된 평가사항들이 포함될 것이다. 접근성과 이동, 생태와 생물학적 다양성, 그리고 문화유산뿐만 아니라 프로젝트 실행성, 실현성, 환경영향과 계획의무사항 등까지도 평가해야 할 것이다.

설계 준거와 원칙 세우기

소규모 프로젝트들은 곧바로 구체적인 개발계획을 신청하고 진행하기가 쉽다. 하지만 대규모 개발 프로젝트들은 세부적인 작업이 진행되기 전에 개발 원칙을 세우는 개략적인 계획신청 과정을 거치게 된다.

설계 준거와 원칙을 초기 단계에 수립하여 디자인 및 접근성 평가, 교통영향평가 그리고 환경영향평가의 일부로 무엇이 제안되고 있으며 무엇이 평가되고 있는지 분명히 해야 한다. 개략적인 계획신청 단계에는 공식적인 일련의 특성화 계획이 포함되어야 한다. 이러한 특성화 계획들에는 반드시 개발 지침이 되는 설계 준거에 대한 분명한 기술(혹은 암시)이 동반되어야 한다. 개발 일정 역시 제시되어서 주어진 개발 범위와 규모를 명확하게 해야 한다.

정보를 제공하는 것이 실행의 융통성을 제한하지 않는다. 예를 들어, 건설현장 범위와 높이에 대한 최대치를 설정한다는 것은 최종 계획이 정확히 어떻게 될 것인지 구체화되지 않았지만 이미 허가된 범위 안에서 세부 설계를 진행시킬 수 있다. 이에는 다음과 같은 구조적 요소들이 반드시 고려되어야 한다.

- **토지이용** – 제안 용도 및 건물 또는 대지 및 특정 개발의 용도, 대지 내 근린주구 존 또는 단계
- **잠정적인 건설현장 범위** – 건설될 건물들이 위치하게 될 부지 내 위치 파악
- **건물 높이** – 건설 지역 내 최고 및 최저 고도 파악
- **조경 및 오픈스페이스 구조** – 오픈스페이스를 위한 전략적 지역을 파악하고 서로 다른 공간과 조경의 역할과 목적을 제시
- **접근과 동선** – 전략적 고속도로, 보행로, 자전거 도로 등을 포함하여 부지와 관련되어 제시된 접근점 및 동선 파악
- **기타 주요 구성요소** – 신청서의 성격에 따라 달라지지만 특성화 지역과 주거 밀도 계획, 주차 전략, 중심점 및 랜드마크의 등을 파악하기 위한 잠재적 첨부 계획

설계와 무장애보고서 역할

설계와 무장애보고서는 공식적으로 제출해야 하는 필수사항이다. 이 문서는 개발특성과 원칙들을 최종적인 세부 설계와 연결시키는 데 있어 중요한 역할을 한다.

설계와 무장애보고서의 범위와 크기는 관련된 프로젝트의 규모 및 복잡성과 비례한다. 개략적인 계획 신청안과 더불어 개발특성과 설계 원칙에 있어 일관성을 유지하는 것이 중요하다. 제출된 계획보고서는 설계 과정을 설명해야 하며 향후 남겨질 문제들 또는 세부적인 적용과 관련된 내용을 알리는 데 도움이 되어야 한다.

설계와 무장애보고서는 포괄적 설계 원칙과 실행방안이 어떤 식으로 개발 과정에 통합될 것인지, 어떻게 지속적으로 유지되고 관리될 것인지를 명시한다. 영문판 'English Partnerships' Guidance Note on Inclusive Design'(포괄적 설계에 대한 파트너십의 가이드 노트)에는 관련 주제가 제시되어 있다.

계획신청을 위한 부가적 지원 자료

지원 자료들이 설계 과정에 미치는 영향력을 이해하는 것은 중요하다. 디자인 및 대안 테스트 과정을 설명하는 환경보고서는 어떻게 환경영향이 그러한 과정을 통해 다루어져 왔는지를 알려줄 것이다. 영향 평가는 반드시 신청서에 의해 확정된 설계 준거와 원칙들에 기반을 두어야 한다.

4.1.4 설계품질 조정을 위한 메커니즘

공식적인 신청 과정에 부가 정보가 제공되거나, 혹은 추가적인 조정이 필요한 경우에 다양한 조정 메커니즘이 채택될 수 있다.

품질과 관련된 조정 메커니즘은 확실히 중요다. 예를 들어, 설계보고서, 마스터플랜 혹은 디자인코드에 의해 주어지거나 만들어진 내용들을 확정하거나 세부 사항이나 재료사용과 같은 특정 문제와 관련된 사항들이 그것들이다. 만약 계획이 특별한 특성을 갖고 있거나 향후 자세한 제출이 필요하다면 몇 가지 부가적으로 구체화된 관심이 필요할 것이다. 확실한 재해 예방 수단이나 기반시설 지원에 대한 필요성은 조건사항 및 계획의무조항에 명기되어야 한다.

정당성, 협상, 조건사항에 대한 최종안, 계획의무사항 및 배경 사유도 중요한 자료들이다.

계획조건

계획조건들은 인가가 난 이후 개발자와 계획기관 사이에 계약을 유지시키는 데 있어 중요한 수단이 될 수 있다. 이러한 조건들은 개발의 품질을 향상시킬 수도 있다. 그 조건들은 분명하게 규정되고 관련성이 있어야 하며 시행이 가능하고 정확하며 합리적이어야 한다.

	강점	약점
지역 실행 계획 또는 기타 DPD (Area Action Plan or Other DPD)	• 설계 요구 조건과 관련한 모든 관계자에게 확신성 제공 • 신청을 결정하는 데 있어 다른 DPD 정책에 우선순위를 둔 규정	• 어렵고 업데이트에 시간이 많이 걸릴 수 있음
보조계획 문서(Supplementary Planning Document)	• 설계 요구조건과 관련한 모든 관계자에게 확신성 제공 • 규정에서 요구하는 세부 사항들에 대한 기회 제공	• 신청을 결정하는 데 있어 우선순위를 가지지 않음 • 어렵고 업데이트에 시간이 많이 걸릴 수 있음
개발 조정 지침(Development Control Guidelines)	• 필요시 수정하기 용이	• DPD처럼 채택되지 않는다면 중요성이 제한됨
수정된 고속도로 기준(Revised Highways Standards)	• 채택된 문제점을 극복하는 데 도움이 될 수 있음 • 표준에 도시설계 원칙이 포함될 수 있게 함	• 고속도로에 관한 논의는 설계 품질을 떨어뜨릴 수 있음
계획 조건 (Planning Condition)	• 요구조건과 관련한 모든 관계자들에게 확신성 제공 • 실행이 쉽도록 설계 품질에 대한 효율적인 조정 마련 • 규정 수정에 있어 융통성 제공	• 구정이 실행 가능하려면 구체화될 필요가 있음 • 지방계획기관은 효율적인 실행을 위해 약속, 자원 및 기술이 요구됨
계획 의무 조항 (Planning Obligation)	• 요구조건과 관련한 모든 관계자들에게 확신성 제공 • 정당한 권리를 후임자에게 강요할 수 있음	• 구정을 수정할 수 있는 융통성이 적음
개발 협정 (Development Agreement)	• 토지소유자가 설계 품질에 관한 기준을 설정할 수 있게 함	• 지방계획기관이 설계 원칙에 동의하지 않을 수 있음 • 토지소유자는 효율적인 실행을 담보하기 위해서 필요한 약속과 자원, 기술이 요구됨
지역 개발 순서 (Local Development Order)	• 개발 기간 품질 기준이 변하지 않도록 보장	• 설계 측면에서 규정이 구체적일 필요가 있어야 함 • 어렵고 업데이트에 시간이 많이 걸릴 수 있음

표 4.2 계획부문의 디자인코드

계획 의무조항

계획 의무조항에 관한 법적 기반은 1990년 계획법 106조(수정판)에 명시되어 있다. 계획 의무 조항은 개발의 본질을 설명하기 위하여, 개발 과정에서 야기되는 손실이나 손상에 대한 보상과 관련해 개발자로부터 받아내기 위하여 또는 개발에 따른 광범위한 영향을 완화하기 위하여 사용될 수 있다. 의무 조항은 토지에 대해 적용되며, 원계약자와 그 토지에 대해 향후 권리를 갖게 될 사람들에게도 강제로 적용될 수 있다.

핵심의무조항The Head of Terms은 초기에 마련되어야 한다. 여기에는 구입가능 주택과 교육, 커뮤니티 및 교육, 시설, 도로 개선, 대중교통, 조경, 공공영역이 포함된다. 또한 이 조건들은 특정 계약 제안을 확실히 하거나 앞으로 행해질 향후의 설계 공정을 요구하는 데 사용될 수 있다.

디자인코드Design Code

개발 조정 과정을 통해 설계 내용과 제안서의 품질을 조절하는 가장 강력한 방법 중 하나는 계획 조건이나 의무조항을 통해 디자인코드를 만들 것을 요구하는 것이다. 계획에서 코드를 공식화하는 방법에 관한 예시는 표 4.2에 나타나 있다. 코드는 자세하거나 또는 유보된 문제에 대한 합의를 얻기에 앞서 계획과 관련된 다양한 설계 측면에서 동의를 얻어낼 수 있는 수단이 된다. 개발 조정의 마지막 단계를 통해 결과는 좀 더 매끄럽고 확실하게 진행될 수 있다.

디자인코드는 단지 설계 원칙만을 다루기 위한 것일 뿐만 아니라 유보된 문제들을 쉽게 평가할 수 있게 하는 구체적인 강제사항을 마련하게 할 것이다. 디자인코드의 내용은 3.4절에서 논의되었다.

승인 및 조정

개략적으로 또는 완전하게 승인을 받았다는 것은 대규모 개발 신청을 다뤄야 하는 과정에서 매우 중요한 이정표가 된다. 하지만 그것이 전반적인 과정의 끝으로 간주되어서는 안 된다. 조건의 이행, 106조항의 시행과 모니터링, 지원 기반시설 시행, 현장 개소 그리고 궁극적으로 계획의 완료 등과 같이 앞으로 다뤄야 할 일이 상당히 많기 때문이다. 초반에 세워진 프로젝트 비전과 목표는 개발자와 지방정부, 이해관계자들 간의 협력 작업에서 우선순위가 되어야 한다.

지방계획기관은 106 조항을 시기적절하게 효율적으로 따르고 있는지, 필요하다면 강제행위가 필요한지 모니터 하기 위해 자원과 조직을 적절히 이용하여야 한다. 당국에서는 이미 승인된 계획, 조건 및 승인된 세부 사항들이 준수될 것임을 기대하고 있으며 이를 적극적으로 모니터할 것이라는 점을 명확히 해야 한다.

4.1의 핵심 내용

가. 고품질 도시설계를 하려면 다양한 이해관계자들의 합의와 참여가 중요하다.

나. 사전 · 사후평가로 계획상의 문제점을 발견하고 해결하는 것이 우수한 장소만들기를 위해 필요하다.

다. 고품질 도시설계를 하려면 설계품질 보장을 위한 메커니즘이 구축되어야 한다.

참고문헌

1. Inclusive Design, 2007, English Partnerships

4.2 교통시설

4.2.1 교통계획
4.2.2 고려사항
4.2.3 인식전환

장소는 사람들이 자유롭고 지속가능한 교통수단을 선택하도록 디자인되고 만들어져야 한다. 또 계획승인 단계에서 교통계획이 적절하고 실행 가능한지 확인하기 위해 평가되어야 한다. 이동 경로, 단계, 자금도 평가되어야 한다. 효과적으로 이용할 수 있는 대안들을 찾고자 하는 목표에 대한 공감대 역시 이루어져야 한다.

지속가능한 교통수단을 제공하기 위해서는 효율적인 연결체계와 가로디자인, 충분한 이용인구가 필요하다. 그러나 교통습관을 변화시키는 것은 매우 어렵다. 초기 지원금, 홍보 및 이용자 인센티브 등을 대중교통에 지원하면 지속가능한 교통수단을 더욱 효과적으로 제공할 수 있다.

4.2.1 교통계획

밀도, 복합과 교통체계

소규모 프로젝트에서 교통 전략은 정책이나 체제 수준에 따라 이미 결정되어 있다(1.2절 참고). 그러나 주요한 개발전략에서는 교통정책을 제안할 수 있다. 도시형태는 교통수단에 큰 영향을 준다(2.2절 참고). 밀도와 복합은 통행의 필요성과 유형에 지대한 영향을 주는 요소이다. 깨끗한 거리 환경과 중요 장소와의 정확한 연계성을 가진 대중교통 노선은 교통시스템(버스나 지하철)이 혼잡없이 잘 이용될 수 있도록 할 뿐만 아니라 이용자의 증가도 가져온다.

계획 점검

마스터플랜은 승인 단계에서 공식적으로 평가될 필요가 있다. 필요한 검토 사항은 다음과 같다.

- **보행친화적 근린주구 만들기**
  - 가로가 지역 수준과 광역 수준으로 연결되었는가?
  - 가로가 방향성을 잘 알 수 있도록 명확한 형태와 시각적 체계를 가지고 있는가?
  - 개별 가로는 목적지로 직행도로를 따라 연결되어 있는가?
  - 부분적 또는 전면적인 차량금지 가로가 보행자들에게 안전한가?

- **자전거 타기**
  - 노선들은 편리하고 안전한가?
  - 사람들이 중요 목적지에 어려움 없이 접근할 수 있는가?

비포장도로들은 나름대로 매력이 있으며 많은 보행자와 자전거 통행자가 이용하고 있다. 이러한 네트워크는 확장되어야 하며 기존 노선은 잘 다듬어야 한다. 노선에 쉽게 접근이 가능해야 하고, 유지 · 관리가 용이해야 하며 원하는 목적지까지 연계되어야 한다.

- **대중교통**
  - 주요 대중교통수단 회랑이 명확히 보이는가?
  - 필요시 우회도로를 이용할 수 있도록 되어 있는가?
  - 주간이나 주말에 얼마나 자주 서비스 되는가?
  - 마스터플랜은 단계에 따라 도입되는 버스서비스를 담고 있는가?

교통습관은 빨리 형성되지만 비교적 오랫동안 유지되는 편이다. 처음부터 차량 의존성을 줄이기 위해 토지 내 서로 다른 부지들의 단계별 개발에 맞추어 대중교통을 도입하는 것이 각 지역의 개발을 조정하는 데 중요하다. 초기 개발단계에서는 버스노선이 제공될 만큼 충분한 인구를 가지지 못할 것이다. 이런 경우 거주민들이 늘어날 때까지 보조적인 대중교통수단이 제공되어야 할 것이다. 택시, 자동차 클럽, 자동차 공유하기, 자발적인 커뮤니티 교통수단 등 다른 교통 대안도 고려될 수 있다. 대중교통을 초기에 도입하는 것은 지속가능한 교통습관을 만들어 낼 수 있다.

061

대중교통에 선투자하기

언덕 위에 케이터햄, 마을The Village, Caterham-on-the-Hill

다음의 106조항 협상과 같이, 린덴 홈즈사Linden Homes 社는 케이터햄Caterham 개발지역에서 자동차 이용의 장려를 목적으로 버스의 구입 및 운영에 관한 5개년 대중교통계획 수립에 동의하였다.

버스 운행은 50가구가 건립되면서 시작되었다. 버스노선은 개발지역과 기차역, 마을 중심지를 연결하고 있다. 린덴 홈즈사는 버스운영권을 49만 달러(향후 수입에 입각하여)에 매입하였고, 버스 측면은 자사의 기업광고나 선전문구를 위해 광고판으로 활용하였다.

마을 운영을 위한 세금에는 버스운행을 위한 기부금도 포함되어 있으며, 편의시설의 이용도를 높이기 위해 관광객이나 사업가들에게는 관광 여행권을 제공하였다. 버스 이용 여부와 관계없이 마을 거주자들 전체가 세금을 공동으로 부담하였고, 기부금은 재산에 관련한 마을 규정과 개별 부동산 가격에 따라 결정되었다. 린덴 홈즈사의 자금 지원은 2005년 10월로 종결되었다. 하지만 버스 운영에 대한 시민들의 강력한 요구 덕분에 부족한 버스 운영비는 주의회에서 보조를 받게 되었다.

마을과 시내 중심가, 그리고 배후 및 인근지역을 연결하는 버스 운행 서비스는 50여 가구의 자동차 이용 감소를 목적으로 개발자에게 자금을 지원받아 운영하게 되었다.

- 자동차
  - 교통 흐름이 각 가로의 형태나 특성에 적정한 수준인가?
  - 교통신호에 의존하지 않고 차량들이 적정 속도로 운행할 수 있도록 도시설계가 되었는가?

주차는 장소가 얼마나 잘 작동하는지와 가로 환경의 질적 수준에 중요한 영향을 미친다. 따라서 주차 용량과 주차시설관련 쟁점은 설계 기본 단계에서부터 정리되어야 한다. 이에 대한 해결책은 위치와 지형, 마켓(2.5절 참고)에 달려 있다.

비효율적인 주차장의 위치지정은 주차 수요가 있는데도 주차공간이 비는 상황을 발생시킨다. 하루 종일 공간이(특히 복합 용도를 가진 지역의 경우) 어떻게 이용될 것인지, 어떻게 주차공간을 가장 효율적으로 사용할 수 있을 것인지에 대한 고민이 필요하다.

자동차 클럽의 사용은 신개발지역에서 권장될 만하다. 이는 추가적인 자동차의 필요나 주차장에 대한 수요를 줄일 수 있다.

교통비용의 측정

교통 수요는 설계 단계 때 명확히 예측해야 하며, 어떠한 비용으로 할 것인지 고려해야 한다. 새로운 기찻길과 지하철역, 전차, 버스 노선과 같은 중요한 도시 기반시설이 요구되는 곳의 개발자는 교통시설 공급자와 면밀히 협력해야 한다. 개발자는 공급자들이 도시 기반시설을 제공하도록 설명하는 데 지원해야 하고, 공기에 부합하도록 해야 한다.

대중교통수단을 위한 자금은 '지역기반시설자금' (상세한 것은 웹사이트 참조)과 같은 법률에 의해 정부로부터 제공받을 수 있을 것이다. 소규모의 경우에 자금은, '106 조항 협정' 에 의해 개발자들에 의해 마련될 것이다.

4.2.2 고려사항

행동 패턴 바꾸기

교통수단에 대한 사람들의 선택은 무슨 수단이 제공되는지, 품질은 어떤지, 다른 교통수단을 위해 얼마나 멀리가야 하는지에 달려있다. 인식을 바꾸는 요소들에는 다음과 같은 것들이 있다.

지역 교통(버스나 전철)

- 서비스 신뢰성과 빈도(특히 저녁, 일요일 및 교외 지역 서비스)
- 지연과 취소(특히 전철)
- 도로 위 교통정체(버스)
- 다양한 교통수단과의 연계
- 노선의 범위
- 이용시간, 노선과 운임에 대한 정보 유용성
- 운임료(특히 전철)
- 특히 전철과 관련한 부정적 이야기를 하는 언론
- 혼잡과 이와 관련된 불편함
- 개인의 보안성
- 위생(청결 같은 것)
- 장애인이나 휠체어 사용자의 접근
- 직원의 태도

자전거와 도보

- 주민들이 거의 지역 교통수단으로 간주하지 않음
- 안정성(교통사고와 개인 안전)
- 노선의 직진성

자동차 이용

- 개인 공간과 편안함
- 도어 투 도어 서비스, 편리성
- 도로 위 혼잡
- 도로공사와 교통 관리
- 도로개선공사에 대한 정보 부족

062

전략적 교통기반시설 구축자금 공급하기

밀턴 케인스 관세Milton Keynes Tariff

밀턴 케인스Milton Keynes의 지속적인 미래 성장을 위해 충분한 교통기반시설의 공급을 보장하는 것이 개발계획의 핵심사항이었다.

2016년까지 1만 5,000가구를 수용하기 위한 밀턴 케인스의 개발 규모는 상당한 수준의 투자가 요구되고, 이는 대부분 교통부문을 포함한 지역기반시설을 대상으로 하고 있다. 밀턴 케인스 파트너십 위원회MKPC는 지역 수준의 제고와 성장의 촉진을 위해 기반시설을 건설하기 위한 전략적 지침을 수립하였다. 이러한 전략에는 효과적인 자금 확보 및 조달 방법도 포함되어 있다. MKPC는 지방정부 및 기반시설 공급부서와 함께 이용가능한 공공기금의 활용과 개발업자의 관세를 통한 기여수준 등을 평가하였다.

이러한 선제적인 계획안은 그간 몇 년 동안 정부부처가 기금에 관해 미리 예측하지 못했던 사항들을 보다 장기적인 관점에서 파악할 수 있도록 도와주었다. 또한 MKPC는 개발 원칙에 대한 합의를 보장받기 위하여 고속도로청과의 협상을 체결하였다. 이 협상은 모든 계획가들에게 언제 교통기반시설 요소가 공급되고, 이를 위해 무엇이 필요한지를 알려주었다.

'A Joint Transport Delivery Team'은 교통공급계획을 관리하기 위해 설립되었다. 5개년 광역사업계획의 일부로서, 팀의 주요 역할은 타기관의 요구 및 개선사항 확인, 고속도로와 교통수단의 개선에 대한 잠재적 기부자 확보, 커뮤니티 기반시설 조성자금 모집, 관련 기금 형성 기회 확보 및 입찰조정 등이 있다.

이러한 전략적인 접근은 주요 교통사업의 자금 확보에 큰 기여를 하였다. 실질적인 예로, M1거리의 13번 및 14번 도로의 교차로 개선 작업은 이러한 노력 없이는 불가능한 사업이었다.

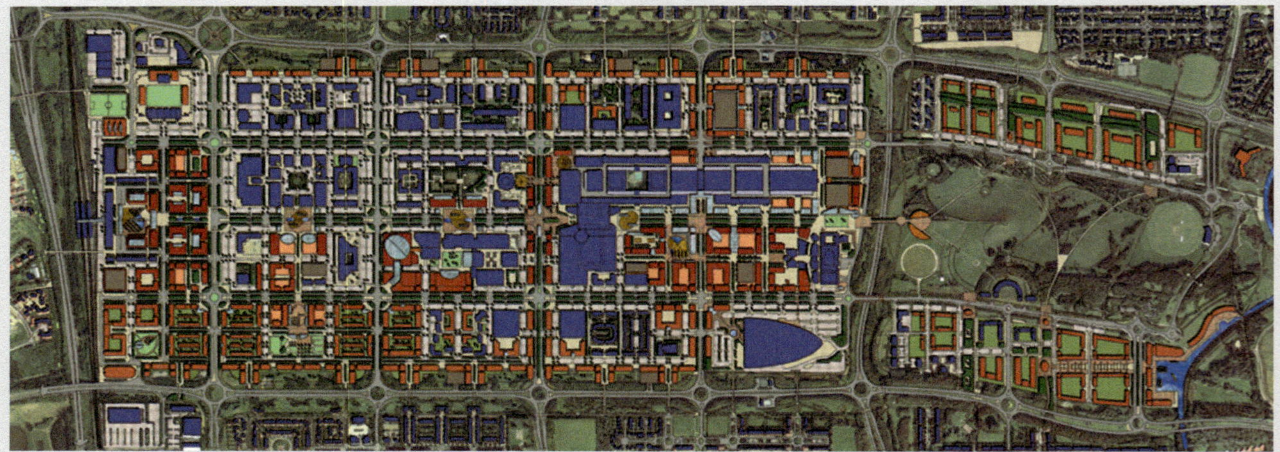

도시의 성장을 위한 지침개발에 교통부문을 포함함으로써 교통기반시설이 밀턴 케인스Milton Keynes의 발전을 효과적으로 이행할 수 있다는 것을 확실히 보여주었다. 상단의 마스터플랜은 밀턴 케인스 시내 중심지의 미래 발전 상황을 보여준다.

063

변화하는 여행 패턴
노팅엄 고속경전철Nottingham Express Transit

NET(Nottingham Express Transit)은 영국의 8번째 경전철 시스템이다. 도시 중심부로 연결하는 직선 노선과 공유된 이동통로, 매표소를 통한 버스, 열차의 간결한 연결 등이 주요 성공 요인이다. 이러한 교통체계는 운행 첫해에 8,400만 명의 승객을 운송했으며, 환승주차 이용률은 20%까지 증가하였다.

노팅엄Nottingham 시 도시교통국의 마크 파울즈Mark Fowles와 MVA의 데이비 카터David Carter는 이 교통체계의 성공적인 개발과 운영이 적절한 장소에 대한 ① 좋은 계획, ② 명확한 시방서, ③ 장기적 안목의 정책적 지원, ④ 숙련된 운영 팀에 달려 있다고 믿고 있다. 또한 사적인 공간의 개입, 운영자의 침착성, 조기운영, 보조금 및 PFI를 통한 자금 조달에 대한 다차원적인 접근 역시 성공을 위한 열쇠이다.

기차역과 목적지(총 3,140개소의 공원 및 자전거 교차로의 포함)간의 연결, 그리고 보다 빠른 서비스를 제공하기 위한 매표시설과 통합 교통카드의 이용은 버스운행체계의 재조직에도 큰 기여를 하였다. 핵심노선의 과다한 이용 빈도에 따른 문제는 NET과 동일한 교통노선을 추가 신설하고, 운행 횟수를 늘림으로써 해결할 수 있었다.

장기적 안목의 정책적 지원, 숙련된 운행팀과 노팅엄 고속경전철NET 운영을 위한 관계자들의 협력은 자가용에 대한 의존도를 감소시키고 공원과 자전거 사용을 20% 증가시켰다.

064

도시 전역의 자전거 전략 수립

프랑스, 리옹, 벨로 V Velo V, Lyon, France

벨로 V(Velo V)는 리옹Lyon 시와 광고 회사 제이씨데코JCDecaux에 의해 운영되는 자전거 임대사업이다. 약 200여 개의 임차 정거장으로 이루어진 자전거 네트워크는 리옹 시와 빌뢰르반Villeurbanne 시를 가로지르는 전략적 요충지에 자리 잡고 있다.

벨로 V(Velo V) 카드만 소지하고 있다면, 네트워크 내의 모든 정거장에서 자전거의 대여와 반납이 가능하다. 선불 · 후불제를 포함하여, 3단계로 이루어진 가격과 지급 옵션의 선택이 가능하다. 단거리 이동에 대한 자전거 사용을 권장하기 위해 처음 30분간의 사용요금은 무료이다. 또한 공공수송 기관용 스마트 카드인 TECELY 사용자는 60분 무료이용이 가능하다.

미래성장계획 아래 2005년 9월까지 약 23,000명이 사용자로 등록되고 약 2,000대의 자전거가 이용되었다. 평균 이동거리는 20분에 2.8km로, 가장 붐비는 시간대와 주요 기차역 및 지하철역 근처에서 사용량이 높았다. 연간 운용비는 임대 전자 장치 등의 비용을 포함하여 대략 대당 1,000유로이고 총금액은 약 200만 유로이다.

자전거 교통 시스템은 광고회사 제이씨데코사社가 관리하고, 리옹 시가 투자한 도로시설물의 13년 계약에 포함되어 있다. 이러한 관계는 비용중립 원칙에 따라 시市가 사용자에게 아주 낮은 가격에 서비스를 제공하도록 한다. 그에 대한 대가로 해당 회사는 버스 정류장 등에 대한 독점적인 광고 사업권을 갖게 된다.

벨로 V(Velo V) 자전거는 비용중립원칙에 의해 시市가 투자하고, 그에 대한 보상으로 해당 회사에 도로시설물을 통한 독점적인 광고사업권을 제공한다.

4.2.3 인식전환

의식 높이기

단순히 교통수단만을 제공한다고 해서 양질의 서비스 이용이 가능하지는 않다. 교통 정보부족(특히 노선, 운임 및 서비스와 소요 시간 등)은 대안적인 교통수단을 사용하는 것을 꺼리게 할 수 있다. 교통 시스템에 대한 홍보는 인식전환에 있어서 중요한 부분이다.

- **특성 창출**

  상표전시, 정보전단지 및 대중교통수단과 연계된 차량, 자전거 네트워크와 보행노선 등은 일관성 있는 스타일과 인식할 수 있는 특징을 만들 것이다.

- **서비스 증진**

  혼잡지역에서 버스를 운영할 경우 버스가 가장 빠른 수송수단이라는 것에 확신을 갖도록 버스전용버스차선을 도입한다. 버스 전용차선은 효율적인 교통관리가 가능하도록 하루 중 특정 시간에만 작동하게 할 수도 있다.

  사용자는 편리하고, 안전하고 청결한 서비스를 제공받으려 한다. 지속적 관리와 더불어 (CCTV와 철도 직원과 같은) 안전장치에 대한 충분한 투자가 있어야 한다. 낮은 차체의 저상버스 도입과 접근성이 용이한 버스 정류소를 제공함으로써 사람들에게 버스를 더욱 많이 이용하게 할 것이다.

- **쉽고 유용한 정보**

  자유로우면서도 명확한 정보는 사람들로 하여금 어떤 교통수단이 이용 가능한지 알려준다. 지도, 시간표 그리고 보행 및 자전거 전략은 특정한 근린주구, 가로 및 버스 정류소를 대상으로 해야 한다.

  기차, 궤도 전차 및 버스에 대한 실시간 업데이트는 대중교통 사용을 촉진할 수 있다. 실시간으로 업데이트된 발착시간표는 쉽고 빠르게 접근할 수 있도록 SMS 서비스(텍스트 메시지)와 웹사이트에 연결시킬 수 있다.

  Oyster 카드처럼 일정한 교통운임과 양도 가능한 지불체계는 사람들로 하여금 버스 이용을 촉진하게 할 것이다.

- **실질적인 격려와 인센티브**

  다양한 교통수단을 이용하도록 하는 인센티브는 행동 양식에 많은 영향을 준다. 사용할 수 있는 몇몇 계획과 인센티브는 아래와 같다.

  - 수요 기반의 승인 계획
  - 특정한 노선 또는 전체 도시에 적어도 한 달 동안 운임 할인 적용. 이런 전략은 새로운 교통수단에 대한 친밀감을 높임
  - 자전거 타는 사람을 위해 자전거 정비소, 지역 소매점 할인, 샤워설비 및 보관시설과 같은 특수 설비 제공 및 할인제도
  - 여행 계획
  - 특정 교통수단을 이미 사용한 사람들에게 답례로 상품권 준비

4.2의 핵심 내용

가. 승용차 사용을 줄이기 위한 계획을 하면서 차량 소유권에 대해 계획한다.
나. 계획승인 단계에서 적절한 대중교통수단 공급 방안을 확보한다.
다. 교통에 대한 책임 있는 의식을 고취시키기고자 정보를 제공하고, 격려나 인센티브를 활용한다.

4.3
가로공간 및 도시기반시설

가로는 모든 사용자가 효율적으로 이용할 수 있도록 다양한 기능을 수용할 수 있어야 한다(2.5절 참고). 우수한 도시설계는 바로 이러한 것들을 반영하여 훌륭한 장소를 만들어내는 것이다. 가로 만들기 지침서에서는 "사람들은 고품질의 장소를 만들기 위하여 가로 조성 과정에서 다양한 역할과 관련하여 생각하고 표준화되고 서술적이고 위험회피적인 방법에서 벗어날 필요가 있다."라고 말하고 있다. 그들의 요구사항은 디자인을 담보하지 않고 수용될 수 없다는 것을 확신시키기 위해 설계·승인 과정의 중요성을 인식시킬 필요가 있다.

가로 만들기 지침서는 더 나은 장소를 만들기 위해 가로 설계에 집중하도록 도와준다. 이러한 원칙들은 주 간선도로와 고속도로와 같은 주요 도로에도 동일하게 이해 및 적용될 필요가 있다.

4.3.1 격자형 가로망

연결 가로 및 교차점 디자인

기술적인 평가 단계는 공공 시설(거리, 보행로, 자전거도로, 식수, 우수 및 오수를 포함하여)이 합당한 기준에 부합하고 공공기관에 의해 설치된다는 것을 보증할 필요가 있다. 중요한 승인사항은 38조 협약(새로운 가로의 건설을 위해)과 278조 협약(새로운 분기점을 만드는 것을 포함하여, 기존 가로에 대한 작업을 포함하는)이다.

안전감사와 설치과정 중 기술적인 문제로 인해 연결된 가로를(빈번하게 교차로를 요구하겠지만) 만들려는 마스터플랜의 의도는 많은 경우에 달성되지 않는다. 그 이유는 예전부터 보행자와 자전거 이용자보다는 자동차에 우선권을 주었기 때문이다. 교차로는 자동차 운전자와 보행자 모두에게 위험과 더불어 이동하는 차량에게 잠재적으로 많은 충돌 위험성을 내포하고 있는 곳이다. 교차로를 제거하는 방안을 모색해야 한다.

하위체계Lower-Order가로 내 교차점은 차량 속도를 감속시키면서 보행에 우선순위를 주기 위해 소규모로 비공식적인 광장처럼 설계할 수 있다. 상위체계Higher-Order의 도시 내 도로에서 신호조절이 가능한 교차로는(횡단보도 지역임을 나타내주는 표면 변화와 더불어) 랜드마크가 되도록 가로 모퉁이를 만들어 특색 있는 공공영역이 될 수 있도록 한다.

기존 접근성 확보

개발이 진행되는 대규모 부지의 경우, 개발 협약은 가로가 설치되기 이전에 각 개발 필지에 접근이 가능하도록 만들어야 한다. 이것은 가로가 아직도 개발자의 책임하에 있고, 가로가 아직 설치되지 않았거나 관리 주체가 정해지지 않은 기간에 필요하다.

개발협약은 개발자에게 다음과 같은 사항을 확신할 수 있도록 하는 메커니즘을 포함해야 한다.

- 현장을 떠나기 전에 설치하기 위해 적합한 기준에 해당하는 모든 외부 일을 완료한다.
- 빠른 설치 과정을 따라야 한다.
- 그들이 설치하든지 대안적 관리 구조들이 만들어지기까지는 공공도로를 유지하여야 한다.
- 가로가 설치될 때까지 접근에 대한 합법적 권리를 주어야 한다.

4.3.2 품질검사

품질검사는 모든 가로Street를 위해 필요하다. 가로설계가 목표로 하는 것을 효과적으로 달성하고 실제적으로 기능할 수 있음을 보증한다. 또 도시설계를 통해 품질 고려사항 및 차량속도 저감을 포함하여 가로설계의 모든 측면을 다룬다. 품질 감사는 시각적인 품질과 도로 안전, 접근, 도보, 자전거 이용, 비동력 이용자에 의한 이용, 공동체 사용 및 장소의 품질을(장소 체크를 사용) 포함할 수 있다 .

이러한 과정은 품질과 안전 검토가 함께 실행되는 곳에서 계획 설계를 구체화하고 거리의 품질을 좀 더 효과적으로 개선하기 위하여 이용될 수 있다. 가로 만들기 설명서는 이러한 것이 어떻게 행해질 수 있는지 유용한 사례를 제공한다.

065

가로 개선을 위한 장애물 극복

런던, 켄싱턴 중심가로Kensington High Street, London

켄싱턴 가로Kensington High Street는 가로 이미지를 개선하고 보행자에게 더 안전하고 매력적인 환경을 제공하기 위한 변화의 중심에 서 있다. 다음과 같은 점들이 개선되었다.

- 가로등에 교통신호등과 표지판을 거치하여 도로 혼란 감소
- 가드레일과 볼라드 제거
- 도로 중간의 보행자 교통섬 제거
- 도로의 빠진 경계석 알림
- 도로 포장재 종류의 감소

초기에는 이러한 변화에 대해 큰 반대가 있었다. 안전검사는 수많은 안전사항에 대한 대중과 관계자의 주목을 이끌었는데, 도로의 가드레일과 노면의 종단 및 음영표시의 제기는 기존의 교통관리국의 지침서와 배치되는 방법이었다.

이러한 문제를 해결하기 위하여 근거에 기반한 계획방법 Evidence Based Method이 계획 단계에서 적용되었다.
이 단계에서 보행자 행동 변화에 대한 영향은 현지 CCTV 및 관찰자에 의해 세심하게 조사되었다. 또한 이 조사는 런던의 교통관리국에 의해 수집된 개인 충돌상해 기록을 포함한다.

초기 결과는 위험성 예측 및 상세한 디자인에 따른 혁신적인 도로의 변화가 부정적인 영향 없이 달성될 수 있었다는 것을 보여주었다. 따라서 이러한 개선사업은 지속되었고 3년 동안 남은 단계의 계획이 진행되었다.

도로 개선은 가로 조경의 질을 개선했을 뿐만 아니라 개발 후 이 지역의 보행자 사고가 40%까지 감소하였다.

가로에 혼란스러움을 감소시키고 울타리를 제거함으로써 가로 조경의 질이 개선되었고 보행자 사고가 40%까지 감소하였다.

안전검사
도로안전 감사 요소는 새로운 도로계획, 기존 도로의 개선, 교통관리체계 또는 중요한 관리 프로젝트를 위해 시행된다. 도로 및 교통 담당기관은 실행을 위한 세부 내용들을 제공한다. 도로안전 감사 대부분은 현지 도로관리기관이 실행하지만 지방정부와 협의하에 지원자가 할 수도 있다.

안전감사는 지방의회와 개발자(후자는 계획 조정 과정의 한 부분으로)에 의해 추진된 계획에 따라 실행된다. 이러한 안전감사는 프로젝트에 따라 3단계가 실행된다.

- 단계 1 – 실행성과 예비적인(개념적인) 설계. 이것은 마스터플랜 계획 단계에서 고려해야 함
- 단계 2 – 실시 설계
- 단계 3 – 가능하면 도로를 개방하기 전 완료

각 단계에서 모든 감사자가 조사한 것과 건의사항은 발주자가 실행할 수 있도록 공식적인 보고서로 제작한다. 설계팀은 권고사항을 받아들일 필요는 없으나 그들이 받아들이지 않는 경우 정당한 이유를 명시한 보고서를 만들어야 한다. 가로 만들기 설명서는 설계팀과 감사팀이 장소 만들기를 타협하지 않았음을 보여주기 위해 서로 밀접하게 협력해서 작업할 것을 요구한다. 이러한 협력은 디자이너들이 각 권고사항의 중요성을 이해하고 효과적으로 설계 대안을 발전시키도록 도와준다.

동선 점검
차량 동선은 배치의 실현성을 규명하고자 마스터플랜 단계에서, 그리고 차량들이 이동할 수 있는지 검토하고자 도로 승인단계에서 반드시 확인되어야 한다.

- 폐물 화물차, 소방차와 택배 차량 및 제거 밴(가로 만들기 설명서는 초기기준과 비교하여 배치해 패물 트럭의 충격을 많이 감소시켰다).
- 차도 너머에 멈출 수 있는 공간
- 비상 차량(접근하는 데 필요한 조건을 파악하기 위하여 그들과 접촉)

관련 방법과 기술에는 자동점검과 수동점검이 있다.

4.3.3 최종안 선택과정

공도公道의 각 부분에 대해서는 가장 적합한 관리 방안을 고려해야 한다. 표 4.3은 공도에 해당하는 법적 요구사항 및 주요 고려사항을 나타내주며 5.1절은 폭넓은 관리 문제에 대한 안내 지침을 제공한다.

도로담당기관이 가로를 채택하는 경우 설계 단계에서 도로 기준을 이해하는 것이 중요하다. 창조적이고 혁신적인 방안을 물색한다면, 협동적인 설계 워크숍을 통해서 빠른 논의가 가능하다(1.5절 참고). 이것은 디자이너가 설계 특성을 이해할 수 있게 도와준다. 현재 기준이 기대하는 수준의 품질을 마련할 수 없는 곳에서는 디자이너와 계획 추진가는 디자인코드의 한 부분으로써 도로와 관련한 새로운 기준을 개발하고 채택하도록 해야 한다.

지방정부는 재료와 가로 시설물에 대한 제한적인 선택 범위에서 개발될 도로가 어떠한 재료로 만들어지며 어떠한 가로시설물을 디자인해야 되는지에 대한 확신을 제공할 수 있다. 이러한 내용은 지역 디자인 가이드라인이 될 수 있거나 또는 보조계획보고서가 될 수도 있다. 그들은 유지 · 관리가 용이하면서도 비용이 적게 들어가는 고품질 프로젝트를 진행하도록 설계팀과 밀접하게 작업할 수 있다.

개발자는 도로에 대한 관리를 유지하고 싶어할 것이다. 이것은 도로가 부담할 수 있는 재료보다 더 양질의 재료를 사용함으로써 더 많은 이익을 가져다 줄 것이다. 이러한 경우에 지방정부는 도로가 효과적으로 건설되고 유지된다는 것을 보증하기 위하여 개발자로부터 106조항에 따른 투자를 요구할 수 있다.

이러한 사항은 도로법 21914항의 사전 지출부분을 면제시킴으로써 개발자에게 이익을 주고 도로 관리기관은 가로가 황폐화되지 않도록 확신한다.

지방정부가 공도를 설치하지 않는 경우에 관리 회사 또는 거주자 트러스트가 만들어질 수 있다(5.2절 참고). 예를 들면 도로관리기관이 가로수를 설치하길 꺼릴 경우 트러스트는 이에 대한 소유권을 가질 수 있다. 마스터플랜을 작업할 때 그런 관리 협정이 가능한지를 아는 것은 중요하다.

건물과 도랑은 단순히 저렴한 나무뿌리 방지책의 설치를 통해 보호될 수 있다. 비록 설득 작업이 필요하다고 하더라도 이러한 노력은 자산보험사와 집행기관을 만족시킬 수 있어야 한다.

적절한 조도 유지(특히 보행자와 자전거 타는 사람을 위해), 에너지 절약, 조명공해 최소화, 에너지 절약과 혼잡을 줄이기 위한 실행협정 등이 필요하다. 거리의 조명은 법적으로 허용이 된다면 건물에 부착해서 설치하는 것이 좋다. 이러한 방법은 가로등을 세우기 위한 전신주가 필요 없기 때문이다.

	공도(차도 혹은 인도)
	공도는 일반적으로 도로 표면(차도 및 인도/포장)으로 구성되어 있다.
선호 소유권	현지 도로담당기관(채택)
법적 조항	도로법 1980(수정) 37(1)항: 개발자는 이 도로를 공도로 기부한다는 뜻을 관련 기관에게 통보할 수 있다. 38항: 합의에 의하여 담당기관이 새로운 도로를 채택할 수 있는 권한을 부여한다. 41항: 채택된 도로를 유지할 수 있도록 담당기관에게 의무를 지운다. 278항: 도로 작업 및 그 유지를 하는 데 있어서 담당기관에게 자금을 지급한다. 219항: 선금지급 규정 50항: 설비를 위치시키거나, 보유하거나, 혹은 그 후에 검사, 조정, 수리, 변경 혹은 갱신을 하거나 그 위치를 변경하고자 하는 (그것을 해체하는 것도 포함) 사람 혹은 조직(법적 기관 이외의 조직)은 도로 작업 허가를 받도록 한다.
주요 고려사항 및 책임	도로를 설치해달라는 신청 및 합의 공공유틸리티(예, 가스, 전기 및 수도 회사)는 서비스를 제공하는 법적 의무를 가지며 이러한 권한에 의거하여 도로를 개설하고 도로 건설작업을 한다. 도로 내에서 작업을 하기 위한 허가가 필요하며, 이 작업은 승인된 시공사가 완성해야 한다. 시공사는 수수료에 대한 관련 양식과 조언을 다루어야 한다.
	사도(및 공유된 사도)
	사도는 현지 도로담당기관이 공공의 비용으로 관리하지 않는 도로를 말한다.
선호 소유권	도로에 접하는 토지소유자
법적 사항	사도의 유지를 위한 책임은 거래 소유자의 토지 증서에 적혀 있다. 담당기관은 사도 관리에 대한 책임을 지지 않으나 공공의 권리에 영향을 주는 침범 혹은 방해가 있는 경우에는 이에 대한 조치를 취할 수 있으며 이는 교통규정 경령을 내릴 수 있다. 사도(막다른 길, 인도, 좁은 길)에 적합한 포장, 드레인 설치 혹은 조명이 설치되어 있지 않는 경우에는 카운티의회에서 도로작업을 수행하고 그 비용을 도로에 접하는 부동산을 가지는 소유자에게 부과하는 결정을 할 수 있다. 작업의 비용은 도로에 접하는 양에 따라 토지 소유자에게 배분된다. 사도를 채택 표준에 맞추는 사항은 (여기에서는 카운티의회가 향후 정비 의무를 가진다) 공공도로법 1980의 11부에 포함되어 있는 규정에 의한다. 채택 표준에 맞춰 도로를 건설하는 비용은 도로소유자 혹은 거주자가 부담해야 한다.
	홈존Home Zones
	홈존은 사람들과 차량이 안전하고 동등하게, 그리고 함께 도로 공간을 공유하는 도로를 말한다. 여기에서는 교통의 편리성보다는 삶의 질을 우선으로 한다. 홈존은 일반적인 도로와는 다르게 디자인되었으며, 공식 홈존 간판을 입구에 설치하여 표시한다. 운전자들은 매우 천천히 운전을해야 하고 다른 도로를 이용하는 다른 사용자를 우선시해야 한다. 주민들은 도로에 대한 소유권을 가지는 것에 대한 자부심을 가진다.
선호 소유권	현지 도로담당기관(채택)
법적 사항	현지 도로담당기관은 필요한 도로를 조용한 도로 또는 홈존으로 지정할 수 있다. 교통법 2000(수송법 2000)의 268항은 잉글랜드와 웨일즈 지역에서 홈존을 지정하는 법적 기준이 되고 있다. Quiet Lanes and Home Zones Regulations 2006(조용한 도로 및 홈존 (잉글랜드) 규정 2006)도 참조하도록 한다.
주요 고려사항 및 책임	거주자 협회(이는 광의의 거주자 트러스트의 일부임)는 보통 홈존의 정비 및 유지를 위해 설립된다. 도로 조명과 메인 드레인이 설치된 곳으로 차량이 사용하는 구역은 담당기관이 소유하고 유지한다.

표 4.3 공도 관리 선택사항

	보도Public Footpath
	공공 도로 통행권은 모든 교통 수단에 개방된 보도Footpath, 브라이들웨이Bridleway, 제한 통행로Restricted Byway 및 부속도로Byway로 구성된다. 모든 공공도로 통행권에 해당하는 공공 도로는 지역 도로 담당기관에서 보유하고 있고 지도에 나타나 있다. 보도란 도로 위를 대중들이 걸어 다닐 수 있는 통행권을 가진 길을 말한다. 보도는 차도를 따라 난 길을 말하며 종종 포장로라고 한다.
선호 소유권	현지 도로담당기관 혹은 트러스트
법적 사항	새로운 보도는 합의(공공도로 설치 계약) 혹은 강제 권력(도로 설치명령. 이는 해당 기관의 확인이 필요하다)를 거쳐 현지 기관이 도로법 1980의 25조에 의거하여 만들 수 있다. 보도를 만들 때에는 관련 기관과의 상의가 필요하다. 사용자 집단 혹은 지역 의회와 상의해야 할 법적 의무는 없다. 도로담당기관은 기존 주요 도로 경계 내에서 혹은 도로의 경계를 도로담당기관이 소유한 기존 주요 도로를 따라 있는 토지 내부로 확장함으로써 새로운 보도를 설치할 권한을 가진다. 현지 기관은 1980년도 도로법 1980에 의거하여 새로운 보도를 설치할 권한을 가진다.
	브라이들웨이Bridleway
	브라이들웨이는 말을 타고 가거나, 사람 및 자전거가 통행할 수 있는 길이다. 브라이들웨이는 현지 도로담당기관에서 보유한 지도에 나타나 있다. Countryside 1968법에서는 자전거를 타는 사람이 브라이들웨이를 사용할 수 있도록 하되 다른 사용자에게 우선권을 줘야 한다는 내용을 담고 있다.
선호 소유권	현지 도로담당기관 혹은 트러스트
법적 사항	새로운 브라이들웨이는 합의(공공도로 설치 계약) 혹은 강제 권력(도로 설치명령. 이는 해당 기관의 확인이 필요하다)을 거쳐 현지 기관이 1980 도로법의 25조에 의거하여 만들 수 있다. 브라이들웨이를 만들 때에는 관련 기관과 상의가 필요하다. 사용자 집단 혹은 지역 의회와 상의해야 할 법적 의무는 없다. 도로담당기관은 기존 주요 도로 경계 내에서 혹은 도로의 경계를 도로담당기관이 소유한 기존 주요 도로를 따라 나 있는 토지 내부로 확장함으로써 새로운 브라이들웨이를 설치할 권한을 가진다. 현지 기관은 1980 도로법에 의거하여 새로운 브라이들웨이를 설치할 권한을 가진다.
	자전거도로Cycleway
	자전거도로란 도로를 구성하는 것으로 일반인이 자전거를 타거나, 사람과 자전거가 함께 사용할 수 있는 길을 말한다. 자전거도로는 보도를 전환하거나, 또는 새롭게 건설하여 만든다.
선호 소유권	현지 도로담당기관(채택) 혹은 서스트랜스Sustrans(지속가능 교통협회, Sustainable Transport Charity)
법적 사항	보도의 전부 혹은 일부를 자전거도로로 전환하기 위하여, 보도 전환명령을 내리고, 이를 보도의 해당 폭에 적용한다. 보도 전환명령은 자전거도로법 1984 3조와 자전거도로 규정 1984(SI1964'/1431)에 의거하여 내리도록 한다. 보도가 농토를 가로지르는 경우 필요한 동의를 얻고 필요한 상의절차를 거친 후, 보도전환 명령은 현지 도로담당기관이 내린다. 이에 대한 반대가 있는 경우에는 공공청문회를 거치거나, 그리고 필요한 경우에는 관련 기관 부서에서 명령의 내용을 검토하고 확인하는 절차를 거친다. 반대가 없거나 반대를 철회하는 경우, 이 명령은 현지 기관에 의해 승인될 수 있다. 자전거도로법 1984의 2항이 적용된다. 인접 혹은 공유 도로에는 명확한 간판을 부착한다. 일정한 공원에 있는 보도를 자전거용으로 전환하는 권한은 법에 의해 결정될 수 있다. 법에 의하여 지역에 있는 공원도 이의 적용을 받을 수 있다. 런던에 있는 많은 공원은 로얄 파크이며 이곳에는 특정 법적 절차를 적용해야 한다. 법적인 자격을 알아보기 위해서는 각 상황을 개별적으로 조사해야 한다.

표 4.3 공도 관리 선택사항(계속)

066

우수한 예술품의 유지를 위한 확신

런던, 벨런덴 재생 지역Bellenden Renewal Area, London

페캄Peckham에 있는 벨런덴Bellenden 재생 지역은 앤서리 곰리 Anthony Gormley와 잔드라 로즈Zandra Rhodes, 존 래섬John Latham, 외에도 여러 사람에 의해 디자인된 가로시설물Street Furniture로 유명하다. 이러한 시설물로 인해 작은 마을이었던 이 지역은 건축상을 받을 수 있었다.

지역 주민들은 지역 전반에 걸쳐 추진된 재생 프로젝트의 환경자금이 도로 경관개선 사업에 사용되기를 간절히 원했다. 벨런덴 지역 재생 계획은 현지 주민, 기업체 및 예술가들로부터 많은 관심을 불러일으켰으며, 이들은 재생 지역 디자인에 대한 아이디어를 제시하도록 요구받았다.

지방정부의 협조하에 설계 사항을 발전시키는 것은 사용 가능한 자재와 재료에 대한 명확한 이해를 지닐 수 있도록 도와준다. 예를 들어, 가로등 디자인은 개별적으로 이루어진 것이지만, 등기구와 케이싱과 같은 작업 부품은 기존 가로등에 맞추어 디자인 및 제작된 것이다. 이는 사우스워Southwark 지역의 도로 가로등의 교체·정비를 용이하게 하였고, 모든 부품이 지역 기준에 맞추어 공급될 수 있는 기회가 되었다. 이러한 맥락에서 예술가들은 그들의 상상력을 발휘하도록 고무되었으며, 결과적으로 벨런덴 지역은 우수한 공공예술작품 및 도로시설물들로 조성될 수 있었다. 이들은 별도의 초과 비용 없이 유지 및 관리되고 있다.

예술가들과 지방정부 간의 긴밀한 협조는 벨런덴 도로Bellenden Road의 시설물과 맞춤형 예술작품들의 유지·관리가 쉽게 이루어지도록 보장하였다.

067

홈존Home Zone의 조성
폴리머스, 건 와프Gun Wharf, Plymouth

홈존Home zone은 버려진 1950년대풍의 건 와프Gun Wharf 지역을 다양한 주거 형태와 거주권을 포함한 복합개발 사업으로 변모시킨 핵심 성공 요인이다.

홈존 모델은 보행자들에게 차량과 동등한 우선통행권을 부여하기 위한 목적에 따라 도로와 광장을 디자인하였다. 도로 안전정비를 통하여 눈에 띄지 않는 노면의 요철을 제거하였다. 그 결과 차량의 속도는 12mph로 제한되었고, 이를 통해 주거 공간 주변에 안전한 환경을 제공할 수 있었다. 이 계획은 주민들에게 의미 있고 효율적인 공용 공간을 제공하는 계기가 되었다.

홈존에 대한 아이디어는 착수 단계부터 주민들의 지지를 받았다. 이 지역을 재생하는 동안 주민들은 모리스 타운Morice Town에 임시로 거주하였다. 재설계된 홈존은 평균 차량속도를 반으로 줄이고 교통량을 40%로 감소시키는 데 성공했다. 그런데 이보다 더욱 중요한 점은 사람들의 공동사회 활동이 증가하였고, 주민 생활의 질이 개선되었다는 점이다. 이로 인해 건 와프 지역 주민들은 기존에 제안된 '홈존 형태의 개발'을 좀 더 보완 및 발전시켜야 한다고 주장하였다. 새로운 홈존은 주민들이 제공받은 공유 공간의 장점을 이해하고 있었기 때문이다. 주민들의 열망에 부합하는 고품질 주거지 조성과 생활의 질을 향상하게 하기에 위해 의회는 새로운 홈존의 조성 방향에 합의하였다. 그리고 의회는 개발자 및 지역사회와 협력을 통해 대상지 아래를 관통하는 터널 문제를 해결하고, 도로를 건립할 계획을 세우고 있다.

지속가능한 교통부서Sustainable Transport의 팀장인 애드리안 트림Adrian Trim은 홈존이 전통적인 도로 안전정비보다 더욱 많은 혜택을 준다는 것에 동의하였다. **"홈존에서 당신이 도로 한가운데를 걸을 때 운행하는 차량에 의해 위협받지 않는다는 확신은 당연한 것입니다. 보통 20mph 차량 제한속도 구역에서는 이러한 것을 성취할 수 없습니다."**

공유된 지역사회 공간을 지닌 홈존을 계획하기 위한 지방정부와 지역주민들의 열망은 건 와프Gun Wharf 지역의 변화를 이끌고, 좋은 계획안을 기반으로 한 수상의 기쁨을 안겨주었다.

4.3.4 홈존

홈존은 자동차 운전자와 기타 사용자들 간에 공유된 주거지역 가로를 의미한다. 이는 단순히 20mph 속도제한 구역을 설정하는 것과는 다르다. 이것은 차량 통행 외에 다른 행위도 가로에서 발생하도록 허용한다. 여기에는 아이들의 놀이와 사교적인 활동을 포함한다. 안전을 개선하는 것과 더불어 지역사회 교류를 강화시키고 가로에 대한 소유권을 증진시키게 된다.

홈존은 최소한의 공공공간을 사용한다. 가로의 품질은 버퍼존의 필요성을 감소시킨다. 속도 저감장치에는 험프나 이중 급커브길 대신에 건물배치, 나무 · 식재 및 표면 처리 등을 포함한다.

지방정부는 의사와 관계없이 홈존을 지정할 수 있다. 홈존은 농촌에서부터 도시까지 광범위한 지역 내 신개발지에 성공적으로 설치되어 왔다.

디자이너들은 공공서비스가 제대로 공급되고 식재와 가로시설물이 제대로 설치될 수 있도록 초기에 기반시설 공급자 및 도로관리 기관과 상의하여야 한다.

4.3.5 도시기반시설

대규모 현장의 경우, 개발할 지역은 차량을 수용할 곳뿐만 아니라 기반시설과 상하수도가 이미 설치된 지역과 연결되는 경우가 많다. 따라서 모든 서비스의 인프라 규모는 상세한 마스터플랜 단계에서 작업될 필요가 있다. 각 기반시설의 정확한 규모는 법적 요건에 따라 정해지도록 한다.

서비스 시설

서비스 시설은 교통 흐름을 방해하지 않는 곳, 가능하면 포장 지역 및 가장자리 같이 설치할 수 있는 곳 하부에 설치해야 한다. 시공자들은 실제로 건설된 것을 디지털 기록물도 제공해야 하며, 향후 작업들이 효과적으로 수행될 수 있으며, 교통방해가 야기되지 않는다. 고밀도 도시지역에서는 가로 밑에 있는 대규모 접근 가능한 서비스닥트를 고려해야 한다. 다른 곳에서는 예비 서비스닥트를 도로 분기 교차 지역에 있는 트렌치에 경제적으로 설치할 수 있다.

서비스 트렌치 및 닥트를 사용하게 되면 향후 서비스 라인이 통과하는 지역을 제한함으로써 포장을 파헤칠 가능성이 감소하게 된다. 기반시설 회사(영국에서는, National Joint Utilities Group) 간에 공유된 트렌치 내에 유틸리티를 설치한다는 국가적 협의가 있다. 실제로 각각의 기반시설은 세밀하게 관리되어야 한다.

서비스 제공자는 경쟁에 기초해 선정되며, 이때는 소비자 부담비용과 공급자의 친환경 능력을 고려해야만 한다. 소비자는 이러한 내용들이 합당한 경우에만 정해진 기간 동안 계약에 의해 공급될 수 있도록 해야 한다.

쓰레기 수집 시설

재활용 증대로 인하여 소비자들은 쓰레기를 분류배출해야 한다. 이로 인하여 수집차량을 위한 주차장 및 이동 공간이 증가할 필요가 있게 되었다. 밀도가 높은 지역이나 복합용도 지역에서 쓰레기 수집은 시끄럽고 귀찮은 일이 된다. 쓰레기 수집을 위한 대체 방안도 있다. 여기에는 지하닥트를 통하여 분리된 쓰레기를 수집하는 것인데, 이렇게 되면 차량으로 수집할 필요가 없게 되어 쓰레기 보관 문제가 사실상 없어지게 된다. 이러한 계획은 바르셀로나의 구도심과 같이 인구밀도가 높은 도시지역에서의 새로운 도시 확장계획 및 재생 계획에 적용되고 있다.

4.3의 핵심 내용

가. 우수한 디자인은 가로가 필요한 기능에 부합하면서 성공적인 장소가 될 수 있음을 확신하게 하다.
나. 도시설계는 안전한 장소를 만들 수 있으나, 지나치게 위험적인 요소를 배제하면 매력적이지 않은 장소가 될 수 있다.
다. 설계 과정에서 유틸리티 및 쓰레기 수집 기관과는 사업 후반부가 아니라 설계 과정에서 협력해야 한다.

참고문헌

1. Manual for Streets. 2007. CLG and Department for Transport
2. www.placecheck.info
3. Institution of Highways and Transportation Road Safety Audits HD 19/94 and HA 42/94

4.4
시공품질

정책과 설계, 계획을 통한 각고의 노력이 훌륭한 장소를 만들기 위해 집행되려면 시공이 올바르게 진행되어야 한다. 또 고품질 시공을 위해서는 전문성을 유지하고 명확한 지침과 효과적인 관리를 제공한다는 점에서 재원과 헌신이 요구된다. 계약자에게는 인센티브를 통해서 품질을 달성하도록 격려할 수 있다.

신개발을 경제성 있고 신속하게 시행하는 것은 어렵지만 불가능한 것은 아니다. 건설산업의 관리기술과 시공 관련한 최신 기술은 건설의 효용성과 건축물의 품질을 크게 향상시킬 수 있다.

고품질의 장소를 시공하는 것은 마무리 품질 이상으로 중요하다. 프로세스가 어떻게 관리되는가는 환경적인 지속성과 초기 거주자들의 삶을 향상시키는 데 영향을 준다.

4.4.1 시공품질

기준 규정 및 성취

원칙적으로 프로젝트 사업자는 계약이 체결되기 전에 시공 품질을 높이기 위해 선도적 역할을 해야 한다. 훌륭한 집행 경력을 가진 평판 있는 회사들은 독립성이 있어야 하고 객관적으로 인정받아야 한다. 시행지침은 건설의 모든 측면을 다루어야만 한다. 인가된 디자인, 장애인들을 위한 시행지침 그리고 디자인코드에 의해 요구되는 것들에 대한 철저한 이해가 필요하다. 또한 규정에 맞지 않는 시공은 수정될 수 있도록 하는 강제 규정들이 필요하다.

품질에 대한 인센티브 부여

프로젝트 파트너와 계약자는 고품질 계획에 도달했을 경우 인센티브를 줄 수 있다. 인센티브를 주는 두 가지 중요한 방법 중 하나는 특정기준을 달성한 이후에 자유보유분the Freehold을 양도하는 것이다. 많은 공공부문 토지소유주는 특정 상징물을 완료한 개발자나 점유자에게 이전될 수 있는 법적 권한을 가지고 정해진 단계에 따라 건설하고자 한다면, 건물 준공서를 개발협약에 명시할 수 있다. 이러한 사항은 오직 합의된 품질과 건설 표준화가 충족되었을 때 양도되는 프로젝트에서 이익을 토지소유주에게 제공한다. 민간부분 토지소유주는 부동산 보유에 따른 세금사항을 고려할 필요가 있다. 품질 통제조항들은 전체 토지가 개발자들에게 매각되었을 때 계약에 들어가 있어야 한다(3.3절 참조).

두 번째 방법은 시공비 과다지출에 따른(개발가치가 증가하는 것을 고려해서) 초과이익을 반환해 줌으로써 개발자가 품질에 투자할 수 있도록 혜택을 제공하는 것이다. 이러한 계약은 토지소유주와 개발자가 합의된 수준 이상의 이익(또는 초과 이익)을 나누는 것을 계약에 넣을 수 있다. 토지주가 낮은 가격에서 땅을 팔 수 있게 하는데 그 이유는 프로모터가 위험을 감수하거나 새로운 시도를 할 수 있도록 하기 위해서다. 토지소유주에게 성공적인 계획을 통해 추가적 이익을 향유할 수 있도록 한다. 토지소유주가 기반시설 또는 공공영역에 투자하여 토지의 효용성을 높여 토지로 부터 이익을 가질 수 있게 하지만 개발 위험은 민간부분에 전가된다.

4.4.2 건설관리

건설에는 많은 참여자가 관련되어 있다. 효율적인 조직은 자원과 시간을 절약하면서 사이트 답사, 폐기물 관리나 에너지 사용을 최소화한다. 다양한 방법들이 이러한 과정을 조정하는 데 사용될 수 있다.

068

건설 품질의 보장

맨체스터, 안코츠 어반 빌리지Ancoats Urban Village, Manchester

안코츠 어반빌리지Ancoats Urban Village에 도입한 맨체스터 보존지역의 도시재생사업은 AUVC사社의 리더십과 헌신으로 더욱 고품질의 도시 공공공간을 조성하였다. 이 기업은 안코츠 지역의 향상과 개발사업의 촉진을 목적으로 설립되었다. 따라서 개발사업 대상지는 맨체스터 중심지 근처에 위치하고, 세계적으로 오래된 공업지역으로서의 명성을 지닌 안코츠 지역이 갖고 있는 문화유산의 잠재력을 극대화하기 위해, 복합용도개발의 촉진과 홍보를 도모하고 있다.

AUVC는 광역적인 공공영역 전략과 보존계획에 있어 설계 품질에 대한 분명한 기준을 수립하였다.

프로젝트를 위해 최종으로 선정된 계약자들은 그들의 기술과 자재 품질 평가를 위해 유사한 도시재생 프로젝트 또는 문화유산 계획에 대한 지식과 경험을 증명해야 했다. 계약 기간 동안 조경계획가와 건축가, 기술자들이 포함된 AUVC 설계팀을 지속적으로 활용함으로써 품질이 더욱 강화되었다. 공공공간 또는 영역이 도시 안에 충분히 조성됨에 따라, 맨체스터 시청에서 파견된 현장감독이 프로젝트와 수행되는 공정들을 모니터링하였다. 프로젝트의 착수 단계부터 품질의 확보를 위한 지시사항들이 고려됨으로써, AUVC는 지속적인 건설 품질의 모니터링이 수행될 수 있도록 보장하였다.

AUVC의 스테판 브로조조스키Stefan Brozozowski는 다음과 같이 언급하였다. "이 프로젝트는 매우 효과적이었다. 왜냐하면 북서지역개발청North West Regional Development Agenc, 대영재단English Heritage과 맨체스터 시의회Manchester City Council를 포함한 안코츠 지역의 모든 핵심 관리자가 명확한 전략에 따라 착수 단계부터 적극적인 지원을 아끼지 않았기 때문이다."

2008년 공사완료 단계에서, 이 프로젝트는 높은 품질의 공공영역 조성 명목으로 맨체스터 시민사회로부터 시민공간상을 받았다.

맨체스터Manchester 시의 시의회와 설계팀의 지속적인 참여와 감독은 개발 전반에 걸쳐 건설 품질의 높은 기준 확보를 가능토록 하였다.

069

시범주택 건설하기
스마트라이프 하우징SMARTLife Housing

스마트라이프SMARTLife 시범사업은 BRE와 캠프릿지셔 주의회Cambridgeshire County Council의 비영리 협력 사업이다. 이 사업의 목적은 지역사회의 현대적 건설방법MMC의 훈련 및 교육을 통해 지속가능한 성장을 추진하는 것에 있다. 캠프릿지셔, 함부르크(독일), 말뫼(스웨덴)에서도 이러한 사업을 운영하고 있다. 또한 어떻게 혁신적인 건설기술들이 지속가능하고 합리적인 가격의 고품질 건축물들을 조성할 수 있는지에 대한 조언과 전문지식, 좋은 사례들을 제공하고 있다. 이와 함께 스마트라이프는 몇 가지 시범프로젝트의 개발을 통해 주요 건설 원칙들이 어떻게 이행되는지에 대한 실질적인 사례를 보여주기도 하였다.

팬랜드Fenland의 스마트라이프 하우징 프로젝트는 전통적인 벽돌과 블록을 사용하여 현대적 건축기술을 이용한 주택을 추진할 예정이다. 그리고 표준 규격의 주택설계는 모든 시스템에 사용될 예정이다. 또한 프로젝트는 건설공정 및 건물생애주기 모두에 있어서 각 주택 유형의 성능을 평가할 예정이다.
각 시스템에 대한 측정 방법은 다음과 같다.

- CaliBRE – 자원의 측정
- SMART Audit – 폐기물 측정
- 친환경주택EcoHomes
- 우수한 핵심 이행 지표의 구축Constructing Excellence Key Performance Indicators – 비용, 건설시간 및 건강성, 안전성
- 지속가능한 핵심이행 지표Sustainability Key Performance Indicators – 건설기간 동안 사용하는 에너지와 물, 발생된 쓰레기와 다중으로 발생하는 영향

실시간 정보는 측정지표들의 지속적인 평가와 분석을 가능하게 한다. 또한 차후 건설 과정의 피드백을 제공하며, MMC 건설 기술의 향상에도 반영될 수 있다.

5개월 동안의 공사기간 동안 대지당 평균투입 자원량은 다음과 같다.

목재프레임을 위한 42 man hours, 철골프레임 56, 단열 콘크리트의 거푸집 94. 중간평가를 통해 설계팀과 건설업체 간의 교육과 의사소통 부족으로 인한 문제를 강조하고 있다.

주택의 벽면시공에 사용된 거푸집 작업은 전통적인 벽돌 쌓기 작업과 유사하다. 주택의 수명 기간에 견주어 시공 방식이 견고하고 정확하다.

현대 시공 방법

현대 시공방법Modern Methods of Construction(MMC)은 공급사들Supply Chain과 조립식 공정, 현장 외부에서의 조립을 포함해 다양한 형태의 기술과 과정을 설명하는 용어이다. MMC는 좀 더 효율적인 재료 사용, 주택시공 단축, 설계 품질기준 향상과 자원소비 감소 등을 통해 이익을 창출할 것으로 간주되고 있다. MMC를 통해서 현장에서 소비되는 시간을 줄일 수 있고 안전을 향상시킬 수 있다.

MMC에만 특화된 것은 아니지만, 경쟁설계는 최근시공방법과 사전조립식 집들이 단조로운 박스 건물이 아님을 보여주고 있다. 시공 및 표준화 기술을 맥락에 접목할 수 있다. 문제는 표준화된 구성요소가 아니라 표준화된 생각이다.

쓰레기 관리

최근 시공방법들은 현장에서의 쓰레기 발생을 감소시키고 작업 환경의 품질도 향상시킬 수 있다는 매우 큰 잠재력을 가지고 있다.

최근 연구는 더 진보된 쓰레기 관리에 대한 투자로 영국전역에서 해마다 1조 5,000만 파운드를 절약할 수 있음을 보여준다. 이것은 SMARTWaste 또는 National Green Specification의 WasteCost Calculator와 같은 방법을 사용해서 현장에서의 재활용을 통하여 성취될 수 있다. Greenwich Millennium Village에서 50% 정도로 건설 쓰레기를 줄이도록 한 조건은 개발자들이 15만 파운드를 절감할 수 있게 한다고 평가한다.

수습 및 훈련 계획

지방 사람들은 모든 새로운 개발을 통해 건설이 진행되는 동안 그리고 마무리 단계에서 다양한 분야의 고용 기회를 창출할 수 있다. 지역사회로 하여금 계획에 대한 주인의식을 가지도록 하며 이로 인해 계획에 대한 관심을 가지게 된다. 수습 또는 훈련 계획을 통하여 시공과 관리에 대한 공동체 참여를 촉진시키도록 하는 106조항이 모든 신개발을 위해 작성되었다.

4.4.3 현장관리

시공기간 중 삶의 질

건설 프로젝트들은 기존의 공동체에 스트레스와 긴장을 불러일으킬 수 있다. 주요 프로젝트가 시작도 하기 전에 지역 환경과 기반시설을 개선시키고자 하는 목적을 가진 단기적 성과 제도Quick-Win Initiative는 긴장을 완화시키고 프로젝트에 미치는 악영향을 줄이는 데 도움을 줄 수 있다. 프로젝트를 주의 깊게 실행하고 건설 시간과 자재 운반을 엄격히 통제하여 건설 작업으로 인해 발생되는 문제점들을 줄이는 방법을 검토해야 한다.

- 공공과 계약자들의 건강과 안전
- 소음과 노동시간
- 먼지와 오염
- 깨끗한 것과 더러운 것들의 출입을 분리
- 버스 노선의 단계별 조정
- 자재들의 안전과 보호
- 공공영역들 중 완료된 것들은 조기 인도
- 나무와 다른 조경요소들을 최대한 빨리 공급
- 주민들과의 친밀감 유지
- 포괄적 접근 보장
- 신중한 계약자 계획

이러한 쟁점들을 각각의 단계에서 어떻게 다루어야 하는지에 대한 결정은 계획 전체에 주는 영향을 고려하여 이루어져야 한다. Allerton Bywater에서, 개발을 위해 필요한 나무들은 모종 시기부터 구입하였다. 이러한 노력은 심었을 때 일정한 나무 높이와 수종을 보장할 뿐만 아니라 수반되는 비용도 감소시킨다.

어메니티 단계와 제공

특히 신개발일 경우 초기 정착 주민들에게 주인의식과 소속감을 가지는 데 도움이 되는 안전한 생활 환경이 제공되어야 한다. 성공적인 과정들은 이러한 것들을 가능하게 할 수 있다. 커뮤니티 시설과 어메니티 공간은 최대한 초기 시공 과정에서 제공되어야 한다. 다음 시설들은 완성되지 않는 공사 현장에서도 장소성을 만들어 줄 수 있다(나무, 놀이터, 휴식과 스포츠, 유아실, 교육 및 건강 센터와 같은 커뮤니티 시설, 편리한 쇼핑 시설 및 서비스).

070

높은 기준 지키기

그라펜홀, 리젠트 광장Regent's Square, Grappenhall

리젠트 광장Regen's Square의 설계 수상작은 아파트와 3층 주택, 중심점Focal Points과 결절점Node Points, 특정 건물을 포함하고 있는 2층 주택과 테라스 하우스로 구성되어 있다. 뛰어난 섬세함을 특징으로 돌과 벽돌로 이루어진 외벽과 새시sash 스타일의 창으로 된 전통적인 스타일의 이 주거단지는 건조 환경의 품질 향상을 위한 높은 노력과 헌신하에 진행되었다.

밀러 홈즈사Miller Homes 社는 건설허가Building License하에 주택건설을 추진하였고, 잉글리시 파트너십English Partnership에게 건설품질 향상을 위한 필수조건들이 충족될 수 있음을 확신시켰다. 밀러 홈즈사는 효과적인 관리기법과 전문 인력들을 통해 프로젝트의 비전을 수행할 수 있었다.

밀러 홈즈사의 전무이사인 수 워릭Sue Warwick은 "가장 중요한 출발점은 현장에 대한 관리로부터 시작한다."라고 언급하였다. 리젠트 광장의 시공 및 설계 기준들은 현장관리자인 빌 휴즈Bill Hughes에 의해 설정되었고, 그는 주택단지의 공사관리 및 감독기간 동안 슈프림 프라이드Supreme Pride라 불리는 상을 3차례 연속으로 수상하였다.

"이러한 활동들은 시공의 질을 높이기 위한 상호보완적인 요소, 즉 우리의 고도로 훈련된 기술자들을 지원하는 역할을 한다. 우리는 프로젝트의 성공이 직원들의 우수성에서 기인한다고 믿고 교육에 많은 투자를 하고 있다."

"우리는 훈련계획의 개발을 위한 혁신자들이다. 모든 직원들은 자기개발을 위한 지원을 제공받는다. 실제로 우리 팀은 놀라운 품질로 훌륭한 주거단지를 생산할 수 있다."

"우수한 디자인과 엄격한 관리, 직원 교육에 대한 지속적인 투자는 리젠트 광장의 품질을 높이는 주요한 요인이다."라고 수Sue는 언급하였다.

품질에 대한 책임, 효과적인 관리와 교육에 대한 투자는 리젠트 파크의 개발협약서에 명시된 품질 기준을 충족시키는 데 주요한 역할을 하였다.

071

초기의 편의시설 제공

런던, 그리니치 밀레니엄 빌리지Greenwich Millennium Village, London

가족 중심지형 마을인 그리니치 밀레니엄 빌리지Greenwich Millennium Village가 성공할 수 있었던 핵심 요인은 초기 단계에 초등학교를 공급한 것이다. 밀레니엄 초등학교와 헬스센터는 2001년 사업 초기 단계부터 사업의 일부분으로서 잉글리시 파트너십 English Partnership에 의해 공급되었다. 마을 중심에 위치한 커뮤니티 시설은 초등학교, 탁아소, 사계절 스포츠를 할 수 있는 야구와 헬스 케어 센터를 포함하고 있을 뿐만 아니라, 건강한 삶의 증진과 의학적 차원의 예방 효과를 향상시키고 있다.

이 학교는 커뮤니티의 활발한 이용을 목적으로 디자인되었고, 이에 성인을 위한 교육공간과 연습공간을 24시간 제공한다. 입구를 분리시켜 서로 다른 이용자들이 섞이는 것을 조절하고, 홀은 배드민턴 같은 스포츠나 영화 상영을 수용하기에 충분한 크기로 디자인되었다.

직원과 학생들은 1970년대의 건물 주변에서 예술학교가 있는 지역의 주State로 이주했다. 예술학교는 초기 학생 수의 두 배 정도를 수용할 수 있도록 건설되었고, 증가하는 이주 가족들을 수용하기 위해 500여 곳의 장소가 제공되었다.

학교는 기존 공동체와 새로운 공동체의 연결을 돕는 데 성공했다. 공공 센터는 사회발전에 따라 계속 성장할 것이고, 상점, 카페, 바Bar와 같은 편의시설을 지속적으로 제공할 예정이다.

그리니티 밀레니엄 마을Greenwich Millennium Village 초기 단계 때 초등학교를 공급한 것은 기존 공동체와 새로운 공동체를 연결하는 데 주요한 역할을 하였고, 초등학교가 공동체 활동을 위한 중심지 역할을 수행하고 있다.

4.4의 핵심 내용

가. 시공품질은 장소의 품질에 영향을 미칠 것이다. 품질관리과정은 자원을 제공하고 효과적으로 관리하는 데 중요하다.
나. 지속가능한 시공은 환경적 · 사회적 · 경제적 이익을 가져올 수 있다.
다. 공동체는 부분적으로 완공된 건설부지에 살면서 고통받지 않을 것이라는 확신이 있어야 하고 필수적인 시설은 초기에 제공되어야 한다.

참고문헌

1. Designed for Manufacture: Lessons Learnt. 2006. English Partnerships (now the Homes and Communities Agency) and CLG
2. Construction site waste – The real costs and benefits available from waste reduction. 2003. Tait. P.D. & Swaffield. L.M.
3. Making Money from Sustainable Homes: A Developer's Guide. 2006 Elliot Carter

05

유지관리 MANAGING QUALITY PLACES

디자인은 품질의 시작이다. 삶의 질은 주변환경을 만드는 사람의 능력에 의해 결정된다. 물리적 형태와 장소 관리에 따라 사람들은 그곳에서 사람과 상호교류하기 위한 그들의 열망과 능력을 높이거나 또는 단념하게 할 것이다.
적극적으로 관리되는 안전하고 우수한 장소는 긍정적인 이웃 관계와 소속감을 증대시킬 것이다.

성공적인 장소는 안전하고, 잘 유지관리된다. 이를 달성할 수 있는지는 물리적 자산을 효과적이고 적절하게 관리하는 것에 달려 있다.

올바른 관리체계가 있어야 그 장소에 거주하고 이용하는 사람들이 그곳에서 발생하는 것들에 영향을 줄 수 있을 것이다.

개발의 성공은 그러한 것들에 대한 적극적인 후원과 자원에 의해 효과적으로 작동됨으로써 지속된다.

5.1
자산관리

고품질 계획을 실행하는 것이 좋은 장소를 만드는 시작점이다. 이러한 장소는 현재와 미래에 안전해야 하고, 유지 및 관리가 잘 되어야 한다. 관리 문제는 사업 초기부터 고려되어야 한다. 명확한 관리체계는 마스터플랜의 각 부문에서 명확하게 나타나야 한다. 초기 단계에서 어떻게 누구를 위하여 근린주구가 관리될 것인가를 생각하고, 다양한 선택의 기회를 준다면 법적책임을 피할 수 있게 해준다. 이해관계자 및 교육훈련Capacity Building과 함께 설계 과정의 참여는 우수한 환경을 확보할 수 있는 기회를 향상시킨다.

지방정부의 백서는 신뢰와 권력의 양도 원칙을 기반으로 지방정부와 그 지역 커뮤니티 간에 새로운 관계를 형성한다. 커뮤니티는 그들이 사는 장소에 설치되는 많은 공동시설에 대한 소유권을 가질 수 있다. 그 목적은 주변환경에 대한 영향과 통제할 수 있는 수단을 커뮤니티에게 주는 데 있다. 이를 통해서 서로 다른 배경을 가진 사람들을 끌어들여 응집력을 형성하게 한다. 공유자산 관리는 커뮤니티에게 기존 커뮤니티 서비스를 유지하기 위한 소득을 창출하고 추가적인 서비스와 시설에 대한 재정을 확보할 수 있는 기회를 제공한다.

특히 아파트 개발의 경우 용도, 점유 유형 및 주택 유형의 복합 등이 늘어나고 있다. 이러한 결과는 다양한 범위의 공공공간 및 준사적 공간을 창출한다. 지방정부가 제공해 줄 수 있는 것보다 더 많은 관심이 필요할 경우 세심한 관리가 필요하다. 근린주구 관리회사는 합당한 관리 비용에 부합하여 좋은 품질과 서비스를 제공할 수 있다면, 이를 이용하는 것이 효과적인 선택이 될 수 있다. 이러한 회사는 공동체 또는 민간 부분에 의해 운영될 수 있다.

5.1.1 관리사항

디자인이 장기적으로 실용성을 보장받으려면 초기에 관리 방안이 고려되어야 한다. 디자인 결정은 관리가 어떻게 진행되며, 누구에 의해 시행되는지에 대한 총괄적인 이해가 필요하다.

각 자산에 대해서는 다음과 같은 사항들이 고려되어야 한다.

- 자산 관리 담당자에게 법적 의무가 있는가?
- 유지를 위해서 전문 인력이 필요한가?
- 자산을 관리하기 위해 어떤 능력이 필요한가?
- 기술을 구입하는 비용은 얼마인가?
- 기술을 개발하는 데 필요한 훈련은 무엇인가?
- 누가 부채를 부담해야 하는가?
- 어떤 위험이 내포되어 있는가?
- 자산이 부채를 포함하고 있는가?
- 유지 비용은 얼마인가?
- 어디에서 자금이 나온 것인가?
- 자산 관리에 따른 혜택은 무엇인가?
- 자산이 수입을 만들어 내는가?
- 얼마나 오랫동안 관여해야 하는가?

장기간에 걸쳐 개발이 진행되는 곳에서는 자산이 개발자로부터 어떻게 커뮤니티에 전달될 수 있는지에 대한 고려가 필요하다. 단독 개발자에 의한 개발은 모든 프로젝트가 끝날 때까지 자산이 공동체에 전달되지 못할 수 있다. 이는 초기 단계부터 근린주구에 대한 통제부족에서 초래된다.

072

그린인프라의 관리
밀턴 케인즈, 공원 개발 신탁재단The Parks Trust, Milton Keynes

공원 트러스트The Parks Trust는 그린인프라를 만들고 관리하기 위한 새로운 방법을 모색하고 있다. 1992년에 설립한 밀턴 케인즈Milton Keynes 개발사는 4,500ac 규모인 마을의 주요 공원과 도로, 강, 계곡 등의 관리 · 책임을 맡고 있다.

공원과 공원도로가 시의회의 다른 자금들과 경쟁하지 않고, 독립적으로 보호받고 관리되도록 보장하기 위해 관리체계가 수립되었다. 신탁재단은 자선적 지원에 의해 보장 및 규정되는 위탁 사업체이다.

신탁재단위원회는 3가지 유형의 토지를 통제 · 관리한다.

- 공원부지, 범람원, 원시 숲, 기념비적 건축물 – 공원 위탁 위원회에게 유리한 방식으로 999년간 임대하는 것을 조건으로 개발사가 토지 소유권을 기증함
- 주요 도로/공원 도로 – 밀턴케인즈 시 소유의 고속도로, 주요 도로 안에 위치한 부지는 고속도로와 연관된 로터리, 중앙분리대, 도로의 가장자리 및 포장 등의 모든 사항을 고려하는 조건으로 공원 신탁재단과 999년간 임대 계약함
- 소득과 수익자산 – 상대적으로 낮은 가치를 가진 자산에 대하여 기관은 높은 수익률을 기대하지 않고 투자자에게 처분함. 양도 당시에 이 부지는 1,800만 파운드의 가치로 감정되었음. 평가된 이 가치는 주변의 쇼핑센터, 마을이나 개별 상점, 산업 개발, 사무실 개발 그리고 공공주택들의 가치를 포함하고 있음. 이러한 모든 상업용 자산은 트러스트의 토지 소유권에 의해 유지됨. 트러스트는 모든 관련 법규를 준수한다면, 그들이 적합하다고 판단되는 모든 거래를 자유롭게 행할 수 있음

신탁재단에 의한 자체기금 조성 등의 모든 수입은 녹색 자산의 유지를 위한 비용으로 사용 · 유지된다.

공원 트러스트는 밀턴 케인즈Milton Keynes의 오픈스페이스들이 지역 당국의 개별적인 자금으로 지원받고 관리받도록 보장하기 위해 설립되었다.

5.1.2 관리요소와 책임주체

다음 절에서는 근린주구에 대한 주요사항과 지방정부, 민간조직 또는 개인, 커뮤니티와 관련된 관리 문제를 기술하고자 한다. 5.1은 누가 어떤 시설을 통제하는가에 대한 내용이다. 대부분 자산은 다양한 기술적 기능을 수행하고, 법적 요건을 충족해야만 한다.

가로와 도로

가로는 장소 중 사람들의 많은 경험이 일어나는 곳이다. 또 사람들이 교류하는 주요 장소이며 차량을 이동시키는 네트워크의 한 부분으로 기능한다. 가로는 인프라와 엔지니어링 측면의 기능을 가진다. 즉 다양한 요소가 합쳐져 있어야 하고 관련 법에 부합되어야 하며 배수 처리, 기반 및 조명 시설도 설치되어야 한다. 가로를 유지하고 관리하는 데에는 많은 비용과 시간이 필요할 수도 있기 때문에 전문가가 필요하다. 지방정부에서는 높은 관리 비용을 피하기 위해서 가능한 많은 가로를 종합적으로 관리하는 것이 현명하다. 서로 다른 주체에 의해 책임이 나눠져 있는 곳은 영역이 분명해야 한다. 중복적인 재정 지출은 피하는 게 좋다.

오픈스페이스

2001년 조사에 따르면 단지공원의 18%만 좋은 상태를 유지하고 있다고 한다. 조사 결과를 살펴보면 공원과 녹지대들은 다양한 이점을 가지고 있다고 한다. 이는 정신적 건강과 웰빙을 추구하고, 오픈스페이스는 삶의 질에 중요한 영향을 끼치고 경제적인 가치를 증진시킨다. 공공영역에서 식수, 놀이시설, 그리고 가로수를 유지하는 데 소요되는 비용은 비교적 낮다. 이것이 의미하는 것은 개발 신탁(거주자 조합) 또는 민간단체(관리회사)가 그런 역할을 잘 감당할 수 있을 것이라는 것이다. 커뮤니티가 지역을 관리하는 곳에서는 종종 공공공간에 대한 소유권과 자부심이 매우 크고 시간의 흐름에 따라 다른 용도로 공간을 활용할 수 있는 더 큰 유연성이 있다.

시민농장Allotments과 커뮤니티 가든

영국의 경우 식재료 운송이 대형 화물수송 차량 활동의 4분의 1을 차지하고 있다. 시민농장과 커뮤니티 가든은 이것을 줄일 수 있을 뿐만 아니라 가치 있는 커뮤니티 자원을 제공하는 데 도움이 된다. 시민농장, 커뮤니티 가든, 과수원, 지방정부 농장용 토지는 지방정부나 타운, 교구회에 의해 관리되고 있다. 개발 신탁과 협회에서는 관리 계약서를 통해 토지임대, 임대료 수입과 토지의 유지 · 관리에 대한 책임을 질 수 있다.

주차

주차가 어떻게 관리되는가는 주차장의 위치에 따라 결정된다. 주차장의 경우는 특정 소유자에게 할당되지 않고 도로 관리기관이 관리한다. 그렇지 않은 주차장, 예를 들어 지하주차장이나 다층주차장 같은 경우는 개발신탁 또는 관리회사에 의해 관리된다.

커뮤니티 센터

커뮤니티 센터는 레크리레이션, 레저, 스포츠, 교육, 건강, 훈련 및 공동체 작업장 등으르 사용될 수 있다. 이러한 센터는 공동체 조직이 있다는 것을 알려주고 지역주민과 이해관계자들 간의 파트너십을 개발할 수 있는 확고한 기반이 된다. 또한 그 건물들은 소득을 창출할 수 있는 지역자원이 될 수 있다. 사회단체는 장기 임차권인 또는 소유권 혜택이 없이는 커뮤니티센터 개발을 위한 융자나 대출을 할 수 없다. 커뮤니티가 센터 건설에 직접적으로 투자하지 않는 곳에서는 양도된 관리 계약을 통해 건물이 이전될 수 있다. 이러한 곳에서 그들의 조직은 자족적이며 소유권에서 이득보다는 손해가 없다는 것에 확신해야 한다.

물

물 관리는 주요 쟁점이며, 홍수 문제와 부족한 물 소비에 대한 관심이 증대되고 있다. 우수한 디자인과 관리로 폐수가 자산이 되기도 한다. 예를 들어, 지속가능한 배수체계SUDS는 경관을 향상시킬 수 있고 수로Canals는 매력적인 수변 공간으로 창조될 수 있다.

073

지속가능한 도시 배수 시스템SUDS의 관리
텔퍼드, 라이트무어 빌리지Lightmoor Village, Telford

라이트무어 빌리지Lightmoor Village 개발 사업은 우수한 자연환경을 기반으로 한 800세대의 주택, 상점, 도심지와 초등학교 등을 조성하는 것을 추진하고 있다. 이와 함께 지역의 물 순환체계와 물줄기, 하수구 등의 개발을 통해 환경에 미칠 수 있는 부정적 영향을 최소화하기 위한 지속가능한 도시 배수 시스템Sustainable Urban Drainage System(SUDS)을 도입하고 있다.

SUDS의 전략적 특징을 포함하고 있는 주요 도시 기반시설은 잉글리시 파트너십English Partnerships과 본빌빌리지 신탁재단Bournville Village Trust, BVT의 협력하에 건설되었다. 지정된 주거 개발자들은 개발단계를 통해 침투시설물Infiltaration Device들을 도입하였다. OFWAT에서의 현행법(수질산업법, 1991)과 자금 지원 조항Severn Trent Water(STW)에 따르면, 수자원 공급회사들이 SUDS의 설치 및 유지를 위한 공식적인 재정적 지원을 제도적으로 체계화하지 않았다. 따라서 BVT는 SUDS 설비(침투장치와 연못 등)의 소유권과 유지 및 보수에 대한 책임을 지며, 이에 발생하는 유지비용은 주민들이 납부하는 세금에 의해 충당될 예정이다.

SWT는 1991년 상정된 수질법 104조에 의거하여 SUDS의 배관 설치에 동의했다. 그 이전까지 BVT는 지역당국에 의한 도로 기반시설의 채택을 돕는 NSRA 산하의 기업체에 불과했었다. 하지만 앞으로 SWT는 SUDS 시스템의 유지, 보수 및 관리를 위한 모든 비용에 관한 사항을 감시하게 될 것이다.

라이트무어빌리지Lightmoor Village의 SUDS 계획을 위한 유지 및 관리비용은 주민이 납부하는 요금에 의해 충당된다.

074

지역난방 시스템의 관리

사우샘프턴지구 에너지 계획Southampton District Energy Scheme, Southampton

영국 최대의 지역난방 및 냉방 네트워크 중 하나인 사우샘프턴Southampton지구 에너지 계획은 사우샘프턴 시위원회와 에너지 관리 기업인 유틸리컴Utilicom 그룹사의 공동협약으로 창설된 사우샘프턴 지열 냉난방사Southampton Geothemal Heating Company Ltd(SGHC) 社에 의해 운영된다.

마이크 D. 스미스Mike D. Smith 상무는 다음과 같이 언급하였다. **"지역난방 시스템 계획은 지방정부의 주요 핵심 사업이 아니다. 투자할 자본도 충분하지 않으며 위원회의 세제 혜택을 통해 이 계획을 지원할 가능성도 없다. 따라서 필요한 자금과 기술, 경험을 보유하고 있는 민간기업에 이번 계획의 위험부담을 전가할 필요가 있었다."** 따라서 사우샘프턴 지구 에너지 계획은 개발, 자금조달, 운영을 총괄하는 유틸리컴 그룹사가 맡게 되었다.

그 대신 민간기업은 의원회에 화력발전소 부지의 낮은 임대료 보증과 함께 시위원회가 난방시스템의 첫 번째 구매자가 된다는 확약을 요구하였다. 또한 시 위원회가 획득한 EU 개발기금을 회사에 양도하도록 하고, 차후 계획의 개발 및 추진에 있어 적극적인 협력과 협조를 요구하였다. 그리고 시위원회는 매년 이 계획에서 얻은 수익을 함께 공유하기로 하였다.

사우샘프턴Southampton 지구 에너지 계획을 수립하는 지방정부와 에너지 관리기업의 합작투자는 11km의 에너지 연결구간 개발 사업을 이끌었다. 그 결과 연간 7,000만kWH의 에너지를 생산하고, 매년 탄소 11,000미터톤을 절감하게 되었다.

관리 협정은 중요하고, 어떤 협정이 가장 적합한가는 제공되는 서비스의 종류에 따라 다르다. 대부분은 지방정부와 민간기업, 개발 트러스트가 함께 참여한다.

식수 공급은 대부분 민간기업으로 등록된 물관리업체Water Undertaker에서 법적 통제와 규정에 따라 공급된다. 생활하수 재생은 일반적으로 민간 기업 또는 개인에 의해 근린주구나 건물 단위로 관리된다.

관리비용과 법적 책임 때문에, 지방정부는 공도를 따라 만들어진 우수관을 주로 관리한다. 조정지Balancing Pond를 사용하는 곳은 거주자들에게 어메니티와 오픈스페이스의 일부를 형성하게 하며 신탁재단이나 민간 기업이 대부분 관리한다.

폐기물

폐기물과 관리는 사람들에게 물건을 재사용하고 재활용하도록 장려하는 것이다. 이것은 사람들이 재활용하는 편리한 장소를 디자인하는 것 이상을 말한다. 이런 장소는 다니기에 안전해야 하고 깨끗해야 하며, 이용자들이 무엇을 할 수 있는지에 대한 정보가 있어야 한다.

폐기물 종류에 따라 관리방법이 결정된다. 대부분의 경우 이런 과정 대부분은 지방정부와 민간 기업, 개발 신탁재단이 함께 관리한다. 물건 분류와 퇴비화는 보통 민간부문에서 관리한다. 폐기물 재활용 시설이 건물로 통합되지 않은 경우에는 보통 지역 당국이나 민간기업이 시설 관리에 대한 책임을 진다. 특히 상업용 시설과 근린 시설인 경우에 그렇다.

공동체가 좀 더 지속가능한 폐기물 전략을 촉진하려는 목표가 있다면, 개발 신탁재단이 가끔 양도관리계약을 통해 공동체 퇴비화와 재활용에 책임을 질 수 있다.

에너지

에너지서비스 기업ESCO이나 다용도 서비스기업Multi-Utility Service Company(MUSCO)을 설립해 저탄소 및 자원 효율 에너지를 창출하고 운용할 수 있다. 기반시설에 대한 초기 비용은 에너지 판매를 통해 알맞은 시기에 회수하게 된다. 이러한 기업들은 지방정부 당국과 민간 기업, 개발 신탁재단에서 공동으로 관리할 수 있다. 국내 차원에서는 예를 들어 광전지, 소규모 풍력 터빈, 지열 가열 펌프를 이용해 작은 지역Plot에서 에너지를 생산하는 경우에 관리와 유지 · 보수는 개인의 책임이 된다.

물과 마찬가지로 전기와 가스는 보통 법적 관리와 규정에 따라 인가 업체가 공급한다. 공급망은 대부분 민간 기업이 관리한다. 구역 내 공급은 대개 지방정부나 공기업, 민간 기업이 담당한다. 공동체가 좀 더 지속가능한 방법을 촉진하려는 목표가 있다면, 개발 신탁재단이 책임을 질 수도 있다.

통신

대부분의 경우, 민간기업은 새로 개발된 기술을 제공하며 꾸준히 시스템을 관리한다. 이 기술을 이용해 새로운 지역에 인트라넷 사이트를 만들 수 있는 경우에는 개발 신탁재단이 시설을 관리하고 운영한다.

5.1.3 기술자원

기술자문

시설들이 공동체에 이관되는 곳에서는 지역 수용량을 정해야 한다. 집단들은 재무계획 및 통제 기술뿐만 아니라 전문가의 기술도 필요로 한다. 전문가들이 시설을 관리하도록 계약하고 있는 경우, 집단 구성원은 이를 효과적으로 수행할 수 있도록 기본 훈련을 받아야 한다.

매우 중요한 전문가의 기술이 필요한 경우에는 보통 외부 기관에 의뢰하는 것이 시간과 자원을 더 효과적으로 이용하는 방법이다. 시설을 유지할 수 있도록 최소한의 훈련이 필요하다면 공동체 내에 훈련할 수 있는 곳을 만드는 것도 가능하다.

관리기금

자금관리단체Fund Management Initiatives를 지원하기 위한 수입 창출 방안에는 여러 가지가 있다. 그중에서 가장 일반적이고 효과적인 두 가지 방법은 교차보조Cross Subsidy와 관리 수수료이다.

교차보조

관리와 유지보수에 지불하기 위한 재원 마련은 간접적인 방법으로 창출할 수 있다. 교차보조는 지역 사회 부문에서 가장 흔한 방법으로 소규모 단체(발전소, 주차장 또는 재산 임대)에서 기부하는 재정을 탁아소와 같은 공동체 시설에 자금으로 제공하거나 공공 오픈스페이스를 유지하도록 사용하는 것이다.

075

오픈스페이스 관리 예산의 확보

맨체스터, 뉴 이즐링턴 밀레니엄 커뮤니티New Islington Millennium Community Village, Manchester

뉴 이즐링턴 밀레니엄 커뮤니티New Islington Millennium Community개발의 중심에는 새로운 수변공원이 있다. 이는 지역 사회의 공동체와 애쉬튼Ashton, 라치데일Rochdale 운하를 연결하는 중추적인 역할을 한다. 이 계획 덕택에 100만ft² 규모의 공원과 정원으로 둘러싸인 3,000m 길이의 새로운 운하가 조성되었다.

개발 사업에 있어서 이 지역을 어떻게 효과적으로 유지 · 보수하고 관리할 수 있을까 하는 것이 주된 고려사항이었다. 위험성, 부채, 자금조달, 소유권, 장기적인 경영권과 재무상태 등을 파악한 후, 법률적인 자문을 통하여 지역공동체 이익 회사Community Interest Company(CIC)가 가장 적합한 관리조직으로 결정되었다. 일단 필요한 서비스에 대해 비용을 지불할 수 있을 정도로 부동산 자금이 충분히 조성되면, CIC는 잉글리시 파트너십English Partnership으로부터 그 구역을 임대 및 관리하고, 개발에 참여하는 관리사들로부터 토지임대 및 부동산 비용에 대한 수익을 배분받는다.

아래의 근거를 토대로 CIC의 선정이 결정되었다.

- 공공영역과 수변공원의 지속성을 보장할 수 있도록 자산을 동결시키며, 차후 개발에 있어 이 지역을 제외토록 한다.
- 한정된 범위의 책임을 지고 있지만, 지역 사회의 이해에 맞게 운영되도록 지속적인 협정을 확보하도록 한다.
- 각 구역의 지역 대리인은 관리 기업 위원회를 대표를 선출하도록 한다.
- 장기적인 경영권은 지역 사회의 결정에 따르도록 한다.

모든 구역의 조성이 완료되고 지역 대리인의 임명이 끝나면, 잉글리시 파트너십과 어반 스플래시Urban Splash, 하청개발업체는 위원회에서 물러나게 될 것이다.

CIC(Community Interest Company)의 뉴 이즐링턴 공원New Islington's Park 관리는 차후에 개발되는 것으로부터 수변공원을 보호하고, 지역사회가 장기적으로 정부의 관리를 받을 수 있도록 지원할 것이다.

물리적 시설	지방정부/ 공사	개발 신탁재단 (커뮤니티)	민간(관리 기업, RSL 등)
공도	🟢	🔴	🔴
민자도로	🔴	🟢	🟢
홈존	🟢	🟠	🟠
브라이들웨이Bridleway 및 인도	🟢	🟠	🟠
자전거 도로 및 자전거 전략	🟢	🟠	🟠
버스 서비스 및 지역 교통	🟢	🟠	🟠
자동차 공유하기 계획	🟠	🟢	🟢
가로수	🟠	🟢	🟢
가로등	🟢	🔴	🔴
건물 장착 조명	🔴	🟠	🟢
공공 미술 및 거리 가구	🟢	🟠	🟠
재료	🟢	🟠	🟠
도로 가장자리	🟢	🟠	🟠
놀이공간, 운동장, 공원, 녹지대	🟠	🟢	🟢
시민 농장 및 커뮤니티 정원/농장	🟠	🟢	🟢
노상주차장	🔴	🔴	🔴
노외주차장	🔴	🟢	🟢
공공 주차장	🟢	🔴	🟢
커뮤니티 건물	🟢	🟢	🔴
SUDS/저습지/범람지	🟢	🟢	🟢
생활하수	🔴	🔴	🟢
하수도	🟢	🔴	🟠
오프플롯Off Plot 재활용	🟢	🔴	🟠
지역사회 퇴비화	🔴	🟢	🟢
폐기물 수집	🟢	🔴	🟢
열병합 발전	🟠	🔴	🟢
지열기반 가열 펌프	🟠	🔴	🟢
대규모 풍력 발전소	🟢	🔴	🟠
지붕 장착 풍력터빈	🔴	🟢	🟢
광전지	🔴	🟢	🟢
태양열 용수 난방	🔴	🟢	🟢
전기	🟢	🔴	🔴
가스	🟢	🔴	🔴
ICT 인프라스트럭처	🔴	🟠	🟢
블루투스/WiFi/WiMax	🔴	🟠	🟢
커뮤니티 인트라넷	🔴	🟠	🟢
전화	🟢	🔴	🔴

🔴 비적합한 관리선택
🟠 기술에 따라 가능한 관리선택
🟢 적합한 관리선택권

표 5.1 주요 근린주구 요소에 대한 관리선택

관리비

거주자들로부터 징수하는 요금은 오픈스페이스, 커뮤니티 센터 및 가로의 유지 · 보수를 위한 주요 수입원이다. 공동체의 단결을 위해 요금 수준은 개발 지역 내에서 동일해야 한다. 보험료, 창문 청소, 정원 관리 같은 서비스에 대해 공동으로 징수하는 방법은 개인에 대한 비용을 줄이고 품질을 확보한다.

거주자와 기업체가 관리비를 지불할 때 이를 연계시키는 방법에는 여러 가지가 있다. 여기에는 재산에 대한 계약(요금을 납부하지 않으면 판매 시 계약서가 발행되지 않음), 또는 케이블 텔레비전 같은 서비스를 위한 시설(요금을 납부하지 않으면 서비스가 중단됨)이 포함된다.

5.1의 핵심 내용

가. 성공적인 장소는 잘 관리되고 유지되는 공간이다. 장소를 어떻게 관리할 것인가를 초기 단계에서 고려하는 것이 중요하다.

나. 관리체계를 결정하기 전에 비용, 법적 책임 및 책임 결과를 파악한다.

다. 예측가능한 미래를 위해 자산을 관리하기 위한 타당한 기술과 자원이 있는지 확인한다.

참고문헌

1. Strong and Prosperous Communities – The Local Government White Paper. 2006. CLG
2. Public Park Assessment. 2001. Urban Parks Forum
3. The value of public space. 2004.CABE

5.2
관리체계

5.2.1 관리체계
5.2.2 법적책임과 권한

자산관리는 복잡하고 때로는 어려운 문제이며 적합한 관리기구에 대한 이해가 필요하다. 올바른 관리기구를 선택하는 것은 성공적인 장소를 창조하는 데 가장 중요한 부분이기도 하다. 따라서 이에 부합하는 관리기구를 결정하는 것이 중요하다. 프로젝트 타입은 법적 체계에 맞게 규정되어야 하고 관리기구가 공동체 활동에 어떻게 영향을 미치는지를 고려해야 한다. 모든 유형의 소유자가 표준적인 수준의 서비스를 제공하는 단일 체계는 성공적인 통합이 되도록 해준다.

5.2.1 관리체계

지역 특성에 맞는 적합한 관리기구를 선택해야 한다. 다양한 다수의 조직관리가 비슷한 결과를 만들어낼 수 있다. 특정한 모델이나 프로젝트에 맞는 단 하나의 조직은 존재하지 않는다. 자산관리에 가장 적합한 법적 기구 선택 시 조직은 다음 사항들을 평가하여야 한다. 대규모이거나 복잡한 프로젝트는 다수의 법적 기구를 결합시키는 것이 적절하다.

프로젝트의 목적

관리기구가 성취하고자 하는 것은 무엇인가? 대형 계획과 영구적인 자산관리는 특히 복잡해질 수 있다. 사례를 보면 기구는 가능하면 초기에 누가 어떤 자산을 관리하는지를 고려하는 것이 유리하다. 장소와 관련된 조직은 목표달성을 위해 종합적인 활동을 필요로 하기 때문이다. 예를 들어, 몇몇 조직은 공동체 참여와 커뮤니티 프로젝트들을 운영하거나 또는 잠재적인 불이익도 감수해야 할 것이다.

단체의 참여

누구를 어떻게 참여시킬 것인가? 관리 옵션을 운영하는 데 유용한 기술들은 무엇인가? 이해관계자의 참여에 대한 필수사항 또는 진행 중인 단계에서 필요로 하는 다른 요소나 과정이 있는가?

의사결정

의사결정을 어떻게 할 것인가? 개발자에 의해 세워진 회사에서는 점유자에게 그 이익이 돌아가겠지만, 설정된 목표에 도달하기 전(예를 들면 75%가 판매될 때까지)까지는 점유자들이 투표권을 행사하기 어려울 것이다. 개발자들이 재정적인 이익을 가지고 있는 한, 개발자들은 주주권 행사에 영향을 주거나 통제가 가능하다.

토지 양도

관리기구가 개발을 통한 이자수익의 창출이 가능한가? (토지임차권 아니면 부동산 자유보유권) 또는 토지소유자들에게 단순히 서비스를 제공할 수 있는가? 지속적인 자산관리가 요구되는 복합계획에서는 토지명의변경 시기가 중요할 수 있다. 이에 개발기간 동안 요구되는 가치와 통제의 수준과 관련된 쟁점들을 고려하는 것이 필요하다.

채무

어떤 채무들을 관리기구가 고려해야 하는 것인가? 예를 들자면 조직이 작동되면서 토지임차권 또는 서비스비용은 법률적으로 발생되는 채무이다. 이에 대한 예산을 반영했는가?

자금조달

관리활동을 위한 자금을 어떻게 조달할 것인가? 만일 미래 부채에 대한 불확실성으로 서비스 비용을 마련할 경우 관리기구는 문제에 직면하게 될 것이다. 자유소유권이나 부동산토지임차권에 대한 비용 부과는 가능하나, 그것이 상환할 수 있는 총액과 관련해서는 한계가 정해져 있다.

시행

관리기구가 어떻게 다른 권리들을 행사할 것인가를 검토할 필요가 있다.

종료

업무 종료를 어떻게, 어느 시기에 할 것인가? 관리기구가 더 강력해지거나 개발이 확실히 목표에 도달했다고 확신할 때 종종 개발업자나 토지소유주자들은 특정한 시점에 기구가 종료되길 원한다.

076

지역주민들의 요구에 맞는 관리체계의 수립

페프스 커뮤니티 포럼 / 런던의 루이셤 자치구The Pepys Community Forum / London Borough of Lewisham

루이셤Lewisham의 페프스Pepys 커뮤니티 포럼은 재생사업 과정의 최전선에 위치하고 있다. 이는 의사결정에 영향력을 행사하고 장기적인 자산관리 과정에 참여하는 방식으로 진행되어 왔다. 많은 문제점을 지녔던 부동산들이 포럼을 통하여 Building for Life 실버타운 건축상을 수상하였고, 훌륭한 공동체로 탈바꿈하는 데 도움을 주었다.

1997년 페프스 지역 주민들은 그들의 삶의 질을 향상시킬 수 있는 방법을 함께 모색하였으며, 1998년 페프스 커뮤니티 포럼을 개최하였다. 루이셤 자치구를 통해 공동체 재건을 위한 입찰을 시행하였고 결과는 성공적이었다. 또한 지역 기반 서비스와 지역사회 개발 위탁 사업체에서 자금을 제공받게 되었다.

법률상의 헌법적이고 민주적인 체계하에 지역사회 개발 신탁재단Community Development Trust은 지역주민들이 주체가 되어 지역사회의 자원과 서비스를 개발 · 관리 · 수립하도록 지원하였고, 투자유치의 기회를 마련하는 주춧돌 역할을 하였다. 그리고 자금조달을 지방정부에서 가능하도록 계획하여, 어떠한 자금 부족에도 영향받지 않을 수 있었다.

기존 오픈 스페이스에 대한 공동체의 만족감과 보존을 주장하는 지역사회의 공감대는 현상설계에서 출발한 재건 제안서에 새로운 건물의 배치나 디자인을 결정하는 데 주요한 영향을 미쳤다. 페프스 커뮤니티는 지역사회를 위한 교육 및 훈련 프로그램을 시작했을 뿐만 아니라 커뮤니티 센터와 같이 중요한 사회적 편의시설을 제공하였다.

페프스Pepys 커뮤니티 포럼은 이 지역의 자치서비스의 개발과 지역재원의 관리를 담당할 '지역사회 개발 트러스트'의 조성 자금 마련을 위해 지방정부와 함께 노력하였다. 프로젝트는 교육과 프로그램, 건축 현상설계 경쟁과 커뮤니티 센터 설립을 이끌어 냈다.

077

신탁재단Trust 설립하기

본빌 빌리지 신탁재단Bournville Village Trust

1900년 캐드버리Cadbury 형제에 의해 수립된 본빌 빌리지 신탁재단Bournville Village Trust, BYT는 오늘날 1,000ac 규모의 토지를 관리하며, 2,500명에게 주택을 제공하고 있다. 이는 새로운 주택에 대한 품질 제공, 에너지 절감, 재건, 특별한 요구와 사회적 약자들을 위한 주택 공급까지 광범위한 업무를 수행하고 있다.

BYT 활동

- 본빌 빌리지의 7,500채의 빌딩 및 다양한 커뮤니티 시설관리
- 버밍엄Birmingham, 텔퍼드Telford(라이트무어Lightmoor 포함), 레디치Redditch 지역 외 약 600여 개의 부동산 관리
- 주택조합과 기타 조직의 건축물 관리와 유지·관리 서비스 제공

BYT는 주택 서비스, 지역 관리, 계획 위원회, 재정과 개발, 관리조직과 농업 부문에 다섯 개의 위원회를 설립했으며, 그 외 다른 서비스들은 다음과 같다.

- 상점과 커뮤니티 장소
- 농업지역의 운영 및 관리(낙농가 임대주택 관리를 위한 공공지역 및 사유지 약 3,000ac 토지 보존)
- 거주민의 협회 및 자문위원회 설립
- 개인 재정관리 지원, 공동체 생활 기술 트레이닝과 교육, 지속가능한 소작을 위한 고용 기회 제공
- 24시간 지원센터 – 열악한 임차인을 지원하는 알람 시스템
- 학습장애우를 위한 일일 체험활동

본빌 빌리지 트러스트Bournville Vilage Trust의 구조는 지역 시설물과 재산, 공공영역과 사유재산 등을 포괄하는 다양한 계획을 관리하기 위하여 설립되었다.

5.2.2 법적책임과 권한

다음 절은 가장 많이 적용되고 있는 관리 구조에 관해 설명할 것이다. 법적 구성과 권한, 빈번하게 이용되는 시점, 과거에 사용된 몇몇 대표적인 시나리오 등이 있다.
각각의 모델에는 다양성이 존재하며 충분히 탐색해야 한다.

주식회사

- **장점**
  - 법적책임으로부터 개인 보호
  - 회사 내 다양한 이해당사자 참여 가능
  - 구성원들에게 분리된 법적 지위로 계약, 자금대출, 자산보관 가능
  - 보증된 회사는 멤버들의 입회 또는 퇴장 용이, 공공부문과의 연계 용이
  - 주식에 의해 공유된 회사는 단일 건물이나 소규모 부동산관리회사 개발자에게 잘 알려짐
  - 규정과 보고서에 의한 업무 투명성
  - 탈퇴와 관계 신뢰를 위해 자동적인 유발점Trigger Points을 만들 수 있음

- **단점**
  - 업무와 책임에 대해 개인적 책임을 지고 있는 관리자들에게 세부적이고 과중한 법적 규정
  - 사전에 지명된 주주이사회(이층 구조 및 주주/구성원)

- **사용 시기**
  - 신탁, 사회적 기업 또는 일반 법인과 같이 다른 관리기구를 위해 종종 적용
  - 좀 더 기준화된 관리체계를 위해 다양하게 조직된 회사 관리 구조가 많음(예를 들어, 단일 건물 또는 소규모 부동산)
  - 공공영역과 노외주차장, 공동 건물, 커뮤니케이션 기반시설의 요소들을 관리하기 위해서 적합

사회적 공익회사

- **장점**
  - 커뮤니티 이익을 위한 확실한 자격
  - 규정과 기업 공개 요건은 투명성 제공
  - 잉여금은 협회의 이익을 위해 재투자

- **단점**
  - 자산동결은 활용에 있어 경직될 수 있음
  - 규정과 보고 요구사항은 부담이 될 수 있음

- **사용시기**
  - 공동체에 직접적인 이익을 주는 자산관리를 위해 적합
  - 환경개선과 지역교통, 기업박람회와 같이 지역적 차원에서 혁신적인 서비스를 제공하는 협회를 위해 적합
  - 높은 임대를 통해 커뮤니티의 이익이 되는 공공공간 관리와 재정을 지원하기 위해 사용되는 자산관리에 적합

신탁

- **장점**
  - 신탁자산은 수혜자에게만 적용 가능한 독립된 펀드일 수 있음

- **단점**
  - 의사 결정이 부담스러울 수 있음. 수탁자들은 상황에 따라 결정에 대한 개인적인 책임부담이 있을 수 있음
  - 수탁자는 권한을 가질 수 없음. 이것은 소위원회의 의미 있는 사용을 제한함
  - 회사 같은 형태가 아닐 경우, 신탁은 분리된 법적 주체가 아니며 스스로 재산을 가질 수 없음

- **사용 시기**
  - 신탁은 자산을 보호하기 위한 곳에서는 유용함(비록 다른 모델이 사용될 수도 있지만)
  - 커뮤니티 개발 신탁은 일반적으로 공동체를 위해 자산을 관리하려고 구축됨(비록 그들은 종종 준신탁이 되지만)

078

통합 관리체계

코인 스트리트 커뮤니티 건설협회Coin Street Community Builders

런던의 코인 스트리트Coin Street 복합용도 계획은 주거와 공원, 직장, 레저, 상업시설, 쇼핑, 수영장, 기타 지역 시설을 포함하며, 이러한 복합 시설은 트러스트와 사회적 기업 및 경영관리 기업, 협동조합에 의해 운영 · 관리되고 있다.

1974년에 거주 시민들에 의해 설립된 코인스트리트 커뮤니티 건설협회는 사우스 뱅크 노동조합South Bank Employer's Group, SBEG과 함께 코인거리를 촉진시키고 사우스 뱅크의 확장을 위해 노력해 왔다. 상업시설은 품질과 적절한 혼합, 균형을 유지하기 위해 면밀한 점검을 받는다. 상업활동을 통한 이윤은 회원들의 기부금을 증가시켰고 조성된 기금은 교차 보조기금Cross Subsidies으로 활용되거나, 비영리적 사업으로서 지역 환경개선, 지역교통의 개발, 학교지원 사업에 투자되었다. 이 트러스트는 매년 25만 불 이상 강변길이나 공원 관리에 투자하고 있다. CSCB는 자회사 설립으로 Oxo 타워, 가브리엘 선착장과 베리 스페인 공원Berrie Spain Gardens, 강변을 관리하는 사우스 뱅크 관리 서비스 업체의 임대료, 공원관리 비용, 기타 서비스 비용을 지불하고 있다. 코인 스트리트 프로젝트는 약 35명의 직원을 고용하고, 건축가, 측량사, 변호사, 프로젝트 매니저와 같은 전문 컨설턴트를 활용하고 있다.

코인 스트리트 지역의 주거개발 사업은 상호협력을 통해 운영된다. 교육 프로그램을 이수한 모든 조직원은 협동조합의 구성원으로 인정되어 주주가 되며, 운영 조직의 일원으로서 적극적인 참여를 보장받는다. 따라서 모든 의사 결정은 구성원의 투표로 결정된다.

가브리엘 선착장Gabriel's Wharf은 코인 스트리트 커뮤니티 건설협회의 상호협력을 통해 진행된 프로젝트 중 하나이다. 1988년에 지역상인과 거주자, 방문자의 요구에 의해 마련된 독특한 예술품 상점, 술집, 레스토랑들은 사우스 뱅크가 매력적인 관광지가 되도록 중요한 역할을 하고 있다.

공동소유 협회

• 장점
- 보증책임주식회사로서 구성원들의 책임은 개인당 1파운드

• 단점
- 재산의 모든 지분 매입 필요
- 공동소유협회 내 서로 다른 유형의 서비스를 구분하기에는 제한적인 융통성을 지님

• 사용 시기
- 건물 또는 부동산의 일반적인 부분에 대한 관리
- 아파트나 주택에 가능

산업 및 공제조합

• 장점
- 분리된 법적 주체로서 산업 및 공제조합은 계약 주체, 토지, 고소 등 가능
- 일반적인 거래를 포함, 다양한 활동 보장
- 구성원들의 유한책임

• 단점
- 주된 이익은 개인보다 주로 공동체를 위함을 명문화하는 것이 어렵고 민간 부문 참여를 제한함
- 1인당 2만 파운드 이상 투자불가
- 휴업 시 유연하지 못한 구조

• 사용 시기
- 주택협회 또는 등록된 사회 토지 소유
- 레저신탁

비법인 단체 또는 계약적 관계

• 장점
- 유연한 계약적 협정이 계약 당사자들의 목적에 적합하게 적용될 수 있음
- 헌법에 법적 내용이 없으므로 적용이 매우 유연함

• 단점
- 분리된 법적 주체가 없음
- 실 소유, 제삼자와의 계약, 개인 고용, 법적 활동, 자금 대출이 불가하다. 지명된 구성원들은 다른 사람들을 위해 자신의 이름으로 이러한 활동을 영위해야 함
- 파트너십을 유지하기 어려움. 구성원들은 다른 단체의 파트너십과 활동에 따른 부채에 개인적으로 연관되고 심각한 책임이 따를 수 있음
- 계약적인 협정은 자선기업을 찾거나 융자를 추구하는 것은 부적합한 방법임

• 사용시기
- 거주자협회 또는 커뮤니티 포럼
- 오픈스페이스, 시민농장과 커뮤니티 센터와 같은 커뮤니티시설과 커뮤니티 사업을 관리하는 데 적합함

5.2의 핵심 내용

가. 최대한 초기 시점에 가능한 관리 선택을 고려

나. 설립하려는 조직 유형에 적합한 관리기구 또는 혼합적 기구를 선택한다. 조직은 응집력 있고 통합적인 공동체를 지원한다는 확신이 있어야 한다.

5.3
자족적 공동체

5.3.1 근린주구 기반시설 제공
5.3.2 공동체 관리 촉진
5.3.3 장소의 안전 유지

우수한 장소들은 사회적 교류의 장이 된다. 근린주구 내 기반시설을 통해 공동체가 환경에 독립성과 책임감을 가지게 한다면 우수한 장소가 조성되고 유지될 것이다.

이러한 후원이 어떻게 효과적인 것이 될지는 어떤 방법으로 제공할 것인가에 달려 있다. 지역 사람들이 관리회사들과 어떻게 상호작용하고, 장소의 품질을 어떻게 유지하도록 할 것인가를 고려해야 한다. 관리를 적극적으로 하여 지역주민에게 안전하고 매력적인 장소에서 거주하고, 일하며 생활할 수 있는 기회를 제공할 수 있다는 확신을 주어야 한다.

5.3.1. 근린주구 기반시설 제공

공동체가 좀 더 효율적으로 작동하도록 격려하고, 공동체의 성장을 도모할 수 있는 개발 방법이 많이 있다. 일반적으로 적당한 규모의 개발은 용도와 사용자의 복합을 촉진해야 한다. 학교, 상업시설, 커뮤니티 시설 및 주택은 상호 지원되어야 한다. 이러한 기능을 지원하는 기반시설은 다양한 수단을 통해 제공될 수 있다.

자금조달

보건소 및 학교와 같은 어메니티와 시설 설치, 사람, 차량 공유 프로그램, 쓰레기재활용 같은 커뮤니티 시설을 후원하고, 토지나 빌딩을 매입하려는 구입자금을 공동체에 제공한다. 이는 개발자의 기여와 사전-사업계획 106조항을 통해 이행될 수 있다.

정부보조금

많은 거주자가 지속적으로 사용할 것으로 판단되면 개발 초창기에 사용촉진을 위한 재산, 비즈니스, 탁아소와 같은 커뮤니티 시설에 대한 임대 보조금을 지급한다.

건물공급

개발 초기에 지역을 위해 물적 자산을 공급하는 것은 커뮤니티 활동을 집중시켜 공동체를 만들고 개발을 돕는다. 이러한 노력은 지역 커뮤니티와 다양하게 연계할 수 있는 토대를 마련한다.

정보

관리 규약을 통해 공동체가 서로 교류를 촉진하고, 맥락을 파악하며, 장기간의 사업인 경우 어떻게 개발 사업이 진행되어 가는가를 인식하도록 하기 위해서는 정보집중국을 설치해야 한다. 이런 것은 커뮤니티 인트라넷, 지역라디오, 정보센터 등의 형태가 될 수 있다. 재산 매각 시 개발자에 의해 제공되는 정보패키지는 유용한 자료이다. 이러한 자료가 임대인에게 제공될지는 보장할 수 없지만, 자료의 유용성은 사적임대시장에만 한정되어 있다. 현장에 관리회사 사무실을 두는 것은 매우 유용하다. 문제가 발생되었을 때 지역주민과 쉽게 이야기할 수 있게 하고 지역주민의 책임성을 중대시킴으로써 소유감을 증진시키기 때문이다. 또 쟁점들이 문제가 되기 전에 살펴볼 수 있고, 지역주민과 좋은 관계를 형성하도록 하기 때문에 관리회사 입장에서는 매우 효과적이다.

근린주구 관리

프로젝트 목표가 설정되면, 개발 초기에 관심을 유도하고 활동을 촉진시키고자 사람을 고용하는 것이 유리하다. 적합한 사례로는 재활용센터를 세우기나 지속가능성 기준을 올리는 것이다.

079

인터넷을 통한 사회적 교류 촉진

라데라 라이프 공동체 통신망Ladera Life Community Intranet - www.laderalife.com

라데라 라이프Ladera Life는 캘리포니아 라데라 랜치Ladera Ranch에 살고 있는 주민들을 위한 인터넷 사이트로 지역주민들과 기관 및 협회, 지역 사업자들에 대한 중요한 정보를 거주자에게 제공하고 있다.

지역 사업자들과 연계된 라데라 라이프 사이트는 개발 사업에 대한 정보를 공유함으로써 직간접적으로 관리자와의 소통의 장을 제공하고 있다. 또한 이 사이트는 지역 모임에 대한 세부 사항을 게시판에 제공하며, 지역축제, 레스토랑, 체육시설 및 병원 등을 온라인상으로 예약할 수 있도록 지원하고 있다.

이 사이트는 라데라 랜치 지역관리 서비스LARCS가 운영 · 관리한다. LARCS는 지역 활동과 축제, 모임의 형성을 조정하는 비영리 공공이익 단체사업으로, 거주자들에게 지역사회에 대한 정보를 제공한다. LARCS는 라데라 내의 부동산 매각 및 매각 수수료(주택가격의 0.125%), 기업들의 후원 등을 통해서 운영자금을 지원받고 있다.

라데라 라이프의 공동체 통신망Ladera Life Community Intranet-www.laderalife.com은 부동산 개발 매각 수수료를 통해 구축되었다. 이 사이트에는 지역 개발사업과 시설들에 대한 정보를 담고 있다.

080

적극적인 근린주구 관리

캔드레이 재단The Kendray Initiative

1999년 창립된 켄드레이 재단은 설립 초기 단계부터 실업 문제의 증가와 빈곤, 마약, 범죄 증가, 반사회적 행동, 지방의회의 재정적 부족 등의 문제 해결을 위한 대응방안을 강구해 왔다. 오늘날 이 단체는 기초생계의 유지뿐만 아니라 사회적인 문제 해결을 위해 활발하게 활동하고 있다. 지역 주민과 지방의회, 기타 단체들에 의해 설립된 이 재단은 거주자와 지명된 주거 협회, 민간 건설사와 함께 협의하여 주택 재생 계획에 대한 자문활동을 수행하고 있다.

이 재단은 구직 중인 지역주민들, 체육 조직, 1,000명이 넘는 캔드레이 지역 아이들을 위한 공휴일 활동, 지역 웹사이트 개설, 적합한 교육시설 제공 등에 관련된 사항을 지원하고 있다. 그들은 서로 다른 기관에서 온 서비스 기준 설립에 대한 서비스 기준 합의서 두 개를 가지고 있다. 이는 서비스 제공자들에게 매달 피드백을 제공하는 지역 사회 대변자Neighbourhood Champions들에 의해 모니터링 되고 있다.

재단의 5가지 주요 관리분야

- 청년층과 취약가정 어린이를 지원
- 평생교육 및 일자리
- 건강증진과 정서안정
- 부동산 관리, 안전한 지역 환경
- 캔드레이 활성화 정책

캔드레이 재단은 지역주민들과 지역 서비스 제공자, 지방의원들로 구성된 이사회에 의해 운영되고 있다. 이 이사회는 프로젝트를 계획 및 운영하고, 지역 재생을 위해 할당된 개발자금을 관리하고 있다. 지역사회 관리를 위한 자금 인수 명세서와 더불어, 그들의 작업을 지원하고 장기적인 수익을 제공할 수 있는 지역 관리 조직을 고용하고 있다.

"가시적인 변화는 긍정적인 인식과 거주자들의 참여라는 결과로 나타났다. 하지만 가장 중요한 요소는 초기 협의를 하는 데 필수적인 믿음과 신뢰를 구축할 수 있는 책임감 있는 지역사회의 지원을 얻은 것이다." 캔드레이 재단 지역사회 매니저로 10년 동안 재직한 란 스미스Lan Smith가 위와 같이 언급하였다.

지역 재생을 위해 할당된 개발 비용은 캔드레이 재단Kendray Initiative의 자금으로 이용된다. 또 캔드러이 재단은 부동산 재생 계획을 통해 지역사회의 열망을 향상시키고, 참여를 독려하며, 지역사회의 일원을 매니저로 고용하고 있다.

매각과 임대

장기간 지역에 관심을 가진 사람들은 지역사회 활동에 대한 참여도나 지역을 관리하는 데 책임감이 높다. 첫 매수자들과 공동소유자들은 지역 발전에 높은 관심을 가질 것이다. 개인 임대재산을 이용하는 단기 임차인들은 강한 소속감을 가지기 어렵다. 임차인들은 소유자들보다 이동이 심하고 공동체 활동 참여도도 낮다. 이런 관점에서 볼 때 지속적인 사적 임대를 위해 매각되는 자산수를 제한하거나 단일 매입자에게 팔 수 있는 숫자를 제한하는 협약을 부과하는 것은 바람직하다. 이와 더불어 관리 및 이웃 그룹들은 복합 점유유형 개발을 통해 다양한 유형 간에 융합되도록 도울 수 있다. 다양한 배경과 점유유형을 가진 주민이 공동체 활동에 참여하는 기회를 얻을 수 있다. 이러한 노력은 사회계층이 분리되는 것을 최소화하고 융합하는 것을 촉진한다.

5.3.2 공동체 관리 촉진

주민들에게 장기 미래계획 수립의 위임

지역 주민에게 자발적인 참여와 서비스를 설치하는 노력 등을 지원함으로써 자발적으로 환경을 자발적으로 만들게 하는 것은 미래 계획을 스스로 수립하도록 책임감을 심어줄 수 있다. 자발적인 노력은 공동체에 이익을 제공할 뿐만 아니라 자신감을 향상시키고, 새로운 기술 및 훈련으로 그들의 건강을 증진시키고 다른 주민들과 만날 수 있게 돕는다.

포럼과 유사한 협회는 지역주민에게 지역문제와 관련하여 의견을 표현할 수 있는 기회를 제공한다. 협회는 장애인, 청년층, 상인, 대중교통이용자, 노인 및 기타 등등을 대변할 수 있다. 이러한 협회는 일반적으로 정치색이 없다. 그룹의 대표와 관리위원회는 구성원이 가진 지역 관련 지식을 통해 정착과 계획 이벤트를 수립한다. 지역집단은 공통된 관심사로 하나가 된다. 공통 관심사는 관리회사의 인수와 지역개발의 품질 개선, 어린이 보호시설 설치, 자동차 공유프로그램 만들기, 커뮤니티 센터 근처로 버스 정류장 이전, 번화가에 횡단보도설치, 지역문제 제기에 대한 보안유지, 경찰서 개설 및 주야간 수업 할인율 개선 등이 포함된다.

주민협의체를 통한 공헌

근린주구의 변화를 위해 가장 효과적 원동력은 주민협의체이다. 주민협의체는 의회 및 다른 조직과 연계하여 긍정적인 변화를 가져올 수 있다. 그들은 주요 프로젝트와 관련하여 도움을 받을 수 있는 중추적인 역할을 할 수 있다. 많은 사례를 보면 그들은 임대관리협회와 같이 다른 유형의 주민 참여를 이끌어갈 수 있는 지식과 경험을 거주자에게 제공한다. 지방정부는 주민협의체 구성원 수와 참여하는 주민 수에 비례하여 협의체에 자금을 지원한다. 다른 자금은 지역 이벤트, 회원들의 기부금과 국가 복권관리협회를 통해 가능할 것이다.

주민협의체가 다루는 쟁점을 예로 들면 다음과 같다. 근린주구관리를 위한 지역 전문가 제공, 커뮤니티 주요 문제 해결을 위한 로비, 지역문제와 관련 주민들에게 정보제공, 사회 및 문화파괴, 학대Harassment 및 반사회적 행위 예방을 위한 지원 자금 마련 등이 있다.

주민협의체 및 포럼은 다음과 같은 과정을 통해 정착시킨다.

- 관심사에 대한 토론을 통해 관심을 가진 주민과 함께하기 및 공동체 범위 내 지원수준 설정
- 포럼 또는 주민협의체와 관련하여 지역주민들에게 알리고 지역주민이 참여하도록 촉진
- 모든 주민이 지역 문제를 토론하는 회의 소집 및 주민협회체 또는 포럼을 어떻게 조직하는지 알리기
- 운영그룹 및 주민위원회 조직하기
- 정관 설립하기
- 위원회 선임을 위한 발기모임(의장, 비서 및 재무포함) 회의 및 정관채택

비즈니스 활성화

비즈니스 활성화 프로그램은 지역 내 비즈니스에게 지역 개선을 위한 계획을 만들거나 주도하도록 할 수 있다. BID 제안서는 조사와 컨설팅을 기초로 작성된다. 제안서는 투표로 결정되고 비즈니스 개선을 위한 자금을 마련하기 위해 부담금 징수 여부를 결정한다. 징수된 부담금은 제안서에서 나타난 지역만을 위해 사용토록 용도지정조치를 한다. 각 비즈니스 활성화 프로그램 운영기간은 새 투표를 하기 전까지 최소 5년이 걸린다.

081

비즈니스 활성화 촉구

워털루 비지니스 연합The Waterloo Quarter Business Alliance, WQBA

워털루 비지니스 연합The Waterloo Quarter Business Alliance, WQBA은 사업촉진지구BID를 의미한다. 이 지구는 워털루역 바로 남쪽 지역에 위치한 역사적인 상업 지역 내에 위치하고 있지만, 빅토리아 시대의 고가철도와 그림쇼Grimshaw 유로스타 터미널이 위치한 혼잡한 사우스 뱅크와는 분리되어 있기도 하다. 이 지역은 한때 1마일이 넘는 길거리 상가와 함께 활성화된 쇼핑지역이었다. 그러나 보행자 통행권을 고려하지 않은 전후 계획Post War Palnning과 인구 변화, 자치구의 빈곤에 기인한 투자 부족이 지역경제를 쇠퇴시켰다.

BID는 지속적인 전략적 투자로 침체된 지역경제를 반전시켰다. 이는 소매업자들의 번영을 도모하고 워털루 지역에 위치한 많은 오피스를 지원하여 런던 구직시장을 유지하는 데 목적이 있다. 이러한 활동은 BID 구성원뿐만 아니라 외부에서 워털루 지역 활동에 참여하는 다른 지역사회 조직을 기반으로 이루어졌다. 물리적인 개선 활동은 경관 및 전략적 사업으로 분리되어 수행되었다. 낙서 제거와 거리 청소, 녹화 사업이 시작되었으며, WQBA는 현재 넓은 보도와 공공 오픈스페이스의 연계, 건널목 교체, 지역 커뮤니티 지원을 통한 새 광장 디자인 사업 등을 활발하게 진행하고 있다. 이러한 사업은 자치주 예산과 106개의 펀드를 기반으로 한 지원자금으로 진행된다.

WQBA BID는 에마콘스 공원Emma Cons Garden의 변화를 이끌어냈다. 이곳은 워털루Waterloo 지역의 가장 핵심적인 장소로서 성공적으로 디자인된 조경, 조명시설 그리고 가로 시설물들로 우수한 쇼핑 공간을 창출해냈다.

082

고품질의 공공영역 유지
모어 런던More London

모어 런던More London은 런던 브릿지London Bridge와 타워 브릿지Tower Bridge 사이, 템즈Thames 강 사우스 뱅크South bank 지역에 위치한 새롭고 활기찬 업무 및 레저 지구로 포스터 앤 파트너스Foster and Partners 건축사무소가 계획하였다. 이 개발 사업은 시청을 포함한 많은 신축 업무용 빌딩, 호텔, 어린이극장, 상업시설, 레스토랑, 레저시설들을 포함하고 있으며, 모든 시설들은 유기적으로 연계되어 고품질의 도시 공공영역을 형성하고 있다.

모어 런던은 외부 환경이 지닌 품질과, 그 품질이 어떻게 관리되는지에 초점을 두고, 이것이 매력적인 내부 수준과 높은 수준의 세입자와 종업원을 보유하는 것만큼 중요하다는 전제하에 시작되었다. 자체 보안 서비스와 관리 · 미화 서비스 수준을 최상으로 제공하면서도 효율성과 경제성을 동시에 달성하고 있다.

모어 런던은 지역 공동체와 긍정적인 관계를 기반으로, 풀 오브 런던Pool of London과 사우스웍 의회Southwark Council의 공동 투자금 3,500만 파운드 규모로 조성되었다. 프로그램은 환경적 · 사회적 · 경제적 이슈에 중점을 두고 있으며, 개발지역 내 주민들에게 400여 가지에 달하는 교육을 제공하고 있다.

모어 런던은 한때 사우스웍의 무관심한 변방이었던 이 지역을 주민들과 지역 공동체, 관광객들을 위한 새롭고 활기찬 지역으로 변형시키는 데 성공하였다. 800명 규모의 인원을 수용할 수 있는 야외 경기장에서는 여름 내내 지역 공동체 단체와 학교에서 연극, 영화, 음악을 무료로 제공하고 있으며, 공간이 남는 빌딩 사이사이에서는 여행사진전이 열린다. 그뿐만 아니라 'More for Me'라는 엑스트라넷 서비스와 'Know more London'이라는 분기별 뉴스를 통해 모든 사람들에게 지역 소식을 제공하고 있다.

모어 런던은 지역의 신뢰를 얻고, 지역 재생을 위한 촉진제 역할을 수행하고 있다.

지역 주민들과 공동체, 관광객이 모어 런던More London이 제공하는 우수한 공공영역과 시설을 수용함으로써, 모어 런던이 본질적으로 관광지 자체가 되도록 탈바꿈시켰다.

BID는 가치 상승, 투자 유치, 지역사업자들 간의 관계 개선, 지역경기 활성화가 가능하다는 것을 보여주었다. 사업의 내용은 물리적 개선(조명, 낙서 지우기, 녹화 및 청소 프로젝트, 청결, 오픈스페이스 개선) 추가보안, 공공 이벤트 및 이미지 개선을 포함한다.

5.3.3 장소의 안전 유지

범죄 및 범죄에 대한 두려움은 삶의 질을 결정함에 있어 가장 큰 영향을 주는 사항이다. 자연적 감시, 방어 공간과 지역사회의 상호 유대를 극대화시켜 안전 의식을 강화하는 데 도움을 주지만, 많은 지역에 추가적 지원이 필요하다. 다음은 장소 안전에 큰 영향을 주는 방법이다.

주민자율방범대

주민자율방범대는 지역사회 안전을 위해 주민들이 함께하는 공동체이다. 경찰, 지방정부의 생활 안전부서, 기타 자원봉사 기구와 연계한 협력단이며, 무엇보다도 개인과 가족은 지역을 안전하게 하고자 주민자율방범대를 원한다. 이는 구성원의 활동을 포함한 새로운 지역사회의 정신과 문제 해결 능력에 대한 공동체의 믿음을 강화시킬 수 있다.

지역 경비원

지역 경비원은 주거지 및 공공공간, 중심가와 범죄가 많은 지역에서 눈에 띄도록 제복을 입고 준경찰처럼 활동한다. 범죄에 대한 두려움 감소, 반사회적 행동 제지, 사회통합과 환경에 대한 관심을 목표로 한다. 지역 경비원은 지역사회의 요구에 따라 다양한 역할을 수행할 수 있다.

경비원은 다음과 같은 역할을 수행한다.

- 지역사회 안전 촉진과 환경 쓰레기, 낙서 및 강아지 배설물과 같은 문제를 해결
- 지역주민과 지역정부 및 경찰과 같은 유관 기관의 연결을 통하여 공동체 개발에 기여
- 공중질서 유지
- 노인, 장애인, 범죄 피해자와 같은 약자들을 위한 방문서비스 제공

공동체 지원 공무원

공동체 지원 공무원은 경찰 지원인력이다. 주민 안전을 주목적으로 순찰을 통해 지역주민의 치안에 기여하고, 공공공간의 질서를 유지하고, 공동체의 지역 차원에서 일하는 협력기관과 공조한다. 공동체 지원 공무원의 명확한 역할과 이를 수행하기 위해 필요한 권한은 지역과 조직마다 다르다. 초기 자금조달은 안전행정부로부터 지원되며, 조직의 장기적 유지를 위해서는 다른 자금원이 필요하다.

5.3의 핵심 내용

가. 디자인은 장소가 본래의 역할을 잘 수행하도록 하는 수단 중 하나이다. 특히 디자인을 통한 공동체 성장은 매우 중요하다.

나. 조직에 의해 제공된 정보는 명확하고 공동체가 그 주변에 어떻게 영향을 주는지 피력해야 한다.

다. 모든 이용자는 주민법안 발의에 참여할 수 있는 기회를 가지고 있어야 한다.

young people
abuse
Support from local Councillors
Negative postcode perception
Run a play scheme
Tenants & residents association set up
Agreed "Yellow Brick Road" vision & action plan
Young people get involved
Writing reports
Project development & management skills
Drug issues awareness increased
Developing
Plans for

맺음말

건조 환경을 계획하고 디자인하면서 우수한 계획사례로부터 배우는 것이 필요하다. 프로젝트의 품질과 사용자들에게 어떻게 서비스할 것인지, 어떠한 유산이 이러한 것들을 관리하고 유지하기 위해 남겨져 있는지 알아본다. 우리는 우수한 계획을 알아보고, 유용한 것과 그렇지 않은 것이 무엇인지 이해하여 우리의 작업에 환류시킬 필요가 있다.

성공을 어떻게 측정할 수 있을까?

명확한 개발목표가 설정된 곳에서는 성공 여부를 측정하는 것은 어렵지 않다. 건물수명 주기, 환경적 성과와 통계 데이터를 평가기준으로 사용할 수 있다. 이러한 평가기준들은 계획에서 요구한 설계품질기준을 충족하였는지 파악하는 데는 효과적이지만 전체 내용을 설명할 수는 없다.

우수한 도시설계는 후세대를 위한 장소를 창조할 수 있으며 그곳에서 거주하고, 일하고, 시간을 소비하는 사람들의 요구를 충족시킬 수 있다. 설계와 우수한 관리를 통해 장소는 매력적으로 변모할 수 있다.

우리는 장기적인 시각을 가질 필요가 있다. 새롭고 혁신적인 계획과 마찬가지로 5년, 10년, 50년 또는 100년 동안 성공적으로 작동될 개발에 관심을 집중해야 한다. 무엇이 이러한 도시를 성공하게 만들었는지, 어떤 실수들이 발생했었는지 등은 도시설계의 원칙과 실현을 구현하는 과정이 이해되고 적절히 사용될 때 얻어지는 결과들이다.

Compendium 발행물과 웹사이트는 프로젝트 목적에 따른 이해에 대한 유용한 정보를 제공한다. The Civic Trust and the Academy of Urbanism은 점차 실무적으로 발전시키기 위해 노력 하고 있으며, 웹사이트, 세미나, 컨퍼런스, 리서치, 교육으로 실무를 통한 경험과 지식을 제공한다.

무엇을 배울 수 있을까?

설계대상지역에 대해 전반적으로 파악하려면 그곳에 거주하거나 일하고 있는 사람들과 이야기를 해야 한다. 이를 통해 지역에서 얻을 수 있는 가장 큰 이익이 무엇인지, 도시계획이나 관리적 차원에서 발생될 수 있는 문제들이 무엇인지 알아야 한다. 체크리스트를 활용하는 것은 지역 문제 요인들을 분석하는 데 도움을 줄 수 있고, 운영에 관한 평가는 지역 발전의 사업계획에 피드백을 줄 수 있다.

성공적인 도시설계 계획을 위해 다양하게 영향을 줄 수 있는 요소를 고려해야 한다. 반드시 지역주민들(사람과 지역과의 관계, 경제 웰빙, 문화, 환경, 공동체 결합과 문화, 환경과 사회적 웰빙)에 대한 분석도 포함되어 있어야 하며, 이를 통해 단 · 장기간 동안 많은 것을 발전시킬 수 있다.

성공사례 공유하기

우리는 새로운 접근방법을 가지고 우수한 사례를 공유할 필요가 있다. 시공에서 새로운 기술(예를 들어, Design for Manufacture Competition)과 공급사들에 대한 새로운 접근방식(예를 들어, The Challenge Fund 2 & London-wide Initiative), 환경 지속성에서의 발전(예를 들어, Carbon Challenge), 새롭게 또는 새로 발견된 도시설계 도구(예를 들어, 디자인코드)나 공동체 자문기술(예를 들어, Enquiry by Design)이 포함될 수 있다. 많은 프로젝트가 주는 교훈을 공유하는 것은 업무에 대한 이해와 이행에 필요한 핵심을 얻도록 도와준다.

본서는 현재까지 사례 중 최고인 것들의 단편적 사항만 담고 있다. 반면, 웹사이트는 우리의 이해를 증진시킬 수 있도록 가이드라인을 가지고 내용들을 더욱 확장시킬 수 있는 기회를 제공한다. 쌍방향 대화를 통해 우리는 각자의 경험을 배울 수 있고, 이 책 이용자들의 공동체를 설립할 수 있다. 우리는 여러분이 어떤 장소에서 살고 싶고 일하고 싶은지, 그곳이 당신에게 영향을 주었는지, 그곳이 당신이 알고 있는 다른 장소와 어떻게 비교되는지에 대한 견해를 기다린다. 여러분의 경험은 우리가 품격 있는 장소를 조성하는 데 방해가 되는 것들을 어떻게 극복해야 하는지 이해하는 데, 그리고 사례분석 독록에 포함될 수 있는 프로젝트를 발견하는 데 도움이 될 것이다.

우수한 도시설계는 과거에서 배울 수 있으며 미래를 기대할 수 있다. 이것은 장소를 살펴보고, 무엇이 작동되는지 그리고 이런 장소들이 도시설계 원칙을 어떻게 해석했는지를 이해하며 이러한 교훈을 함께 적용하도록 노력하는 것에 달려 있다. 성공과 실수를 발판으로 우리는 더욱 더 성공적인 장소를 만들고자 하는 목표를 높게 설정할 수 있다.

사례 목록LIST OF CASE STUDIES

007 26

지역 설계 전문가 집단의 운영 Running a regional design panel

사우스 이스트 지역의 디자인 패널South East Regional Design Panel

Project team:

- **Key partners:** South East England Delivery Agency and Kent Architecture Centre
- **Image credit:** Shaping Places Programme: Kent Architecture Centre
- **Weblink:** www.serdp.org.uk

008 27

표준계획안 수립하기 Setting the standard

Building for Life

Project team:

- **Key partners:** CABE, House Builders Federation, Civic Trust, Design for Homes, English Partnerships, Housing Corporation
- **Image credit:** English Partnerships
- **Weblink:** www.buildingforlife.org

009 33

설계 품질을 높이기 위한 지역개발 전략 Regional strategy for design quality

마을 및 도시 부흥 프로그램Renaissance Towns and Cities Programme

Project team:

- **Key partners:** Yorkshire Forward, Renaissance Towns and Cities Programme (RTCP)
- **Image credit:** Yorkshire Forward
- **Weblink:** www.yorkshireforward.com

010 34

지역맥락을 반영한 개발계획지침서 Creating a responsive development framework

애쉬포드의 지역개발기본계획Ashford Local Development Framework (LDF)

Project team:

- **Key partners:** Ashford Borough Council
- **Masterplanner:** Urban Initiatives Ltd, Alan Baxter Associates
- **Image credit:** Urban Initiatives Ltd
- **Weblink:** www.ashford.gov.uk

011 35

정치적 지지 얻기 Gaining political support for a framework

오빌 도시개발기본계획Yeovil Urban Development Framework

Project team:

- **Key partners:** Yeovil Vision / South Somerset District Council
- **Masterplanner:** Roger Evans Associates
- **Image credit:** Roger Evans Associates
- **Weblink:** www.southsomerset.gov.uk

012 39

지속가능한 커뮤니티 실현을 위한 웹 기반 툴 만들기

Creating a web-based tool to deliver sustainable communities

Inspire East의 지속가능한 커뮤니티 평가기준

Inspire East Excellence Framework – www.inspire-east.org.uk

Project team:

- **Key partners:** Inspire East and the Building Research Establishment, East of England Development Agency
- **Image credit:** Inspire East
- **Weblink:** www.inspire-east.org.uk

013 40

이행수단으로서 기준을 개발하기 Developing standards as a tool to delivery

홈앤드커뮤니티 개발공사 설계 품질 기준Homes and Communities Agency Design Quality Standards

Project team:

- **Key partners:** English Partnerships, Housing Corporation
- **Image credit:** English Partnerships
- **Weblink:** www.englishpartnerships.co.uk www.housingcorp.gov.uk

014 42

측정가능한 기준 설정 Setting measurable standards

에든버러의 지속가능한 건축물 기준Edinburgh Standards For Sustainable Building

Project team:

- **Developer:** City of Edinburgh Council
- **Masterplanner:** City of Edinburgh Council
- **Image credit:** City of Edinburgh Council
- **Weblink:** www.edinburgh.gov.uk

015 43

정책에 대한 국가적 합의의 도출Establishing national consensus on policy

머튼의 원칙The Merton Rule

Project team:

- **Key partners:** London Borough of Merton
- **Image credit:** ⓒ English Partnerships
- **Weblink:** www.themertonrule.org

016 47

지역의 공간전략 수립하기Creating a spatial strategy for the sub-region

템스 케이트웨이를 위한 지침A Guide To The Future Thames Gateway

Project team:

- **Key partners:** CABE, LDA Design, Alan Baxter Associates Communities and Local Government
- **Image credit:** English Partnerships
- **Weblink:** www.cabe.org.uk

017 48

대상지의 지역적 맥락 파악하기Understanding the context of the site

할로우 뉴홀Newhall, Harlow

Project team:

- **Key partners:** Newhall Projects Limited
- **Masterplanner:** Roger Evans Associates
- **Developers:** Copthorn Homes, Barratt Homes, Moat Housing Group, Newhall Projects Ltd, CALA Homes, Spaceover, Galliford Try
- **Architect:** Proctor & Matthews Architects, Robert Hutson Architects, Roger Evans Associates, ECD Architects, Richard Murphy Architects, ORMS Architects, PCKO Architects, Alison Brooks Architects
- **Image credit:** Roger Evans Associates
- **Weblink:** www.newhallproject.co.uk

018 49

지역 특성의 이해와 보존Understanding and protecting character

스트래트퍼드 온 에이븐 지역의 디자인 지침Stratford-on-Avon District Design Guide

Project team:

- **Key partners:** Stratford-on-Avon District Council, Warwickshire County Council
- **Image credit:** Stratford-on-Avon District Council
- **Weblink:** www.stratford.gov.uk

019 50

임대운영계획을 통한 특성보존Retaining character through a rental scheme

말리본 하이 스트리트Marylebone High Street

Project team:

- **Key partners:** Howard de Walden Estates
- **Image credit:** English Partnerships
- **Weblink:** www.marylebonevillage.com

020 51

지역특성 선별하고 강조하기Extracting and emphasising character

옥스퍼드의 다섯 가지 예술도시Five Arts Cities In Oxford

Project team:

- **Key partners:** Arts Council England with Five TV and Modern Art Oxford
- **Image credit:** Five TV
- **Weblink:** www.five.tv/fiveartscities

021 55

게임을 통한 성장지역의 발견Playing games to identify growth areas

애쉬포드 게임The Ashford Game

Project team:

- **Key partners:** Ashfords Future, English Partnerships, Ashford Borough Council, Urban Initiatives Ltd
- **Image credit:** Urban Initiatives Ltd
- **Weblink:** www.ashfordsfuture.org

022 57

개발 기여를 통한 공공시설의 확립Establishing community facilities through developer contributions

앨러턴 바이워터 밀레니엄 커뮤니티Allerton Bywater Millennium Community

Project team:

- **Key partners:** English Partnerships
- **Developer:** Barratt Homes, Fusion, Miller Homes
- **Masterplanner:** EDAW
- **Image credit:** English Partnerships
- **Weblink:** www.englishpartnerships.co.uk/allertonbywater.htm

023 58

세부 설계안 수립 과정에 지역공동체의 참여Involving the community to inform detailed design

찰튼 킹즈Charlton Kings

Project team:

- **Key partners:** Cheltenham Borough Council/ Charlton Kings Local Regeneration Partnership
- **Masterplanner:** Roger Evans Associates
- **Landscape Architect:** Roger Evans Associates
- **Developer:** Cheltenham Borough Council/ Charlton Kings Local Regeneration Partnership
- **Image credit:** Roger Evans Associates
- **Weblink:** www.cheltenham.gov.uk

02 통합적 디자인INTEGRATED DESIGN

- **Chapter images:** Newhall
- **Image credit:** Roger Evans Associates

024 64

통합적 디자인 방법 채택 사례Taking an integrated approach

스웨덴, 스톡홀름 하마비 허스타드Hammarby Sjostad, Stockholm, Sweden

Project team:

- Key partners: Exploateringskontoret Stockholm Stad and app. 20 different proprietors
- Developer: Exploateringskontoret in cooperation with app. 20 different proprietors
- Masterplanner: Stadsbyggnadskontoret
- Architect: Stadsbyggnadskontoret in cooperation with architects from the app. 20 different proprietors
- Image credit: Erik Freudenthal
- Weblink: www.hammarbysjostad.se

025 66

통합자원관리 모델 사용하기Using an integrated resource management model

동탄 신도시, 중국 상하이Dongtan New Town, Shanghai, China

Project team:

- **Developer:** Shanghai Industrial Investment Corporation (SIIC)
- **Materplanner:** Arup
- **Image credit:** Arup
- **Weblink:** www.dongtan.biz

026 68

저탄소 개발의 이행Delivering a zero carbon development

런던, 알버트 도크 유역, 갤리언즈 공원Gallions Park, Albert Dock Basin, London

Project team:

- **Key partners:** London Development Agency, Arup, Drivers Jonas
- **Architect:** Adams and Sutherland
- **Image credit:** Studio Toni-Yli-Suvanto and Feilden Clegg Bradley Architects
- **Weblink:** www.lda.gov.uk

027 71

미기후에 대한 대응Responding to Microclimate

스웨덴, 말뭬, 'Bo01' 프로젝트Bo01, Malmo, Sweden

Project team:

- **Key partners:** MKB Fastighets AB, Malmo, Sweden, Lars Birve, Ingvar Carlsson, Local government, National government, European Union, Publ.-priv. partnership
- **Developer:** SWECO Projektledning AB
- **Architects:** Moore Ruble Yudell Architects & Planners; FFNS Arkitekter AB
- **Image credit:** Roger Evans Associates
- **Weblink:** www.malmo.com

028 72

혁신 디자인과 환경기준의 결합Combining environmental standards and innovative design

밀턴 케인즈, 옥슬리 우즈Oxley Woods, Milton Keynes

Project team:

- **Key partners:** English Partnerships
- **Developer:** George Wimpey South Midlands
- **Masterplanner:** David Lock Associates
- **Architect:** Richard Rogers Partnership, Roger Stirk Harbour and Partners
- **Image credit:** English Partnerships
- **Weblink:** www.designformanufacture.info

029 75

소규모 부지의 에너지 효율성 높이기 Creating energy efficiency on smaller sites

영국 올드햄, 쉘윈가Selwyn Street, Coppice, Oldham

Project team:

- **Key partners:** Oldham Rochdale Housing Market Renewal Pathfinder, Great Places Housing Group, Housing Corporation, Oldham SRB
- **Developer:** Great Places Housing Group
- **Architect:** TADW Architects
- **Landscape Architect:** Camlin Lonsdale
- **Image credit:** Daniel Hopkinson
- **Weblink:** www.oldhamrochdalehmr.co.uk

030 76

친환경 디자인을 활용한 매력적인 거리 만들기 Engaging the street with environmental design

영국 머튼지역의 로완 거리Rowan Road, Merton

Project team:

- **Key partners:** English Partnerships
- **Developer:** SixtyK, Crest Nicholson
- **Architect:** Sheppard Robson
- **Image credit:** Sheppard Robson, Architects for sixtyK consortium
- **Weblink:** www.designformanufacture.info

031 79

지속가능한 배수시설SUDS: Sustainable Drainage Systems의 계획 Designing a SUDS scheme

노샘프턴, 업튼Upton, Northampton

Project team:

- **Key partners:** English Partnerships, The Prince's Foundation, West Northamptonshire Development Corporation, Northampton Borough Council
- **Masterplanner:** EDAW, Alan Baxter, PellFrischmann, Quartet
- **Architect:** Quartet
- **Image credit:** English Partnerships
- **Weblink:** www.englishpartnerships.co.uk/upton.htm

032 83

새로운 복합용도의 근린주구 조성 Creating a new mixed-use neighbourhood

데번포트Devonport

Project team:

- **Key partners:** English Partnerships, Devonport Regeneration Community Partnership, Plymouth City Council, South West Regional Development Agency, Housing Corporation
- **Developer:** Redrow Homes South West
- **Masterplanner:** Matrix Partnership
- **Image credit:** English Partnerships
- **Weblink:** www.englishpartnerships.co.uk/southyard.htm

033 84

마을 중심의 재활성화 Revitalising a village centre

타폴리Tarporley

Project team:

- **Key partners:** Vale Royal District Council
- **Developer:** Bell Meadow Ltd
- **Key partners:** M R Jessop
- **Image credit:** English Partnerships
- **Weblink:** www.tarporley.net

034 85

융통성 있는 건축물 조성 Creating buildings for flexible use

앨러턴 바이워터 밀레니엄 커뮤니티Allerton Bywater Millennium Community

Project team:

- **Key partners:** English Partnerships
- **Developer:** Barratt Homes, Fusion, Miller Homes
- **Masterplanner:** EDAW
- **Image credit:** English Partnerships and Barratt Homes
- **Weblink:** www.englishpartnerships.co.uk/allertonbywater.htm

035 87

복합용도 건물 Mixing uses within a building

런던, 옥소타워Oxo Tower Wharf, London

Project team:

- **Developer:** Coin Street Community Builders
- **Architect:** Lifschutz Davidson Sandilands
- **Image credit:** English Partnerships
- **Weblink:** www.oxotower.co.uk

036 89

매력적인 고밀도 개발계획의 창출 Creating an attractive high-density development

모어캠, 채즈워스 가든Chatsworth Gardens, Morecambe

Project team:

- **Key Partners:** English Partnerships, Lancaster City Council, Places for People, Peter Barber Architects
- **Image credit:** Peter Barber Architects
- **Weblink:** www.englishpartnerships.co.uk

037 91

밀도에 대한 인식의 전환 Changing perceptions about density

우수 사례 견학Visiting the Best Study Tours

Project team:

- **Key partners:** English Partnerships, Design for Homes, Civic Trust
- **Image credit:** English Partnerships
- **Weblink:** www.civictrust.org.uk

038 93

고밀도 계획과 쾌적함 유지 Maintaining amenity and creating high density

캠브리지, 아코르디아Accordia, Cambridge

Project team:

- **Key Partners:** Countryside Properties Plc, Redeham Homes
- **Developer:** Countryside Properties Plc
- **Masterplanner:** Feilden Clegg Bradley Architects
- **Architect:** Feilden Clegg Bradley Architects (Lead Architect), Alison Brooks Architects, Maccreanor Lavington
- **Image credit:** English Partnerships
- **Weblink:** www.accordialiving.co.uk

039 94

변화하는 요구의 수용 Accommodating changing needs

밀턴케인즈, 타텐호 공원Tattenhoe Park, Milton Keynes

Project team:

- **Key partners:** English Partnership, Milton Keynes Partnership
- **Masterplanner:** Savills, Alan Baxter Associates, PRP Architects (Design Codes)
- **Image credit:** Barratt Homes
- **Weblink:** www.mkweb.co.uk/tattenhoepark

040 97

활기를 되찾은 공공공간 Rejuvenating a public space

런던, 트라팔가 광장Trafalgar Square, London

Project team:

- **Key Partners:** The Mayor's Transport for London plus Heritage Lottery Fund
- **Masterplanner:** Foster and Partners
- **Architect:** Foster and Partners
- **Spatial Design Consultants:** Space Syntax
- **Developer:** Fitzpatrick (works implementation)
- **Local Authority:** London Borough of Westminster set competition to redesign the square. Transport for London (TfL) and the Greater London Authority (GLA) commissioned the post intervention assessment of Trafalgar Square
- **Image credit:** Space Syntax
- **Weblink:** www.spacesyntax.com

041 99

성공적인 도시공간의 창출 Creating a successful civic space

셰필드 피스 정원Sheffield Peace Gardens, Sheffield

Project team:

- **Key partners:** Sheffield City Council
- **Developer:** Tilbury Douglas Construction Ltd - Management
- **Masterplanner:** Sheffield City Council
- **Architect:** Sheffield City Council, City Development Division in collaboration with Sheffield Design and Project Management
- **Image credit:** Roger Evans Associates
- **Weblink:** www.sheffield.gov.uk

042 101

각양각색의 용도가 공존하는 가로 설계 Designing streets for different users

브라이튼, 뉴 로드New Road, Brighton

Project team:

- **Key partners:** Brighton and Hove City Council
- **Architect:** Gehl Architects and Landscape Projects
- **Engineers:** Ramb ø ll Nyvig and Martin Stockley Associates
- **Image credit:** Jan Gehl Architects
- **Weblink:** www.brighton-hove.gov.uk

03 우수한 디자인DELIVERING QUALITY AND ADDING VALUE

- **Chapter images:** Brindley Place, Birmingham
- **Image credit:** Argent Group

043 109

우수한 디자인의 가치평가Estimating the value of good design

브리스톨, 포티쉐드, 마린 항Port Marine, Portishead, Bristol

- **Interviewee:** Stephen Stone, MD, Crest Nicholson

Project team:

- **Developer:** Crest Nicholson
- **Masterplanner:** Llewelwyn Davies
- **Architect:** BBA, Charter Partnership, APG, Austin Smith; Lord
- **Image credit:** Crest Nicholson
- **Weblink:** www.crestnicholson.com

044 111

디자인을 통한 가치 창출Creating value through design

버밍엄, 브린들리 플레이스Brindley Place, Birmingham

- **Interviewee:** Roger Madelin, Argent Group plc

Project team:

- **Key partners:** Argent Development Consortium
- **Developer:** Argent Group plc
- **Masterplanner:** Terry Farrell, John Chatwin
- **Architect:** Porphyrious Associates, Stanton Williams, Sidell Gibson
- **Image credit:** Ray Watkins
- **Weblink:** www.argentgroup.plc.uk

045 112

창조적 기업의 유치Attracting creative businesses

리즈, 홀벡 어반 빌리지Holbeck Urban Village, Leeds

- **Interviewee:** Chris Brown, Director, Igloo Regeneration
- **Image credit:** English Partnerships
- **Weblink:** www.holbeckurbanvillage.co.uk

046 115

가치 상승을 위한 비용의 상쇄Offsetting costs to increase values

런던, 아델라이드 워프Adelaide Wharf, London

- **Interviewee:** Ben Denton, Director, Abros

Project team:

- **Key partners:** First Base Ltd, Lend Lease
- **Developer:** First Base Ltd
- **Architect:** Allford Hall Monaghan Morris
- **Image credit:** English Partnerships
- **Weblink:** www.adelaidewharf.com

047 116

종합적인 차원의 접근방식 이행Delivering an integrated approach

맨체스터, 디즈버리 포인트Disbury Point, Manchester

- **Interviewee:** Richard Cherry, Chairman (Special Projects), Countryside Properties
- **Image credit:** English Partnerships
- **Weblink:** www.countryside-properties.com

048 118

공공예술 접목하기Commissioning public art

엑세터, 프린세스헤이Princesshay, Exeter

Project team:

- **Key Partners:** InSite Arts Ltd
- **Developer:** Land Securities Group Plc
- **Architect:** Chapman Taylor Architects, Panter Hudspith Architects, Wilkinson Eyre Architects
- **Image credit:** Land Securities Group Plc
- **Weblink:** www.princesshay.com

049 119

공동 작업하기Working in partnership

게이츠헤드, 시테이시즈 사우스 뱅크Staiths South Bank, Gateshead

- **Interviewee:** David Bridges, Strategic Director, George Wimpey

Project team:

- **Developer:** George Wimpey North East
- **Masterplanner:** Ian Darby Partnership Northern
- **Architect:** Ian Darby Partnership Northern
- **Image credit:** Tim Crocker
- **Weblink:** www.georgewimpey.co.uk

050 123

적합한 참여자들 참여시키기 Involving the right players

옥스퍼드 캐슬사社/옥스퍼드셔 주의회/옥스퍼드 보전 트러스트Oxford Castle Ltd/Oxfordshire County Council/Oxford Preservation Trust

Project team:

- **Key partners:** Trevor Osbourne, the Osbourne Group, Andrew Ryan
- **Developer:** The Trevor Osbourne Group
- **Architect:** Panter Hudspith, Architects Design Partnership LLP
- **Image credit:** Charlotte Wood
- **Weblink:** www.oxfordcastle.com

051 124

유효 자원과 기술을 최대화하기 위한 협력 Partnering to maximise available resources and skills

블루프린트사Blueprint

Project team:

- **Key partners:** East Midlands Development Agency (emda), English Partnerships, Morley Fund Management's Igloo Regeneration Fund
- **Developer:** Blueprint
- **Masterplanner:** Studio Egret West (SEW)
- **Architect:** SEW, Hawkins Brown, Grant and Partners
- **Image credit:** Blueprint and Ash Sakula
- **Weblink:** www.englishpartnerships.co.uk/blueprint.htm

052 126

공동의제의 개발 Developing a shared agenda

캐슬필드 재생 파트너십Castlefields Regeneration Partnership

Project team:

- **Key partners:** English Partnerships, Halton Borough Council, Housing Corporation, CDS Housing, Northwest Development Agency, Liverpool Housing Trust
- **Developer:** CDS, Liverpool Housing Trust
- **Masterplanner:** Taylor Young
- **Architect:** John McCall Architects
- **Image credit:** English Partnerships
- **Weblink:** www.castlefields.info

053 127

개발사업 부지의 조건부 처분 Disposing of a site with conditions

텔포드 로울리Lawley, Telford

Project team:

- **Key partners:** English Partnerships, Telford and Wrekin, The Prince's Foundation, Housing Corpcration
- **Developer:** Lawley Developer Group (George Wimpey, Persimmon Homes, Barratt Homes)
- **Masterplanner:** EDAW, HTA
- **Architect:** HTA and RPS
- **Image credit:** Jon Rowland
- **Weblink:** www.lawley.info

054 129

토지소유주에게 확신의 제공 Providing land owner certainty

할로우 뉴홀Newhall, Harlow

Project team:

- **Key partners:** Newhall Projects Ltd
- **Masterplanner:** Roger Evans Associates
- **Developers:** Copthorn Homes, Barratt Homes, Moat Housing Group, Newhall Projects Ltd, CALA Homes, Spaceover, Galliford Try
- **Architect:** Proctor & Matthews Architects, Robert Hutson Architects, Roger Evans Associates, ECD Architects, Richard Murphy Architects, ORMS Architects, PCKO Architects, Alison Brooks Architects
- **Image credit:** Roger Evans Associates
- **Weblink:** www.newhallproject.co.uk

055 130

규정을 통한 다양성의 성취 Achieving variety through codes

노샘프턴 업튼Upton, Northampton

Project team:

- **Key partners:** English Partnerships, Prince's Foundation, West Northamptonshire Development Corporation, Northampton Borough Council
- **Developer:** Paul Newman New Homes, Cornhill Estates, Miller Homes, David Wilson Homes
- **Masterplanner:** EDAW, Alan Baxter, PellFischmann, Quartet for English Partnerships and Prince's Foundation
- **Image credit:** English Partnerships and Gale & Snowdon Ltd and Roger Evans Associates
- **Weblink:** www.englishpartnerships.co.uk/upton.htm

056 133

지속적으로 연계하기Remaining involved

네덜란드 암스테르담 보르네오 스포렌버그Borneo Sporenburg, Amsterdam, Netherlands

Project team:

- **Key partners:** New Deal, Amsterdam
- **Developer:** New Deal b.v.
- **Masterplanner:** West 8 Urban Design and Landscape Architecture b.v.
- **Architect:** Over 100 different architects. Sculptural blocks by: de Architecten Cie: "The Whale", Koen van Velsen: "PacMan" Steven Holl (original design) and Kees Christaanse (construction drawings and construction management): "The Fountainhead"
- **Image credit:** West 8 / photo: Jeroen Musch
- **Weblink:** www.west8.nl

057 137

경쟁을 통한 파트너의 선정Obtaining partners through competition

글래스고, 크라운 스트리트 재생 프로젝트Crown Street Regeneration Project, Glasgow

Project team:

- **Key partners:** Glasgow City Council, Glasgow Development Agency
- **Masterplanner:** CZWG for Crown Street and Hypostyle Architects for Queen Elizabeth Square
- **Architect:** each phase was developed by an architect-developer team
- **Image credit:** Jon Jardine
- **Weblink:** www.glasgow.gov.uk

058 139

선정 절차를 통한 지역사회의 참여 유지Maintaining community input through the selection process

이스트 그린위치 중심가Heart of East Greenwich

Project team:

- **Key partners:** English Partnerships, LB Greenwich, Arup, S&P Architects, Lovejoy
- **Developer:** First Base
- **Masterplanner:** Make, Rick Mather Associates
- **Architect:** Make
- **Image credit:** First Base
- **Weblink:** www.englishpartnerships.co.uk/hoeg.htm

04 사업수행FROM VISION TO REALITY

- **Chapter images:** Hammarby Sjostad, Stockholm, Sweden
- **Image credit:** Roger Evans Associates

059 147

대규모 개발사업의 지원Assisting large scale developments

ATSAS 지침The ATLAS Guide – www.atlasplanning.com

Project team:

- **Key partners:** English Partnerships, CLG, Planning and Advisory Service, The Advisory Team for Large Applications (ATLAS)
- **Image credit:** ATLAS
- **Weblink:** www.atlasplanning.com

060 148

계획을 통한 협업Working collaboratively through planning

바킹리버사이드사Barking Riverside Ltd 社

Project team:

- **Key partners:** English Partnerships, Bellway Homes, LB Barking and Dagenham
- **Developer:** English Partnerships, Bellway Homes, Barking Riverside Ltd
- **Masterplanner:** Maxwan 108
- **Architect:** Maxwan 108
- **Image credit:** Barking Riverside Ltd
- **Weblink:** www.barkingriverside.co.uk

061 154

대중교통에 선투자하기Delivering public transport upfront

언덕 위에 케이터햄, 마을The Village, Caterham-on-the-Hill

Project team:

- **Developer:** Linden Homes South East
- **Masterplanner:** John Thompson and Partners
- **Architect:** John Thompson and Partners
- **Image credit:** English Partnerships and CABE
- **Weblink:** www.metrobus.co.uk

071 173
초기의 편의시설 제공Delivering amenities early

런던, 그리니치 밀레니엄 빌리지Greenwich Millennium Village, London

Project team:

- **Key partners:** English Partnerships
- **Masterplanner:** Erskine
- **Architect:** Edward Cullinan Architects Ltd
- **Image credit:** English Partnerships
- **Weblink:** www.greenwich-village.co.uk

05 유지관리MANAGING QUALITY PLACES

- **Chapter images:** Greenwich Millennium Village, London
- **Image credit:** Roger Evans Associates

072 178
그린인프라의 관리Managing green infrastructure

밀턴 케인즈, 공원 개발 신탁재단The Parks Trust, Milton Keynes

Project team:

- **Key partners:** The Parks Trust
- **Image credit:** The Parks Trust
- **Weblink:** www.theparkstrust.com

073 180
지속가능한 도시 배수 시스템의 관리Managing a SUDS scheme

텔퍼드, 라이트무어 빌리지Lightmoor Village, Telford

Project team:

- **Key partners:** English Partnerships, Bournville Village Trust
- **Developer:** Joint venture for principle works, developers for plot specific work - George Wimpey, Persimmon, Crest Nicholson
- **Masterplanner:** Tibbalds Planning and Urban Design
- **Image credit:** English Partnerships
- **Weblink:** www.lightmoor.info

074 181
지역난방 시스템의 관리Managing a community heating system

사우샘프턴지구 에너지 계획Southampton District Energy Scheme, Southampton

Project team:

- **Key partners:** Southampton City Council
- **Developer:** Utilicom Ltd
- **Masterplanner:** Utilicom Ltd
- **Image credit:** Southampton City Council
- **Weblink:** www.utilicom.co.uk

075 183
오픈스페이스 관리 예산의 확보Generating fees to manage open space

맨체스터, 뉴 이즐링턴 밀레니엄 커뮤니티New Islington Millennium Community Village, Manchester

Project team:

- **Key partners:** English Partnerships, New East Manchester, Manchester City Council, Urban Splash
- **Developer:** Urban Splash, Taylor Woodrow, Great Places
- **Masterplanner:** Grant Associates, Alsop Architects
- **Architect:** Alsop Architects, Ian Simpson Architects, Fat Architects
- **Engineer:** Martin Stockley
- **Image credit:** English Partnerships and Regeneration of New Islington
- **Weblink:** www.newislington.co.uk

076 186
지역주민들의 요구에 맞는 관리체계의 수립Establishing a management structure to suit your needs

페프스 커뮤니티 포럼/런던의 루이셤 자치구The Pepys Community Forum / London Borough of Lewisham

Project team:

- **Key partners:** Pepys Community Forum, Local Area Agreement Funds, Esmee Fairbairn, CRED
- **Image credit:** English Partnerships
- **Weblink:** www.mcad.demon.co.uk

077 187
신탁재단 설립하기Establishing a trust

본빌 빌리지 신탁재단Bournville Village Trust

Project team:

- **Key partners:** Bournville Village Trust
- **Image credit:** English Partnerships
- **Weblink:** www.bvt.org.uk

078 189
통합 관리체계Mixing management structures

코인 스트리트 커뮤니티 건설협회Coin Street Community Builders

Project team:

- **Key partners:** Coin Street Community Builders (CSCB), South Bank Employers' Group (SBEG)
- **Image credit:** English Partnerships
- **Weblink:** www.coinstreet.org

감사의 글

《도시설계 2》는 English Partnerships과 Roger Evans Associates Ltd(REAL)에 의해 준비되었다.

리얼 프로젝트팀REAL Project Team

Roger Evans, Karl Kropf, Mriganka Saxena and Louise Waite with substantial contributions from Rob Cowan

다른 주요 기여자

Simon Davies(Urban Delivery), Gail Mayhew, Robert Webb(XCO2) and Malcolm Smith(Arup)

그래픽 디자인Graphic Design

Dominic Busby, Will Burroughs and Fern Lee (REAL)

English Partnerships Project Team

Helen Eveleigh(Project Manager), Kevin McGeough(Executive Editor) with support from Harriet Baldwin(community) and Dan Epstein (environment)

작업팀Working Group

Helena Ball, Georgina Burke, Ian Charlesworth, Sheila Cooper, Jeff Hennessey, Graham Hyslop, Steve Jackson, Suzanne Keenan, Marie Monk-Hawksworth, Dinah Roake, Sylvia Short and Ed Warrick(English Partnerships), Raad Al-Hamdani (Housing Corporation), Rob Smith and Ian White(ATLAS), Alastair Donald (representing CLG), David Levitt(representing Design for Homes)

위원회Sounding Board

Richard Alderton(Ashford Borough Council), David Balcombe(representing Essex County Council), Peter Barber(Peter Barber Architects), Chris Brown(Igloo), Andy Cameron(WSP), Prof Matthew Carmona(Bartlett School of Planning), Jonathan Davis(CABE), Tor Fossum (MalmoCity Council), Peter Head(Arup), Paul Hilder(The Young Foundation), Stephen Hill(Beyond Green), Simon Leask(ATLAS),
Tim Stonor(Space Syntax)

감사Special Thanks To

Trevor Beattie, Steve Carr, Jason Essenhigh and Nilani Selvarajah(English Partnerships), Canda Smith(CLG), David Bridges(Taylor Wimpey), Stefan Brzozowski(Ancoats Urban Village Company), David Carter(MVA), Jill Channer(Phoenix Trust), Richard Cherry(Countryside Properties plc), Clive Clowes(Housing Corporation), Debbie Dance(Oxford Preservation Trust), Ben Denton (First Base), Mark Fowles
(Nottingham City Transport), Adrian Hewitt (London Borough of Merton), Steve Hudson (Howard De Walden Estates), Roger Madelin (Argent Group Ltd), Jim Mayor(Brighton and
Hove City Council), Sue McGlynn, Scott Morrison (Pinsent Masons), Barry Shaw(Kent Architecture Centre), Rob Shaw(TCPA), Alan Shingler (Sheppard Robson), Ian Smith(Kendray
Initiative), Mike D Smith(Southampton Geothermal Heating Company Ltd), Stephen Stone(Crest Nicholson), Ian Sutcliff(Taylor Wimpey), Adrian Trim(Plymouth City Council), Sue Warwick(Miller Homes), Sarah von Holstein(InSite Arts Ltd), CABE, IXIA and Urban Initiatives

《도시설계 2》를 완성하는 기간 동안 정보 또는 충고를 주거나 다른 방법으로 도와준 모든 사람에게 감사를 전한다.

《도시설계 2》는 2007년 9월 Homes and Communities Agency에서 발간되었다.

도시설계 2

| 도시설계의 기본과정과 사례 |

초판 1쇄 인쇄 2014년 12월 26일
초판 1쇄 발행 2014년 12월 30일

지은이 studio | REAL
옮긴이 이제선, 김경배
펴낸이 김호석
펴낸곳 도서출판 대가
편집부 김도윤
디자인 김진나
마케팅 이근섭, 이정호
관 리 신주영

등록 제 311-47호
주소 경기도 고양시 일산동구 장백로 200 유국타워 1014호
전화 02) 305-0210 / 306-0210 / 336-0204
팩스 031) 905-0221
전자우편 dga1023@hanmail.net
홈페이지 www.bookdaega.com

ISBN 978-89-6285-143-4 93610

이 도서의 국립중앙도서관 출판시도서목록(CIP)은 서지정보유통지원시스템 홈페이지(http://seoji.nl.go.kr)와 국가자료공동목록시스템(http://www.nl.go.kr/kolisnet)에서 이용하실 수 있습니다.
(CIP제어번호: CIP2015005121)